図説

わかる 都市計画

森田哲夫・森本章倫 編著

明石達生・浅野聡・伊勢昇・佐藤徹治
塚田伸也・轟直希・栁澤吉保・米田誠司 著

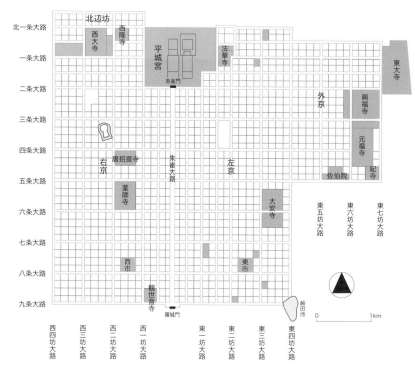

口絵1　平城京条坊図 [→2章-I]

（出典：奈良文化財研究所 リーフレット「平城京　特別史跡　平城宮跡」をもとに作成）

侍屋敷
町人地
足軽屋敷
寺社地
当時の水面

口絵2　彦根城下町の都市構造 [→2章-I]

（出典：朝日新聞社編『朝日百科 日本の国宝 別冊　国宝と歴史の旅5　城と城下町』
2020、p.20 などを参考に、国土地理院地図（電子国土Web）を利用して作成）

東京都土地利用現況図〔建物用途
The existing land use Tokyo 2016（平成28年現在）（区

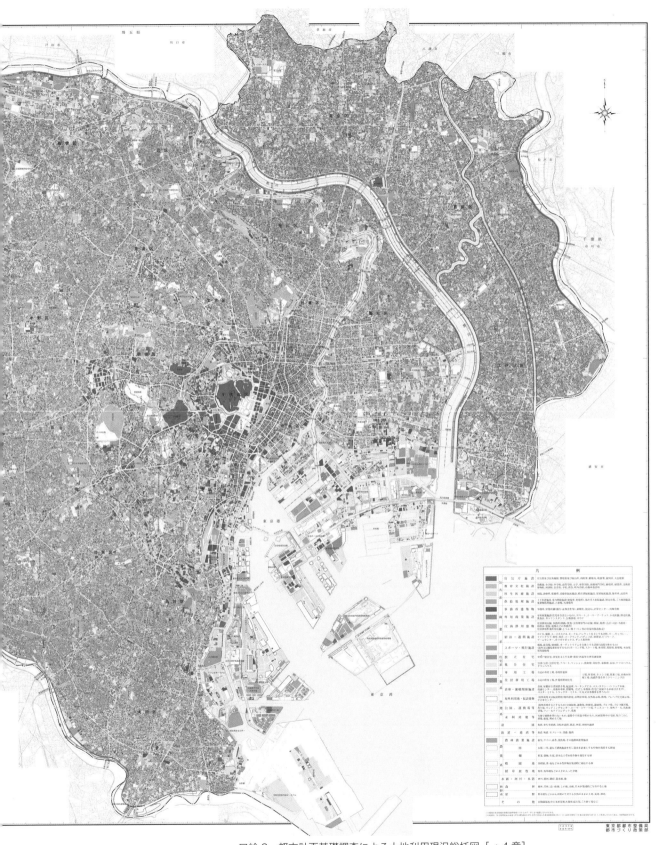

口絵 3　都市計画基礎調査による土地利用現況総括図 ［→ 4 章］
（出典：東京都 都市整備局 都市づくり政策部『東京都土地利用現況図〔建物用途別〕（区部）（平成 28 年現在）』）

広島市都市計画総括図
HIROSHIMA CITY TOWN

留意事項

山県郡
安芸太田町

中国縦貫自動車道

戸河内IC

安佐北区
安佐町

佐伯区
湯来町

安佐南区
沼田町

広島IC

広島JCT

佐伯区

西区

佐伯区
砂谷台

廿日市市

廿日市IC

廿日市JCT

都市計画総括図凡例
LEGEND

名称	英名
広島圏都市計画区域	HIROSHIMA REGION TOWN PLANNING JURISDICTION
広島温泉来季都市計画区域	HIROSHIMA-YUKI QUASI-CITY PLANNING AREAS
市街化区域	OUTER LIMIT OF URBANIZATION PROMOTION AREA
市街化調整区域	OUTER LIMIT OF URBANIZATION ARRANGEMENT AREA
都市計画道路	ROAD DESIGNATED IN CONFORMITY WITH TOWN PLANNING LAW
その他の道路（建設中も含む）	MAJOR ROAD DESIGNATED IN CONFORMITY WITH ROAD LAW ETC
第一種低層住居専用地域	EXCLUSIVELY RESIDENTIAL ZONE FOR LOW-RISE BUILDINGS(CLASS 1)
第二種低層住居専用地域	EXCLUSIVELY RESIDENTIAL ZONE FOR LOW-RISE BUILDINGS(CLASS 2)
第一種中高層住居専用地域	EXCLUSIVELY RESIDENTIAL ZONE FOR MEDIUM-AND-HIGH-RISE BUILDINGS(CLASS 1)
第二種中高層住居専用地域	EXCLUSIVELY RESIDENTIAL ZONE FOR MEDIUM-AND-HIGH-RISE BUILDINGS(CLASS 2)
第一種住居地域	RESIDENTIAL ZONE (CLASS 1)
第二種住居地域	RESIDENTIAL ZONE (CLASS 2)
準住居地域	SEMI-RESIDENTIAL ZONE
近隣商業地域	NEIGHBORHOOD COMMERCIAL ZONE
商業地域	COMMERCIAL ZONE
準工業地域	SEMI-INDUSTRIAL ZONE
工業地域	INDUSTRIAL ZONE
工業専用地域	EXCLUSIVELY INDUSTRIAL ZONE
流通業務地区	DISTRIBUTION INDUSTRY ZONE
公園緑地等（面積約1.0ha以上のものに限る）	PARK,GREEN TRACT OR STRIP OF RECREATIONAL LAND ETC
下水処理場	SEWAGE TREATMENT PLANS
行政区域界	BOUNDARY OF CITY AND TOWN
区界	WARD BOUNDARY
旧町界	FORMER BOUNDARY OF ABSORBED MUNICIPALITY
メッシュ	GRID OF 1 TO 2,500 SCALE PLANS

「この地図の作成にあたり、（旧）広島市域内については、2,500分の1広島市地形図を使用しました。
また、（旧）湯来町をはじめ周辺市町域については、国土交通省国土地理院発行 25,000分の1地形図
を50,000分の1に縮小して使用しました。」

1:50,000

0　500　1000　2000　3000　4000　5000m

広島市 発行

計 画 総 括 図
PLANNING GENERAL MAP

令和 2 年 10 月 1 日現在
AS OF 1 OCTOBER 2020

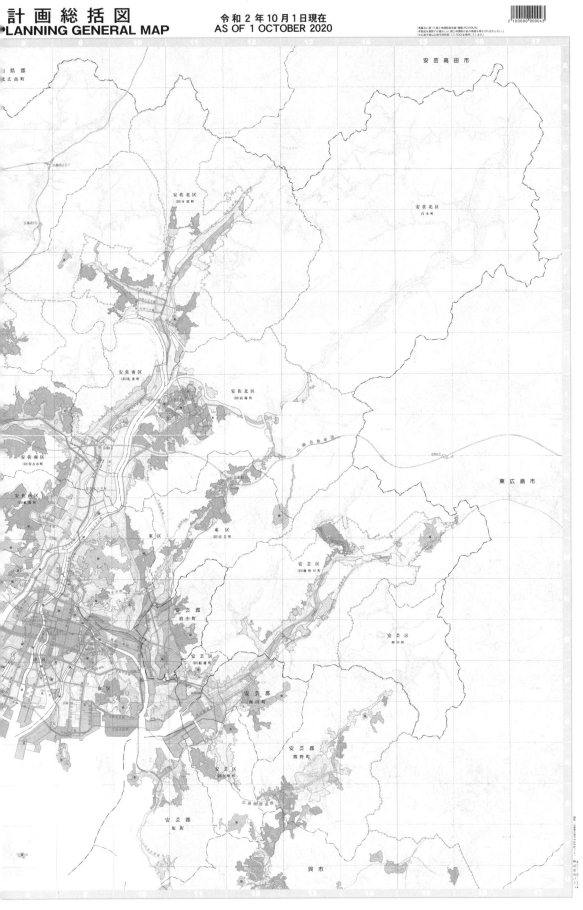

口絵 4　広島市都市計画総括図 ［→ 5 章］（出典：広島市オープンデータ（CC：表示 4.0 国際ライセンスで公開））

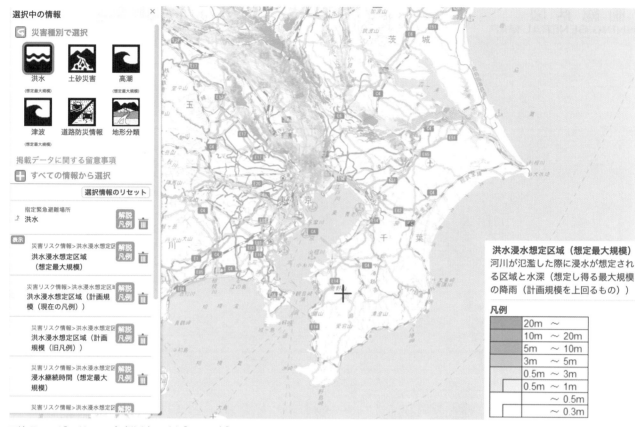

口絵 5　ハザードマップ（洪水）の例［→ 12 章］（出典：国土交通省「ハザードマップポータルサイト」〈https://disaportal.gsi.go.jp/〉より取得）

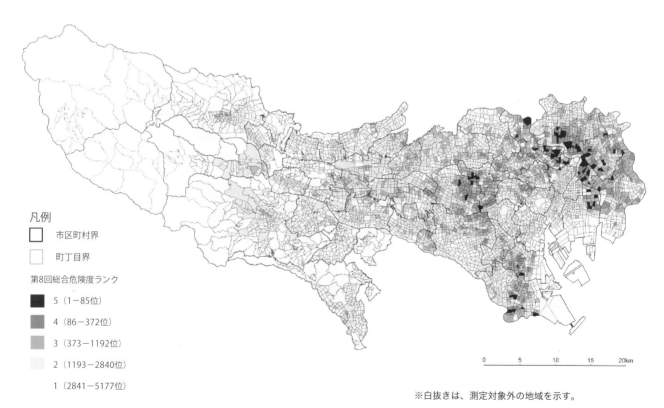

※白抜きは、測定対象外の地域を示す。

口絵 6　地震に関する東京都の総合危険度ランク［→ 12 章］
（出典：東京都都市整備局 市街地整備部防災都市づくり課『あなたのまちの地域危険度　地震に関する地域危険度測定調査［第 8 回］』2018 年 2 月）

はじめに

　皆さんは、「都市計画」にどのようなイメージをもっていますか。中心市街地の活性化、土地区画整理や再開発、住宅団地や大規模ニュータウンの開発、公園や景観、コンパクトシティの計画でしょうか。そうです、本書ではこれらのことを扱います。しかし、都市計画の目的は、暮らしやすい都市をつくることであり、上記の内容はそのための手法です。

　都市計画には、広範な知識（教養といってもよいかもしれません）が求められます。都市は歴史の変遷の中で形づくられてきました。暮らしやすい都市は、時代の変化や社会情勢により変わりますし、住んでいる人によって評価は様々です。都市計画を学ぶためには、歴史や地理、文化や言語、法律や経済についての知識も必要です。著者たちは、長年、暮らしやすい都市とは何かと考えながら奮戦してきました。

　本書の特徴は、次の3点です。

(1) 都市計画を学ぶ人に最も基礎的な内容を伝えていること

(2) 図表を多く用い、わかりやすく解説していること

(3) 授業と社会の関わりを理解してもらうため実際の都市計画事例を紹介していること

　これにより、大学学部の専門基礎教育や、高等専門学校のモデルコアカリキュラムの学習範囲をカバーしています。

　著者たちは、暮らしやすく魅力的な都市を計画することは何よりの喜びであると考えています。都市計画にたずさわっていると、なかなか実現しないなどの困難に直面することが多いのですが、都市計画が実現し、楽しそうに「都市」を利用されている市民の皆さんを見ると苦労も吹っ飛びます。都市計画は楽しいのです。

　本書が、読者の皆さんが都市計画に興味をもち、都市計画について考え、取り組んでもらうきっかけになれば望外の幸せです。

編著者　森田 哲夫、森本 章倫

先生方へ

　近年、アクティブラーニング（active learning）の導入が進められています。本書は、他書に比べ、平易かつ丁寧に記述し、事例を多く掲載しましたので、学生が予習することも可能な内容となっています。アクティブラーニングには様々な形態がありますが、そのうちの1つ、「反転授業（flipped classroom）」にも使用できるように執筆しました。

　本書には、次のような使用方法が考えられます。

・授業時間前に、学生が本書を読み、加えて、他の書籍、インターネット上の情報を調べながら章末の演習問題を解答してきます（予習）。

・授業時間内には、学生が演習問題の解答を発表し、学生同士で議論したり、先生方が情報提供や助言をします。

・授業後は、議論の内容や新しい情報を加え、演習問題の解答を修正したり、レポートを作成します（復習）。

　演習問題の答えは1つではありません。授業の際には、本書で紹介しきれていない都市計画の考え方や事例を、学生に紹介していただけますと幸いです。

もくじ

※本書の引用図版について、原図がカラーで色分けされていた場合などは、原図の趣旨を変えないように2色刷（青・黒）への変換を行った。

本書は、土木・建設・環境都市分野の計画系テキストです。大学の学部や高等専門学校の計画系科目は、概ね以下の3つに分類されます。

(1)土木計画・計画数理等

交通計画、都市計画に関する分析、予測、評価技術を学ぶ。

(2)交通計画・交通工学・交通システム等

交通に関する調査、都市交通の特性、交通需要予測、交通マスタープラン、交通施設計画、施設の有効利用について学ぶ。

(3)都市計画・地域計画・まちづくり等

都市の成り立ち、都市計画の仕組み、市街地開発事業、地区計画、公園・緑地計画、防災都市計画、市民参加の都市計画等について学ぶ。

本書はこのうちの(3)都市計画・地域計画・まちづくり等の科目に対応しています。(1)土木計画・計画数理等については本シリーズの『図説 わかる土木計画』、(2)については『図説 わかる交通計画』をご覧になってください。

1章
都市計画とは

1 対象としての「都市」、行為としての「計画」

　「都市計画」とは、文字どおり、対象としての「都市」を、行為として「計画」するということです。それでは、「都市」「計画」とは何を指すのでしょうか。都市計画の教科書では様々に定義されていますが、まず、辞書で調べてみましょう。

　都市とは、「①みやこ。都会。都邑。②（city）一定地域の政治・経済・文化の中核をなす人口の集中地域。」（『広辞苑』第7版）と記されています。つまり、人口などの機能が集中した範囲と定義しています。しかし、実際に行われている都市計画では、農村や観光地も対象としています。近代都市計画の発祥の地とされているイギリスでは、都市計画に関する基本法として、1947年に都市・農村計画法（Town and Country Act）が制定され、農村も含む範囲を対象としています。また、新型コロナウイルスなどの感染症が心配される時代にあっては、テレワーク、ワーケーション、田舎暮らしなどの新しい生活様式が注目されています。本書では、広義には人の活動が行われている範囲を都市として扱うこととします。

　都市計画の対象は、表1・1に示すように、国土計画、都市圏の計画、都道府県の計画、市町村の計画、地区計画など様々な広がりがあります。また、住宅地の計画、商業地の計画、観光地の計画など種類も多様です。計画をする施設は、道路や公共交通、公園・緑地、公共施設などで、計画の内容は、施設整備、開発、管理や運用があります。時間の長さは長期計画、中期計画、短期計画があります。

　一方、計画とは、「物事を行うに当たって、方法・手順などを考え企てること。また、その企ての内容。もくろみ。はかりごと。企て。プラン。」（『広辞苑』第7版）となっています。近年の都市計画では、ニュータウン開発などの計画は少なく、計画の変更や維持・更新に関する計画が多くを占めます。また、計画の評価や市民への説明が重要な課題となっています。

　PDCAサイクルという言葉を聞いたことがあると思います。「Plan（計画）→ Do（実行）→ Check（評価）→ Action（改善）→ 再び Plan へ」からなるサイクルを繰り返すことにより、継続的な改善を促す方法であり、最初は品質管理の分野で提唱され、現在では多くの分野で活用されています。PDCAサイクルの一部が Plan（計画）ですが、近年の都市計画ではこのサイクル全体が計画の範囲と考えてよさそうです。計画を立案し、計画を実行（整備）し、実現した計画が目標どおり機能しているかを評価し、改善を検討し、再び計画を立案します（図1・1）。

　以上より、都市計画は、様々な対象としての「都市」への、継続的な改善行為としての「計画」であると考えることにしましょう。「都市」と「計画」の組み合わせで、たくさんの都市計画があります（図1・2）。ずいぶん広い概念だと思うかもしれま

表1・1　対象としての「都市」

広がり	国土、都市圏、都道府県、市町村、地区
種類	住宅地、商業地、工業地、観光地、山間部、離島　…
施設	道路、公共交通、公園・緑地、公共施設…
内容	施設整備・開発（ハード）、管理や運用（ソフト）
時間の長さ	長期、中期、短期

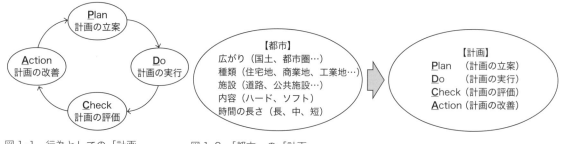

図1・1　行為としての「計画」　　　図1・2　「都市」の「計画」

せんが、暮らしやすく魅力のある都市を計画するためには、さらにその地域の歴史や地理、文化や言語、法律や経済についての知識や理解が必要です。

　加えて、「まちづくり」という言葉があります。この言葉は、1980年に都市計画法が改正され、地区計画制度（10章）が導入された時期に使われ始めました。地区計画制度は、市民に身近な比較的狭い範囲に対し、地区の課題や特徴を踏まえた計画を進めていく制度です。国土交通省の「みんなで進めるまちづくりの話」[1] では、都市計画の内容を市民にわかりやすく解説しようとしています。「まち＝都市」「づくり＝計画」と考えると、「まちづくり」は、市民に都市計画を伝える用語と捉えることができます。また、「さいたま市まちづくりガイド」[2] では、「「自分たちの地域を自分たちの手でつくり、守り、より良くしていく」というまちへの「おもい」の高まりから、住民団体等が担い手となった「まちづくり」も活発になっています」としています。まちづくりとは、その地域への思いに基づく、市民参加による比較的狭い範囲の都市計画と考えられます。本書では、14章で市民参加のまちづくりを、15章で観光まちづくりを扱います。

　都市計画を表す英語[3] は、City Planning が最も使用されており、イギリスでは Town Planning を使っています。建築分野では、Urban Planning、Urban Design を使うことがあります。都市計画の仕事をしている人や理論をつくり上げた人を都市計画家、都市プランナー（City Planner、Town Planner）と呼ぶことがあります。都市計画の国家資格制度はありませんが、都市計画の職能を誇りとして、そう呼んでいるのです。都市計画に関連する資格については、3章を参照してください。

　以上のように広く都市計画の概念を整理しましたが、本書では、都市計画法の主な対象である都道府県、市町村、地区に関する計画の立案について解説します。

2 都市計画と交通計画

　都市計画と交通計画は不可分だと言われ、図1・3のように説明されています。都市社会の機能をごく簡単に示すと、「住む」機能、「働く・学ぶ」機能、「憩う・楽しむ」機能の3つになりますが、これだけでは都市社会は成立しません。これら都市機能の間を移動する機能として4つめの「交通」が重要な機能です。都市計画を考える場合には、交通計画と一体的に検討しなければなりません。

　土木・建設・環境都市分野の計画系の科目は、「都市計画・地域計画・まちづくり等」が総合的な科目とすると、その内容は「土地利用計画」「交通計画・交通工学・交通システム等」「公園緑地計画」など

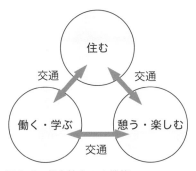

図1・3 都市社会の4機能

(出典：新谷洋二・原田昇編著『都市交通計画（第3版）』（技法堂出版、2017）の図を一部改変)

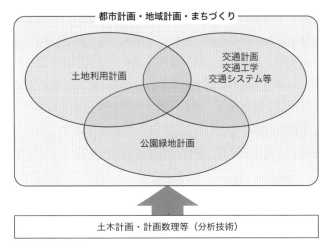

図1・4 計画系科目の関連

の科目から構成されています。さらに、都市計画を立案するために、「土木計画・計画数理等」で調査方法や分析技術を学びます（図1・4）。

③ 都市計画の目標 —石川栄耀「社会に対する愛情、それを都市計画と云う」—

　我が国の都市計画のパイオニアとして知られる都市計画家・石川栄耀（ひであき）（1893〜1955）は、著作『私達の都市計画の話』（1948年）[5]で、戦後日本の将来を担う子どもたちに向けて、親しみ深い文章で都市計画を説明しています。石川栄耀の考える「都市計画の目標」は、表1・2のように要約できます。戦後まもない頃に執筆された本ですが、現在でも通じる考え方です。大目標として、民主的、文化的な都市を目指しましょうと言っています。もう少し具体的な8つの目標があげられ、その中でも、「健康な都市」「仲の好い都市」「楽しい都市」「歩いて用の足りる都市」「もへない（燃えない）都市」は、近年の都市計画の大きな課題となっています。

　一方、我が国の都市計画の基本となる都市計画法では、都市計画の基本理念（第2条）を「農林漁業との健全な調和を図りつつ、健康で文化的な都市生活及び機能的な都市活動を確保すべきこと並びにこのためには適正な制限のもとに土地の合理的な利用が図られるべきこと」としています。法律ですので固い表現なのはしかたがないのですが、石川栄耀の都市計画の目標の方が、都市計画に取り組みたいという意欲がわいてくるような気がします。

　石川栄耀の言葉で最も知られているのは、次の言葉[6]です。

　　「社会に対する愛情、それを都市計画と云う」

　この言葉は、私たちが都市計画に取り組む前提として、地域の歴史や地理、文化や言語、法律や経済を知ることが、都市計画の技術習得の前に必要である、そして、技術を習得したのち、まちへの愛情の

表現として自分で住みたくなるような都市計画を立案しなさいと言っているとも解釈できます。

　もうひとり、都市計画家を紹介します。井上孝（1917〜2001）は、大学退官の最終講義[7]において、「「計画する」ということは、これは未来に関することでございます。われわれの日常生活に常につきまとっている生活そのものであるといってもいいかと思います。われわれは一歩踏み出すのにも何か意図をもって足を踏み出す。その一歩を踏み出す足がすなわち計画である」と述べています。都市計画は、市民生活を計画するといってよいかもしれません。

　愛情をもって計画し、愛情のもてる都市を実現することは都市計画の本質と言えるでしょう。

表1・2　石川栄耀の「都市計画の目標」[5]

大目標
　1）民主的な都市 … 広場を中心とした町、要る丈の家・庭、アパート
　2）文化的な都市 … 文化を生むところ（学校や図書館）を好い所に
目標
　1）健康な都市 … 太陽のよく当たる都市、十分な住宅敷地
　2）仲の好い都市 … 庭先のサロン、共有園、カフェー
　3）楽しい都市 … 美しい広場、親水空間、水際は「都市の瞳」、町全体が公園
　4）歩いて用の足りる都市 … 丈夫なカラダ、歩いて行ける職場
　5）生産の為のキカイの様な都市 … 生産的、キカイの様に凄い町
　6）もへない都市 … 十分な空地
　7）人口をふやさない事 … 都市がバカバカしく大きいのはダメ
　8）交通問題が起こらない様に

注：本書著者が要約

④ 都市の分類

　都市計画の対象としての都市は、大都市や小都市、歴史的な都市、工業都市、計画的に整備されたニュータウンなど、様々な特性をもっています。都市の特性により都市計画の課題が異なります。本節では、主に人口規模による都市の分類を解説します。

■ 都市規模による分類

　全国には、人口が100万人以上の大都市から1000人以下の村まで、約1700の市町村があります。これらの市町村には、政令指定都市を除き、ほとんど同じような権限が認められてきました。

　「政令指定都市」は、人口50万人以上が指定要件とされ、大都市にふさわしい行政能力、機能を有する都市であり、全国に20市あります（表1・3）。政令指定都市には、特例として、知事の承認、許可、認可等が必要な事務を行う権限が与えられます。

　政令指定都市以外で都市規模や能力を有する都市の権限を強化し、できる限り住民の身近なところで行政を行えるようにしたのが中核市制度です。「中核市」とは、人口20万人以上の市の申出に基づき政令で指定された都市であり、全国に62市あります。「施行時特例市」とは、2015年に廃止された特例市制度において特例市であった市です。特例市は、一定の規模、能力を有する都市が指定され、その一部が中核市に移行しました。中核市には、特例として、福祉に関する事務に限り、政令指定都市と同様の権限が与えられます。それ以外を「一般市」と呼んでいます。

表1・3　政令指定都市・中核市・施行時特例市の指定状況（2021年現在）

	政令指定都市 （人口50万以上の市のうちから 政令で指定）	中核市 （人口20万以上の市の申出に基づき 政令で指定）	施行時特例市 （特例市制度の廃止（2015年4月1 日施行）の際、現に特例市である市）
全国	20市	62市	23市
北海道	札幌（195）	旭川（33）、函館（26）	
東北	仙台（108）	いわき（35）、郡山（33）、秋田（31）、盛岡（29）、福島（29）、青森（28）、山形（25）、八戸（23）	
首都圏	横浜（372）、川崎（147）、さいたま（126）、千葉（97）、相模原（72）	船橋（62）、川口（57）、八王子（57）、宇都宮（51）、柏（41）、横須賀（40）、高崎（37）、川越（35）、前橋（33）、越谷（33）、水戸（27）、甲府（19）	所沢（34）、平塚（25）、草加（24）、春日部（23）、茅ヶ崎（23）、大和（23）、厚木（22）、つくば（22）、太田（21）、伊勢崎（20）、熊谷（19）、小田原（19）
北陸	新潟（81）	金沢（46）、富山（41）、福井（26）	長岡（27）、上越（19）
中部圏	名古屋（229）、浜松（79）、静岡（70）	豊田（42）、岐阜（40）、一宮（38）、岡崎（38）、長野（37）、豊橋（37）、松本（24）	四日市（31）、春日井（30）、富士（24）、沼津（19）
近畿圏	大阪（269）、神戸（153）、京都（147）、堺（83）	姫路（53）、東大阪（50）、西宮（48）、尼崎（45）、枚方（40）、豊中（39）、吹田（37）、和歌山（36）、奈良（36）、高槻（35）、大津（34）、明石（29）、八尾（26）、寝屋川（23）	茨木（28）、加古川（26）、宝塚（22）、岸和田（19）
中国	広島（119）、岡山（71）	倉敷（47）、福山（46）、下関（26）、呉（22）、松江（20）、鳥取（19）	
四国		松山（51）、高松（42）、高知（33）	
九州	福岡（153）、北九州（96）、熊本（74）	鹿児島（59）、大分（47）、長崎（42）、宮崎（40）、久留米（30）、佐世保（25）	佐賀（23）
沖縄		那覇（31）	

注：（　）内は2015年国勢調査による人口〔万人〕

　また、特別地方公共団体として、「特別区」があり、市に準じた権限を有しています。現在、特別区（23区）は東京都のみに存在しますが、他の道府県に設けることも可能になりました。

2 都市圏と中心都市

　都市は独立して存在するのではなく、人の移動、物資の流動などにより相互に関係しており、この圏域を都市圏と呼びます。都市圏とは、通勤、通学、買物などの日常生活を営む範囲です。都市圏は複数の市町村から構成され、中心的な都市と周辺市町村からなります。都市圏の定め方については、いくつかの方法があります。

　その1つに、総務省統計局の国勢調査を用いた方法があり、人口統計データと合わせて公表されています。この方法ではまず東京都区部および政令指定都市を中心とする圏域を「大都市圏」、それ以外の人口50万人以上の都市を中心とする圏域を「都市圏」とします。都市圏の範囲は、中心都市への通勤・通学の状況により定め、国勢調査の結果より、15歳以上通勤・通学者数の割合が当該市町村の人口の1.5%以上であり、かつ中心市と連接している市町村としています。2005年国勢調査に基づく都市圏と中心都市の設定結果を表1・4に示しました。都市計画を立案するためには、1つの市町村だけ見るのではなく、都市圏で見ることが必要です。

　国土交通省は、人の動きを把握するパーソントリップ調査を実施しています。人の動きは市町村をま

表 1·4　都市圏と中心都市
(総務省統計局による)

	都市圏名	中心都市
大都市圏	札幌大都市圏	札幌市
	仙台大都市圏	仙台市
	関東大都市圏	さいたま市、千葉市、東京都区部、横浜市、川崎市
	静岡大都市圏	静岡市
	中京大都市圏	名古屋市
	京阪神大都市圏	京都市、大阪市、神戸市
	広島大都市圏	広島市
	北九州・福岡大都市圏	北九州市、福岡市
都市圏	新潟都市圏	新潟市
	浜松都市圏	浜松市
	岡山都市圏	岡山市
	松山都市圏	松山市
	熊本都市圏	熊本市
	鹿児島都市圏	鹿児島市

表 1·5　パーソントリップ調査による都市圏
(国土交通省による、2020 年 4 月時点)

都市圏規模	都市圏名（中心都市）
三大都市圏	東京（東京都区部）、京阪神（大阪市）、中京（名古屋市）
地方中枢都市圏	道央（札幌市）、仙台（仙台市）、北部九州（福岡市）、広島（広島市）
地方中核都市圏	金沢（金沢市）、静岡中部（静岡市）、西遠（浜松市）、高松（高松市）、熊本（熊本市）、前橋・高崎（前橋市）、新潟（新潟市）、富山・高岡（富山市）、福井（福井市）、長野（長野市）、東駿河湾（沼津市）、岡山県南（岡山市）、高知（高知市）、長崎（長崎市）、沖縄中南部（那覇市）、旭川（旭川市）、函館（函館市）、郡山（郡山市）、日立（日立市）、宇都宮（宇都宮市）、岳南（富士市）、備後・笠岡（福山市）、徳島（徳島市）、松山（松山市）、佐賀（佐賀市）、大分（大分市）、宮崎（宮崎市）、鹿児島（鹿児島市）、青森（青森市）、盛岡（盛岡市）、秋田（秋田市）、山形（山形市）、いわき（いわき市）、福島（福島市）、水戸・勝田（水戸市）、小山・栃木（小山市）、両毛（太田市）、長岡（長岡市）、甲府（甲府市）、松本（松本市）、東三河（豊橋市）、中南勢（津市）、播磨（姫路市）、宍道湖中海（米子市）、山口・防府（山口市）
地方中心都市圏	釧路（釧路市）、室蘭（室蘭市）、帯広（帯広市）、苫小牧（苫小牧市）、北見網走（北見市）、むつ（むつ市）、花巻（花巻市）、七尾（七尾市）、飛騨（高山市）、伊賀（伊賀市）、三原・本郷（三原市）、周南（徳山市）、柳井・平生（柳井市）

たいで行われるため、都市圏を設定して調査を実施しています。パーソントリップ調査の都市圏（表 1·5）は、通勤・通学圏域を基本としながら、都市計画、交通計画を策定する際に一体として検討すべき範囲として設定されているため、表 1·4 の総務省統計局の設定した都市圏とは異なります。

　三大都市圏として、東京都区部を中心とする東京都市圏、大阪市を中心とする京阪神都市圏、名古屋市を中心とする中京都市圏があります。地方中枢都市圏は、道央都市圏、仙台都市圏、北部九州都市圏、広島都市圏の 4 つです。地方中核都市圏は、県庁所在都市とそれに次ぐ都市を中心とする都市圏です。地方中心都市圏は、道県の主要な都市を中心とする都市圏です。

　大都市圏の例として東京都市圏（人口約 3500 万人）を図 1·5 に、地方中枢都市圏の例として仙台都市圏（約 160 万人、18 市町村）を図 1·6 に、地方中核都市圏の例として長野都市圏（約 55 万人、8 市町）を図 1·7 に示しました。

3　人口集中地区

　市町村合併が進み、1 つの都市内にも市街地、郊外部、農地、山林など様々な土地利用が存在するようになりました。国勢調査では、都市的地域と農村的地域の人口特性を把握するために、人口集中地区（Densely Inhabited Districts；DID）を定めています。統計上の定義は、市区町村の境域内で人口密度の高い基本単位区（原則として人口密度が 4000 人 /km^2 以上）が隣接して、その人口が 5000 人以上となる地域です。4000 人 /km^2（＝ 40 人 /ha）は、戸建ての住宅地程度の人口密度であり、市街化区域（4

第1回調査圏域（1968年）
第2回調査（1978年）で新たに加わった圏域
第3回調査（1988年）で新たに加わった圏域
第5回調査（2008年）で合併に伴い拡大した圏域

※第4回調査圏域（1998年）は第3回と同じ圏域で調査を実施
第6回調査圏域（2018年）は第5回と同じ圏域で調査を実施

図1・5　東京都市圏（東京都市圏パーソントリップ調査の範囲）（出典：東京都市圏交通計画協議会）

図1・6　仙台都市圏（第5回仙台都市圏パーソントリップ調査の範囲）（出典：仙台都市圏総合交通計画協議会）

図1・7　長野都市圏（第3回長野都市圏パーソントリップ調査の範囲）（出典：長野都市圏総合交通計画協議会）

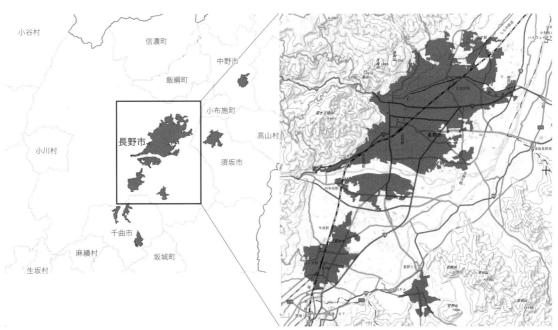

図1・8　長野市の人口集中地区（2015年国勢調査）（出典：「政府統計の総合窓口 e-Stat」より作成、背景地図は国土地理院地図）

章）の設定の目安ともなっています。市街化の状況や人口の変化を十分把握したうえで、都市計画の立案にあたる必要があります。

5 近年の都市計画の課題

　都市計画は、その時代の社会状況における課題に対応し立案する必要があります。ここでは、最近の都市計画に関する課題をいくつかあげていきます。

1 少子・高齢社会の都市計画

　図1・9は、国立社会保障・人口問題研究所が公表している日本の将来推計人口です。総人口は2020年の1億2533万人から、30年後の2050年には1億192万人まで減少（19%減）し、これは1970年当時の人口に相当します。年少人口（0〜14歳）は、2020年の1508万人から2050年には1077万人に減少（29%減）します。老年人口（65歳以上）は、2020年の3619万人から2050年には3841万人に増加（6%増）します。75歳以上の人口割合は15%から24%に上昇します。まさに、少子・高齢社会、人口減少社会を迎えます。

　交通量が減少することにより道路や鉄道の混雑が軽減したり、土地を広く使えるかもしれませんが、何か問題はないのでしょうか。生産年齢（15〜64歳）とは、生産活動を中心となって支える人のことです。働く意欲の有無に関わらず、就業できる人口と言い換えることができます。生産年齢人口は、2020年の7406万人から2050年には5275万人に減少（29%減）し、これはそのまま生産性の低下につながります。

　{年少人口（0〜14歳）＋老年人口（65歳以上）}／生産年齢人口（15〜64歳）という指標で考えてみましょう。これは、1人の生産年齢の人が、何人の年少者と高齢者の生活を支えるのかという指標です。計算してみると、2020年の0.69から、2050年の0.93になります。つまり2050年には2019年に比べ、1人の労働者が0.93／0.69＝1.35倍の生産性をもたなければ社会は成り立たなくなります。1人あたりが支払う税金を上げなければならないかもしれません。そのため、都市計画分野においても、社会基盤の整備、維持・管理の予算を効率的に使用していかなければなりません。

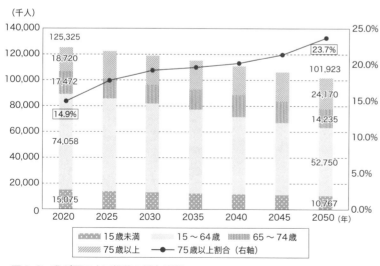

図1・9　我が国の人口推移の将来予測
（出典：国立社会保障・人口問題研究所「日本の将来推計人口（2017年推計）」の出生中位（死亡中位）推計より作成）

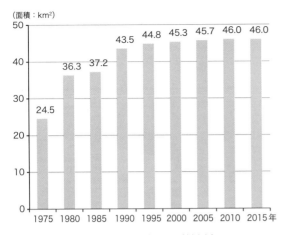

図 1・10　DID 面積の変化（群馬県前橋市）
（出典：『前橋市立地適正化計画』2019 年 3 月）

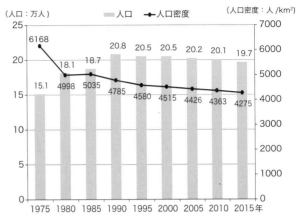

図 1・11　DID 人口・DID 人口密度の変化（群馬県前橋市）
（出典：『前橋市立地適正化計画』2019 年 3 月）

2 市街地の拡大と低密度化

　図 1・10 に、群馬県前橋市の人口集中地区（DID）の変化を示しました。高度経済成長期、バブル経済期を経て 1990 年まで急拡大を続けました。DID には道路や上下水道などの社会基盤を整備し、維持していかなければなりません。図 1・11 には、DID 人口と DID 人口密度の変化を示しました。DID 人口は、1990 年まで増加しましたがそれ以降は減少しています。DID 人口密度は、減少を続けています。

　これらの動向から、市街地の拡大と低密度化が進行していることがわかります。多くの地方都市で同じような現象が見られます。ゆとりのある住宅地になればよいのですが、実際には空き地や空き家問題が深刻化しています。対策として、前項の少子・高齢社会の課題と合わせ、全国の多くの都市ではコンパクトシティ政策がとられています（13 章）。

3 災害の多発・激甚化

　近年、災害が多発し、その災害も激甚化していると言われています。水害を例に考えてみましょう。
　図 1・12 は、全国 51 の観測地点における 1901 年以降の日降水量 200mm 以上の年間日数です。120 年にわたるデータによれば、1 日の降水量が 200mm 以上という大雨を観測した日数は、増減を繰り返しながらも長期的に見れば増加傾向を示しています。1 日に 200mm という大雨は、東京の平年の 9 月ひと月分の降水量が 1 日で降ることに相当する災害をもたらしうる大雨です。
　2019 年の台風 19 号は、東日本を中心に、死者・行方不明者 100 人以上、住宅の全半壊 3 万 3000 棟以上の甚大な被害をもたらしました（図 1・13）。災害の多発、激甚化を迎える社会においては、安全・安心に暮らせる都市を計画することが求められています（12 章）。

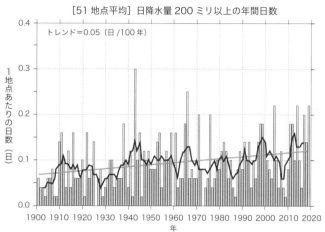

[51地点平均] 日降水量200ミリ以上の年間日数

棒グラフ（薄水色）は1地点当たりの各年の日降水量200ミリ以上の年間日数。年ごと、あるいは黒線（5年移動平均）で示される数年ごとの変動を繰り返しながらも、青線で示されるように長期的に大雨の頻度は増加している。

図1・12　日降水量200mm以上の年間日数の変化
（出典：気象庁編『気象業務はいま2021』）

図1・13　2019年台風19号による被害
（河川増水による落橋（群馬県嬬恋村、国道144号））

表1・6　主な感染症・大災害・大戦による死者数（世界）

感染症	大災害	大戦
14世紀：黒死病（ペスト） 5000万人以上		
16世紀：天然痘 約5600万人		
		1914～18年：第1次世界大戦 約2000万人
1918～20年：スペイン風邪 5000万人以上		
	1923年：関東大震災 約11万5000人	
		1939～45年：第2次世界大戦 約6000～8000万人
1957～58年：アジア風邪 約110万人		
1981年～：エイズ　約3270万人		
2002～03年：SARS　774人		
	2004年：スマトラ沖大地震・インド洋津波 　約23万人	
	2010年：ハイチ地震　約25万人	
	2011年：東日本大震災　約2万人	
2012年～：MERS　585人		
2014～18年：エボラ出血熱 1万1325人		
2019年～：新型コロナウイルス 約484万人（2021.10.10現在）		

（出典：朝日新聞（2020.9.30）などをもとに作成）

4 感染症・大災害・大戦

　一番不幸なことは、人が寿命を全うせず亡くなることでしょう。表 1・6 に世界の主な感染症、大災害、大戦による死者数を整理しました。感染症による死者数を見ると、黒死病（ペスト）、天然痘、スペイン風邪で、それぞれ 5000 万人以上が亡くなっています。近年においてもエイズで 3000 万人以上が犠牲になっています。2019 年末から感染拡大が始まった新型コロナウイルス感染症（COVID-19）では、約 484 万人（2021.10.10 現在）が亡くなっています。大災害では、1923 年の関東大震災で約 11 万 5000 人、東日本大震災で約 2 万人（行方不明者、関連死を含む）が亡くなりました。大戦においても非常に多くの方が亡くなりました。この他に、日本では年間 2 万人以上の人が自殺で亡くなっています。

　死者を減らすことは都市計画にできるのでしょうか。石川栄耀の「都市計画の目標」を思い出してください（本章 3 節）。感染症に対しては「健康な都市」、大災害には「もへない（燃えない）都市」、大戦に対しては「民主的な都市」で解決できる可能性があると考えられませんか。これからの都市計画はこのような大きな課題に挑戦することが重要であると考えたいのです。

　関東大震災後の帝都復興計画、石川栄耀が取り組んだ第二次世界大戦後の戦災復興都市計画（2 章 -I）により都市が大きく改良され、現在の都市の基盤となったという歴史があります。これからは、大災害の発生に予め備え、ポストコロナ期におけるニューノーマルに対応した都市計画が必要です（16 章）。

6 本書の構成

　本書の全体構成を図 1・14 に示しました。1 章から 4 章は、都市計画の理念、歴史、体系について解説します。都市計画の概念を 1 章で示したあと、2 章 -I と 2 章 -II で日本と世界の都市計画の流れや歴史を解説します。3 章と 4 章は都市計画の体系や制度の大要です。

　5 章から 10 章は都市計画法に基づく仕組みを解説します。5 章から 7 章では都市計画制度の骨格となる土地利用計画や市街地開発事業について説明します。8 章と 9 章では個別の都市施設である交通施設、公園・緑地について解説します。10 章では「地区の都市計画」と呼ばれている地区計画を扱います。

　11 章から 15 章では、課題に対応した都市計画を解説します。11 章の景観計画、12 章の都市防災は、重要性の増している計画です。13 章の持続可能な都市構造、14 章の市民参加のまちづくり、15 章の観光まちづくりは、今後の都市計画の方向性を指し示す内容です。

　各章の基本構成を図 1・15 に示しました。最初の節で、章の内容に関する考え方や概念を示します。その後の節では、具体的な内容を解説します。最後の節には、その章の内容に関連する実際の計画事例を掲載しました。章末の演習問題は、各自で調べ考察するもので、答えは 1 つではありません。

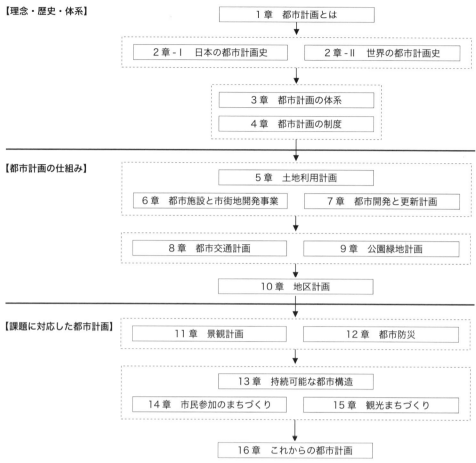

【理念・歴史・体系】

1章 都市計画とは

2章-Ⅰ 日本の都市計画史　　2章-Ⅱ 世界の都市計画史

3章 都市計画の体系

4章 都市計画の制度

【都市計画の仕組み】

5章 土地利用計画

6章 都市施設と市街地開発事業　　7章 都市開発と更新計画

8章 都市交通計画　　9章 公園緑地計画

10章 地区計画

【課題に対応した都市計画】

11章 景観計画　　12章 都市防災

13章 持続可能な都市構造

14章 市民参加のまちづくり　　15章 観光まちづくり

16章 これからの都市計画

図1・14　本書の全体構成

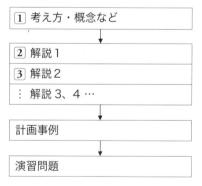

1 考え方・概念など

2 解説1

3 解説2

⋮ 解説3、4…

計画事例

演習問題

図1・15　各章の基本構成

| 計画事例 1 | 石川栄耀の生活圏構想 |

石川栄耀は、都市の範囲を超えた広域の計画について提案しました。都市発展の過程として、「中心たる都市の統率力（主として交通力）に応じてその都市から一時間乃至三時間に到達し得る圏域の都市が大なり小なり分化せられ、分化せられたものが綜合されていく」[8]とし、交通基盤の整備により圏域が強化され、圏域が重ね合わされることにより生活圏が形成されていくと述べています（図1・16）。各々の中心から日常生活圏は5km、週末生活圏は15km、月末生活圏は45km、季末生活圏135kmであるとしています。

この生活圏の考え方は、今日の都市圏の設定の考え方に通じますし、半径135kmの季末生活圏は、次の計画事例の首都圏整備計画に活かされています。

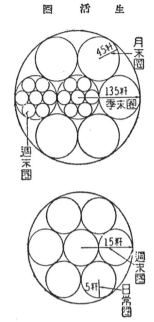

図1・16　石川栄耀の生活圏構想
（出典：石川栄耀『都市復興の原理と実際』光文社、1946）

| 計画事例 2 | 首都圏整備計画 |

1956年に施行された首都圏整備法により首都圏整備計画が策定されることになりました。1958年に策定された第一次首都圏整備計画の基本的な考え方は、既成市街地における人口増への対応であり、既成市街地や衛星都市の整備、幹線的な交通施設整備等が定められました。具体的な政策としては[9]、「既成市街地・近郊地帯・市街地開発区域」という政策区域の設定を行うこと、既成市街地の無秩序な膨張を防ぐためイギリスの大ロンドン計画（2章-II）をモデルとした近郊地帯（グリーンベルト）を

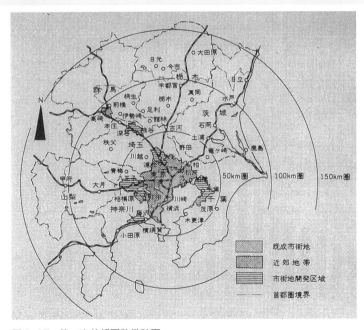

図1・17　第一次首都圏整備計画
（出典：公益財団法人 東京都都市づくり公社『東京の都市づくり通史』2019）

設定すること、東京の周辺部に雇用機会を創出し、東京に流入してくる人口を抑制しようとする衛星都市を設定することなどがあげられます。グリーンベルトとして構想した近郊地帯については、地元自治体の反対等により実際には地域指定はできませんでした。

1968年に策定された第二次首都圏整備計画は、国の経済の高度成長に伴い引き続き進行する諸機能・人口の集中に対処するため、首都圏を広域的複合体として構築することを目的としました。この計画の策定によって、グリーンベルトとしての近郊地帯の構想は撤廃され、「計画的に市街地を整備し、あわせて緑地を保全区域」とする「近郊整備地帯」に改められました。首都圏整備計画は、その後の改変を経ながら、第五次計画まで策定されています。

■ 演習問題1 ■　都市計画は、都市の人口を把握することから始まります。以下に取り組んでください。

(1) インターネットを使い、総務省統計局のホームページ（https://www.stat.go.jp）から、国勢調査の調査票をプリントしてください。次に、調査項目を確認しながら、調査票に記入してください。なお、調査はWeb方式でも実施されています。

(2) 「政府統計の総合窓口 e-Stat」（https://www.e-stat.go.jp）にアクセスしてください。国勢調査のデータを用い、居住している市区町村の人口、高齢化率（65歳以上の割合）の推移について、1970年から最新年まで時系列グラフを作成してください。国勢調査は5年ごとに実施されています。

(3) 「政府統計の総合窓口 e-Stat」の「地図で見る統計（統計GIS）」を使い、最新の国勢調査の結果から、居住している市区町村および周辺の人口集中地区を地図上で確認してください。

参考文献
1) 国土交通省都市局都市計画課ウェブサイト「みんなで進めるまちづくりの話」（https://www.mlit.go.jp/crd/city/plan/03_mati/index.htm、2021年6月1日閲覧）
2) さいたま市都市局まちづくり推進部まちづくり総務課『さいたま市まちづくりガイド』1989
3) 日本都市計画学会監修、都市計画国際用語研究会編『都市計画国際用語辞典』丸善、2003
4) 新谷洋二・原田昇編著『都市交通計画（第3版）』技法堂出版、2017
5) 石川栄耀『私達の都市計画の話』兼六館、1948
6) 石川栄耀『都市計画及国土計画 改訂版』産業図書、1951
7) 井上孝『都市計画の回顧と展望』井上孝先生講演集刊行会、1989
8) 石川栄耀『都市復興の原理と実際』光文社、1946
9) 早稲田大学首都圏研究会『未完の首都圏計画』2011
10) 公益財団法人 東京都都市づくり公社『東京の都市づくり通史』2019

2章-I
日本の都市計画史

1 日本の都市の発展の特徴 [1]

　2章-Iでは、日本の都市計画の発展の歴史を俯瞰し、その特徴について解説します。都市には、多くの人々が集まって居住し、政治、経済、文化等の社会活動の中心地として発展していきます。そして、数多くの建築、道路、公園、上下水道等の都市基盤が整備されるために、一度建設されると簡単には移動することができません。そのため

①古代における中国都市をモデルにした都城の時代

②近世における城郭と城下から構成される城下町の時代

③近代における西欧都市をモデルにした都市改造の時代

④現代における経済成長に伴う多様な都市発展の時代

図2-I・1　日本の都市計画が発展する転換点

に、都市は何度も改造されながら長期間に渡って同じ場所に存続することが一般的です。日本の現代都市の多くも近世以前に成立の起源を持ち、数百年以上に渡って存続している歴史都市です。日本の都市計画が発展する重要な転換点を俯瞰すると、以下の4つをあげることができます（図2-I・1）。

　①は、飛鳥時代〜奈良時代〜平安時代において、中国大陸の古代都市である「都城（とじょう）」の都市計画が導入され、日本で初めての計画都市が誕生する時代です。それ以前の縄文時代、弥生時代、古墳時代は、都市ではなく集落の時代でした。飛鳥時代に入り、中国大陸との交流が盛んになる中で、建築、土木、造園、都市計画に関する技術も導入され、日本における都市の歴史が幕開けします。

　②は、室町時代後期（戦国時代後期）〜安土桃山時代〜江戸時代初期において、城郭と城下から構成される「城下町」が誕生する時代です。①では古都である奈良や京都に限定して都城が建設されましたが、この時代は全国各地で都市建設が進み、その結果、城下町が国土全体を覆うように展開したことが特徴です。現在の日本の国土の骨格は、この時代に形成されたといっても過言ではありません。

　③は、265年続いた江戸時代が終わり、明治政府によって欧米諸国との交流が盛んになる中で日本も産業革命に成功し、西欧都市をモデルにして城下町等を改造して近代化を試みたり、新しい市街地を郊外に建設し始める時代です。

　④は、太平洋戦争終結後に戦災を受けた各地の都市を復興することから始まり、その後の高度経済成長期に人口や産業が都市に集中する中で市街地が飛躍的に拡大し、郊外には新たなニュータウンが建設され、国土や都市の環境が一変することとなった現在の時代です。

2 古代の都市計画 [1]〜[5]

1 国内初の計画都市「都城」の誕生 ─藤原京・平城京・平安京─

　飛鳥時代に入り、中国の政治や文化、仏教といった当時の先進的な知識を学ぶために遣隋使や遣唐使

が派遣され、様々な制度や技術が日本に導入されていきます。やがて、中国の律令制度を範にして天皇を頂点に各地の豪族等を統治する中央集権国家の体制が構築されていきます。

中国から導入されたものの中には、建築、土木、造園、都市計画に関する技術も含まれており、中央集権国家の拠点としての都市づくりが始まります。中国の古代都市は都城と呼ばれ、これは、「条坊制」によって都市が計画されていることが特徴です。条坊制とは、東西方向と南北方向に直線街路を一定間隔で配置し、街路群を直交させることによって格子状に区画された街区群から成る整然とした都市骨格を構築する制度です。この都市骨格の上に、宮殿や役所、寺院、住宅等が建設されました。

日本の主要な都城として、①藤原京、②平城京、③平安京について解説します。日本では、中国の都城をモデルに初の本格的な計画都市が誕生しますが、最初から都市が建設されたわけではありません。まず飛鳥・藤原地方において宮殿や寺院の建設が行われ、やがて建築群として集積していきました。そして、これらの建築群を調整するように後から街路が計画され、初めての都城である「藤原京」（694年）が建設されました。藤原京は「新益京」と呼ばれていますが、これは新たにつけくわえられた都という意味です（図2-I・2）。

次に建設された都城は、奈良の「平城京」（710年）です。元明天皇によって平城京への遷都が決定されましたが、藤原京とは異なり、平城京は最初から都市全体の街路が計画された後に建築群が建設されており、白紙の段階から都市全体を建設した初の事例であるのが特徴です。平城京も条坊制によって計画され、その規模は東西4.3km×南北4.8kmの右京と左京、左京の東に張り出している東西1.3km×南北1kmの外京から成り、面積は約25km²です。

平城京の都市計画の特徴は、①中央の最北部に「平城宮」（政治や儀式の場となる大極殿、天皇の生活の場となる内裏、役所等が設けられたところ）を設けたこと、②中央に都市骨格の基準（中心軸）となる「朱雀大路」を設けたこと、③平城宮から朱雀大路を見て右（西）のエリアを右京、左（東）を左京としたこと、④東西方向に9つ、南北方向に8つの大路（主要街路）を配置したこと、⑤大路の間は心々（街路の中心から中心までの距離）で1500大尺（約530m）とし、大路で区切られた範囲を「坊」としたこと、⑥大路の間には小路（小さな街路）を設け、大路や小路で区切られた区画を「町」（坪）とし基本街区にしたこと、⑦食糧（穀物、農産物、海産物）、布、日用品等を販売する場として「東市」と「西市」を設けたこと、等があげられます（口絵1）。

平城京の次に建設された都城は、京都の「平安京」（794年）です。桓武天皇は、平城京の仏教勢力が強大になり政

図2-I・2　藤原京1000分の1復元模型
（出典：奈良文化財研究所『平城宮跡資料館図録』1995、p.80）

治介入するようになったために、人心一新のために遷都を決定しました。最初は長岡京（784年）に遷都しましたが、遷都を主導した藤原種継の暗殺事件や洪水、疫病等の問題が生じたために、平安京に再遷都することになりました。なお、平城京には藤原京から寺院等が移築され再利用されましたが、長岡京と平安京には平城京の寺院は1つも移築されることはありませんでした。平安京も条坊制を基本としており、その規模は東西4.5km×南北5.2kmの右京と左京から成り、面積は約23.4km²です。

　平安京の都市計画の特徴は、平城京における①（平安京では「平安宮」）、②、③、⑦は共通しています。改良されているのは主に⑤、⑥に関するもので、条坊計画を行う際に平城京では1500大尺の方眼上で行われたために街路の心々制を用いたのに対して、平安京では街区の内法制としたことです。これは、平城京では心々制のために接する街路の幅員の大小（大路か小路か）によって基本街区の大きさが異なってしまったことから、平安京では内法制として大きさを統一したためです。また、平城京に存在した外京はなくなり、左右対称となる完全な長方形になりました。

2　都城の選定地の考え方　―四神相応―

　日本の都城において条坊制以外に中国から導入されたものとして、土地を選定する際に活用した「四神相応」があります。これは、風水説に基づくもので、東西南北をつかさどる4つの神がいる土地が都市や住宅の立地に適しているという考えです。四神とは、東は「青龍」（川）、西は「白虎」（道）、南は「朱雀」（池・湖）、北は「玄武」（山）のことです。平安京では、青龍は鴨川、白虎は山陰道、朱雀は巨椋池、玄武は船岡山が該当したと言われています。この考えは、後の鎌倉幕府や江戸幕府の都市計画にも採用されました（図2-I・3）。

3　遷都後の都城の姿

　初めての計画都市であった都城は、遷都によって廃止された後は、どのようになったのでしょうか。

　藤原京では、寺院を含めて多くの建築は解体されて平城京に移築され、役人や寺院の関係者も引っ越しをしていなくなってしまいました。跡地には条里制が施行されて水田となり、都城の風景は一変してかつての農村地帯に戻ったようです。

　平城京では、長岡京や平安京に寺院が移築されなかったためにそれらは平城京に残って存続しました。また、74年間も都城として存続したことからこの地に根ざした都市住民が誕生しており、遷都後も寺院とともに残って生活をしたようです。9世紀後半には平城京の跡地は田畑となったという記録があり、この時代には農村地帯へと戻ったようですが、その後の11～12世紀頃にはかつての外京に位置する有力な寺社（東大寺、興福寺、元興寺、春日大社等）の境内の周辺に人々が居住するよう

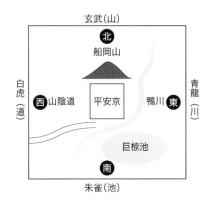

図2-I・3　平安京における四神相応
（参考：西川幸治・髙橋徹『日本人はどのように建造物をつくってきたか8　京都千二百年（上）』草思社、1997、pp.12-13）

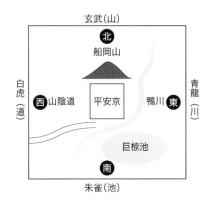

図2-I·4　藤原宮跡の大極殿院閣門
（だいごくでんいんこうもん）
（柱の位置を示す復元展示）

図2-I·5　平城宮の大極殿（復元建物）

になり、現在の奈良町として存続しています。

　藤原京と平城京は、宮殿のエリアを中心に発掘調査が進んで当時の状況が明らかになりつつあり、国の特別史跡に指定され復元展示が行われています（図2-I·4、5）。

　平安京は、平安時代から江戸時代末まで長期間に渡り天皇の居住する都として存続し、かつての都城のエリアは時代とともに姿を変えながら現在に至っています。ただし、京都は戦乱や大火が多く、また豊臣秀吉による都市改造もあったことから、残念ながら都城の面影を残すものはほとんど残っていません。

③ 中世の都市計画 [1]、[2]

① 武家政権による初の計画都市「鎌倉」の誕生

　源頼朝によって鎌倉に幕府が置かれる（1180年）こととなり、鎌倉の都市計画が行われました。鎌倉では、都城のように明確な理念に基づいた都市計画は行われませんでしたが、平安京をモデルにするとともに軍事や防衛を重視した要塞都市として計画したことが特徴です。

　鎌倉の都市計画の特徴は、①中央の最北部に「鶴岡八幡宮」とその東側に「大倉幕府」（おおくらばくふ）（源頼朝の邸宅と幕府の政庁）を設けたこと、②中央に（朱雀大路にならって）「若宮大路」（わかみやおおじ）を設けたこと、③防衛のために周囲の山の稜線（尾根線）には「切岸」（きりぎし）（斜面を削って人工的に断崖とした構造で、斜面を通しての敵の侵入を防ぐもの）を設けたこと、④主要街道には「切通し」（きりとお）（山をくりぬいた細い道で、1人が通れるほどの幅にして簡単に敵に攻められないようにしたもの）を7か所設けたこと（七切通し）、等があげられます。①と②は平安京をモデルにしたもの、③と④は要塞都市として計画したものです。また、三方（東・西・北）は山、一方は海（南）に囲まれており、これは四神相応を意識したものと考えられています（図2-I·6）。

② 鎌倉後の都市計画

　鎌倉幕府の都市計画は、自然の要害の地である鎌倉の地形条件を活かして適用されたものであり、各

地に同様の要塞都市が計画されることはありませんでした。そして、鎌倉幕府の後に成立した室町幕府は京都に移り、既存市街地を利用して幕府の拠点（将軍の邸宅等）を建設したために、鎌倉幕府のように新しい都市を計画的に建設することはありませんでした。

　以上のように、中世は武家社会が政治の中心をつかさどる時代になりますが、都市計画の視点から捉えると、都市を発展させる転換点となるような出来事

図2-I-6　鎌倉の都市構造（国立歴史民俗博物館所蔵の展示模型写真に地名等を筆者加筆）

は起こりませんでした。武家社会が計画的に都市をつくることに長けてくるのは、平安京から約750年以上経過した後の室町時代後期（戦国時代後期）以降に城下町が登場するまで待つことになります。

4　近世の都市計画 1)、2)、6)〜11)

1　戦国大名による「城下町」の誕生

　室町時代は、南北朝時代や戦国時代といった大きな戦乱の世を迎え、社会的に不安定な状況が長く続きました。このような状況の中で、各地で戦国大名が登場し、戦いに備えるために都市の姿が変化し、「城郭」を中心にした「城下町」が誕生します。城郭は戦いの際の拠点となる場所であり、敵に攻められた際に守りやすい山に「山城」が建設され、山城の麓に領主と家臣の屋敷、寺社、民家等が集まっていました。山城は、当初は険しい山岳地帯に建設されましたが、やがて平野に近い小さな山に「平山城」として、さらに平野に「平城」として建設されるように変化します。これは、戦いが鉄砲を使用する方法へと変化したこと等の理由で山に籠って戦う必要性がなくなり、利便性の高い平野に城郭が移ったためです。そしてこれに伴い、城郭と城下が一体化した城下町が誕生します。織田信長は、兵農分離を進めて武士を城下に移住させるとともに、商農分離も進めて楽市楽座により商人を集めて、安土城下町等を建設しました。

　城下町の都市計画の特徴は、①平山城あるいは平城としての「城郭」を城下町の中心に設けたこと、②地形条件に応じて町割（町の中に街路を設けて土地を区画すること）を計画したこと、③自然地物（山・河川・海・段丘・沼地等）を利用して町割の方位や城下町の外周の境界を決定したこと、④身分による明確なゾーニング（城郭・武家地・町人地・寺社地）を設けたこと、⑤以上のような計画条件（地形条件や藩の規模等）に応じて様々な形態の城下町が計画され、城下町群が全国を覆うように誕生した

こと、等があげられます。

　彦根城は天守閣が現存する貴重な城郭ですが、口絵2を見ると彦根山に建設された彦根城（平山城）を中心に堀が三重（内堀・中堀・外堀）に巡らされていること、武士と町人の居住地が明確にゾーニングされていること、琵琶湖や芹川を利用して城下町の外周の境界を決定していること、等がわかります。

　そして、江戸時代には幕藩体制が整い、参勤交代に伴って全国の大名と家臣団が藩と江戸の往復を繰り返す中で、江戸と大坂を拠点に全国規模

図2-I・7　全国的に整備された主な城下町等と交通網（街道網・水運網）
（参考：詳説日本史図録編集委員会編『詳説日本史図録　第8版』山川出版社、2020、p.175）

の交通網と流通網が形成されました。陸上交通としては街道網と宿場町の整備が、海上交通としては水運網と港町の整備が進みました。また商工業の発展に伴い、各地の特産物（塩・砂糖・酒・醤油・味噌・綿・絹・陶磁器等）の生産や流通を担う在郷町も誕生しました。

　以上のように、各地の城下町を中心にして全国規模の交通網と流通網が整備される中で、宿場町、港町、在郷町等も全国を覆うように建設され、現在の日本の国土の骨格が形成されていきました（図2-I・7）。

2 国内最大の「江戸城下町」の誕生

　江戸幕府の本拠地である江戸には、国内最大の城下町が計画されました。徳川家康は、江戸城下町を建設する際に、天皇や公家が在住し長年に渡って繁栄している京都にあやかって江戸を成長させることを願っていたと考えられています。

　江戸城下町の都市計画は、一般的な城下町と共通する点も多いのですが、特徴的なものとしては、①平安京の「四神相応」の考えをもとに場所を選定したこと（平安京では南北軸が整合していましたが、江戸では地形を考慮して南北軸を112度ほど東北東に振りました）、②町割の方位を決定する際に、富士山、筑波山、天守閣を目標として位置づけ、町人地からこれらに対する眺望（ヴィスタ）が確保されるように計画的に景観演出を行ったこと（町人地からの富士山等への眺望景観は、葛飾北斎らによって絵に描かれるようにもなり、江戸を代表する美しい景観として広く親しまれていくことになりました）、③江戸幕府の開府後、将来の拡大に備えて、江戸城を中心に五街道（東海道・中山道・日光道中・奥州道中・甲州道中）を組み合わせて放射状に展開する都市構造へと改造したこと（今まで建設してきた町を

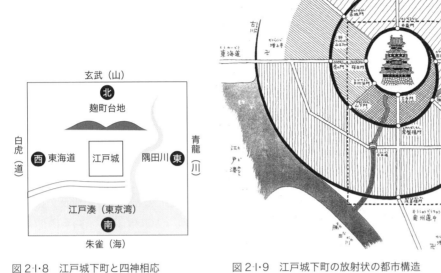

図 2-Ⅰ・8　江戸城下町と四神相応
（参考：内藤昌『日本人はどのように建造物をつくってきたか 4　江戸の町（上）』草思社、1992、pp.12-13）

図 2-Ⅰ・9　江戸城下町の放射状の都市構造
（出典：内藤昌『日本人はどのように建造物をつくってきたか 4　江戸の町（上）』草思社、1992、pp.22-23）

廃止せずに利用し、さらに外側の自然地物（丘・谷・河川）を利用して「の」の字型に堀を延ばす構造としたこと[8]）、等です（図 2-Ⅰ・8、9）。

　江戸城下町の四神相応は、東の青龍は隅田川、西の白虎は東海道、南の朱雀は江戸湊（現在の東京湾）、北の玄武は麹町台地が該当すると考えられています。また、江戸を守る鬼門（北東）には「寛永寺」、裏鬼門（南西）には「増上寺」が設けられました。そして拡大に備えた都市計画は功を奏し、江戸は元禄時代（1700 年頃）には「大江戸八百八町」（数多くの町が存在することの例え）と呼ばれ、人口約 80 万人の世界最大級の大都市（当時、ロンドンは約 50 万人、パリはロンドンより少なく 50 万人弱といわれています）に成長しており、現在の東京の基盤がつくられていきました。現在の東京を空から眺めると江戸城（現在は皇居）を中心に内堀と外堀によって放射状の都市構造をしていることに気づかされます。

5　近代の都市計画 [12]～[15]

1　西欧都市をモデルにした東京の都市改造　―銀座煉瓦街と日比谷官庁集中計画―

　明治時代になり、産業革命等を欧米諸国から導入して、近代的な国家づくりが始まります。明治政府は、欧米諸国に岩倉具視を団長とする使節団を派遣しますが、使節団の報告を受けて、パリも 100 年かけて中世都市から近代都市へ改造することに成功した（オスマンによるパリの都市改造計画；2 章 -Ⅱ、p.49）のだから日本も努力すればできる、と考えたのです。当時の明治政府は、欧米諸国との不平等条約を解消することが外交上の大きな課題であり、近代国家としての体制づくり（帝国憲法、帝国議会、

図2-I-10　銀座煉瓦街（東京都江戸東京博物館の展示模型）

内閣）に取り組むとともに、欧米の都市計画技術を導入して欧風化した都市を形成することによって条約改正を実現しようと考えていました。欧米諸国における近代都市とは、都市の美観、不燃化、公衆衛生等の視点から近代化されていることが重要であり、木造建築が多いために火災が多く道路や下水道の整備が遅れていた日本の城下町は、時代遅れとみなされていたのです。

　以上を背景にした明治政府による初めての近代都市改造プロジェクトが「銀座煉瓦街」です。これは、現在の東京の銀座地区に大きな火災が発生（1872年）し、その焼失地に道路を拡幅して煉瓦造建築群による欧風の不燃化した街並みを建設するものでした。このプロジェクトを実施するにあたり外国人技術者のウォートルスが雇用され、道路や煉瓦造建築の設計が行われました。拡幅された道路には、歩車道分離、ガス灯、街路樹が実現し、江戸時代とは異なる新しい都市景観が形成されていきました。ただし、事業実施のための財源的裏付けに欠けて一部地区しか実現しなかった等の問題もあり、初めての都市改造プロジェクトとしての評価は様々です（図2-I・10）。

　次に取り組んだのが「日比谷官庁集中計画」（1886年）です。これは、条約改正の交渉を有利に進め

図2-I・11　法務省旧本館（重要文化財）
（日比谷官庁集中計画に基づいて実現した建築）

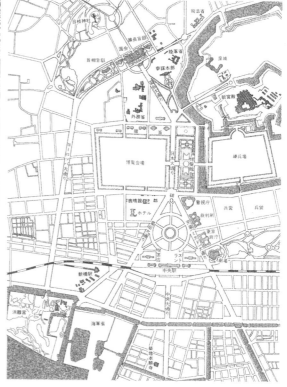

図2-I・12　日比谷官庁集中計画ベックマン案
（出典：藤森照信『明治の都市計画』岩波書店、1990、p.362）

ていくための背景づくりとして、パリのような**バロック都市**を目指して東京を大改造する計画を立案することが目的でした。ドイツ人建築家の**エンデ**と**ベックマン**を招聘して策定を依頼し、現在の**日比谷公園**付近に官庁街を建設する計画が立案されました。しかしながら、当時の江戸城下町の都市構造を無視して新たな都市構造の形成を目指すものであり、実現のための国力が不足していたこと、日比谷公園一帯の土壌が悪かったこと等の理由で、司法省（現在の法務省旧本館）等を除いてほとんど実現されない幻の都市計画になりました（図2-I・11、12）。

② 既成市街地を対象にした現実的な都市改造　─市区改正─

　明治政府は、銀座煉瓦街や日比谷官庁集中計画を通じて東京をパリのような都市にすることを目標にしていましたが、短期間に大規模な都市改造を行うことは現実的には困難でした。この間、開港に伴う伝染病の蔓延、江戸以来の長屋が密集する市街地における大火の発生、馬車鉄道の誕生の一方で改良されない狭隘道路といった様々な問題が発生していきます。

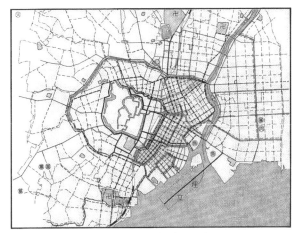

図2-I・13　東京市区改正委員会案（旧設計）
青い線路は、当時、まだつながっていなかった新橋駅と上野駅をつなげるために計画されたものである。
（出典：日本都市計画学会編『近代都市計画の未来とその百年』彰国社、1988、p.35［着色は原著による］）

　そこで、現実の問題解決に目を向けて、既成市街地を計画的に改良して近代的な都市基盤整備を行うこととなり、新たに取り組んだのが「市区改正」です。まず東京を対象にして取り組まれ、「東京市区改正条例」（1888年）と「東京市区改正土地建物処分規則」（1889年）が公布されました。この2つが日本で初めての都市計画法制度です。そして計画が検討され、東京市区改正委員会で正式に議定、告示したのが「東京市区改正計画（旧設計）」（1889年）であり、道

図2-I・14　日比谷公園
（東京市区改正計画に基づいて実現した公園）

図2-I・15　三菱一号館美術館
（東京市区改正計画に基づいて実現した丸の内オフィス街で三菱が最初に建設をした三菱一号館の復元整備）

路、河川、橋梁、鉄道、公園、市場、火葬場、墓地について総合的に計画されました。その後、計画が縮小されますが、道路の拡幅（延べ約175kmの道路を拡幅）、鉄道の敷設（新橋駅と上野駅間がつながり東京駅が誕生）、日比谷公園の開園、オフィス街（丸の内）の建設等が実現しました（図2-I・13〜15）。

3 新市街地の整備に備える計画 ―都市計画法の制定と関東大震災の復興計画―

　国内の重工業の発展に伴い、1900年代に入ると東京や大阪といった大都市の人口が急増し、郊外に市街地が拡大してスプロール地区（無秩序に形成された不良住宅地）が生まれていきました。それまでに取り組まれた銀座煉瓦街や東京市区改正計画は、江戸時代の既存市街地を改造することが目的でしたが、人口増加に呼応して新しい市街地の整備に備えていく都市計画が求められました。以上を背景にして、「都市計画法」と「市街地建築物法」（現在の建築基準法の前身）が制定（1919年）され、日本の都市計画制度が整うことになりました。現在とは異なって都市計画の決定権は国が持つという中央集権的な制度であり、この2法の中で土地区画整理、地域地区制度（用途地域等）、建築線制度という3つの新しい都市計画技術が導入されました。しかしながら、これらの新技術は体系化されなかったとともに、国が全国一律の運用方針を立てていたこともあり、地域事情に応じることができなかったという問題を抱えていました。

　以上のように都市計画制度が整備されましたが、その直後に関東大震災（1923年）が発生し、大規模な都市改造が動いていきます。関東大震災は、東京、横浜、横須賀等において、死者・行方不明者約10.7万人、負傷者約5.2万人、罹災者総数は約340万人という未曾有の被害をもたらしました。

　震災後に策定されたのが「帝都復興計画」（震災復興計画）であり、これに基づいて大規模な復興事業が進められました。帝都復興事業は、東京や横浜の既成市街地の大改造に大きな成果を上げることとなり、大規模な土地区画整理事業（東京では約3000ha、横浜では約250ha）が実施され、道路、公園、河川、運河、橋梁、公共建築等が整備されました。その結果、江戸時代に形成された町割や明治時代に形成された煉瓦造建築等が一新され、都市景観が大きく変わっていきました。この大改造を実現できたのは、都市計画法で導入された土地区画整理手法を復興市街地に適用できたことに因る点が大きく、以後、これは日本の開発事業の重要な手法として定着していきます。また、復興事業に関する講演会の開催、パンフレットや冊子の配布等が行われた結果、都市計画についてその重要性を広く社会にアピールし、国民の関心を引き起こす機会になりました。

4 新しい市街地像の提案 ―鉄道会社と同潤会―

　都市に人口が集中して新しい市街地が求められる中で、2つの大きな市街地像が生まれていきます。1つは、鉄道会社による郊外の緑豊かな戸建住宅から成る職住分離の市街地像であり、もう1つは同潤会による都心の近代的な鉄筋コンクリート造の集合住宅から成る職住近接の市街地像です。前者の代表事例は、渋澤栄一による田園都市株式会社が建設した「田園都市多摩川台」です。これは、イギリスのハワードが提案した「田園都市」（2章-II、p.46）の影響を受けて日本で実現した事例として有名です。都

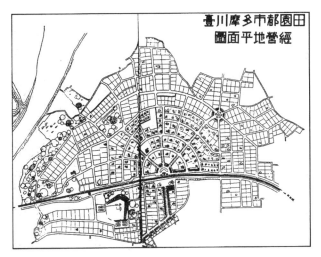

図 2-I・16　田園都市多摩川台計画図と田園都市株式会社による郊外住宅
(出典：日本都市計画学会編『近代都市計画の未来とその百年』彰国社、1988、p.47)

市計画法が制定された当時、東京や大阪では多くの私鉄が開通し始めており、鉄道会社は郊外に住宅地開発を行い、鉄道を利用して都心に通勤する新しい生活を提案したのです（図 2-I・16）。

　後者は、関東大震災後に設立された財団法人同潤会による取組みです。同潤会は、震災後に家を失った罹災者に対して住宅を供給すること等を目的に国の外郭団体として設立（1924 年）され、清砂通団地、代官山団地、三ノ輪アパート等を建設しました。鉄道会社とは異なる視点から、地震や火災に強い鉄筋コンクリート造の集合住宅による都心の新しい共同生活を提案したのです。同潤会の経験は、戦後の公共住宅の大量供給に活かされていきます。このような 2 つの新しい市街地像は、戦後、日本中に普及していくことになります。

6　現代の都市計画 [12)、14)～20)]

1　戦災復興計画

　日本は太平洋戦争を通じてアジア地域に多大な被害を及ぼしましたが、日本自身もアメリカ軍による空襲等によって被害を受け、戦後はその復興を図ることが大きな課題となりました。戦災都市に指定されたのは 115 都市で、罹災区域約 6 万 3 千 ha、罹災戸数約 231.6 万戸、死者約 33.1 万人、負傷者約 42.7 万人（以上、沖縄県を除く）という大きな被害であり、特に被害が大きかったのは、東京、横浜、名古屋、大阪、神戸、広島、長崎等でした（図 2-I・17、18）。

　国は戦災復興院を設置し、「戦災地復興計画基本方針」を立案して閣議決定（1945 年）しました。各都市では、この基本方針に基づいて土地区画整理事業と街路事業を中心に戦災復興計画が策定されました。当初は 5 年間で終了する予定でしたが、戦後の急激なインフレ、食糧不足、産業不振等のために1949 年に見直しを余儀なくされ、当初計画を縮小して 1960 年に完了しました。戦災復興事業の代表事例には、仙台市の定禅寺通りや青葉通り、名古屋市の久屋大通り、広島市の平和大通りと平和記念公園

図2-I·17　戦災を受けた東京の新宿
（出典：東京都都市計画局『東京の都市計画百年』1989、p.47［原出典は、岩波写真文庫『戦争と日本人』（写真：石川光陽)]）

図2-I·18　定禅寺通り（仙台市における戦災復興事業）

図2-I·19　久屋大通り（名古屋市における戦災復興事業）

図2-I·20　平和記念公園と平和記念資料館
（広島平和記念都市建設法に基づく戦災復興事業）

等があり、広幅員の街路と緑地から成る美しい都市景観が形成されました（図2-I·19、20）。なお平和記念公園は、原爆被害からの復興のために制定された「広島平和記念都市建設法」（1949年）に基づいて建設されました。

　戦災復興計画は、地方都市の都市改造に一定の成果を上げましたが、大都市では計画の縮小に伴い、都市基盤整備の機会を失うことになってしまいます。特に東京では、石川栄耀が中心となって戦災復興計画が策定され、これはアムステルダム国際都市計画会議（1924年）で提案された大都市圏計画の考え方（大都市の無限な膨張を防ぎ、衛星都市によって人口を分散するために「母都市−緑地帯（グリーンベルト）−衛星都市」から大都市圏を構成するというもの）を反映した先進的な内容でしたが、残念ながら大幅に縮小されてしまいました。

② 国土計画と都市圏計画

　朝鮮戦争（1950年）を契機に日本の工業力は復活して高度経済成長を迎えていきますが、このような社会状況を背景にして、国土全体の将来像を計画するために経済計画から国土計画を導くという取組みが行われます。これは、国民総生産（GNP）の成長率を目標に掲げてこれを実現するための物的計画を策定

するというもので、「国民所得倍増計画」（1960年）、「国土総合開発法」（1950年）に基づく「第一次全国総合開発計画」（1962年）等が策定されました。また、都府県区域を超えた大都市圏計画、市町村区域を超えた地方都市圏計画といった都市圏計画の制度も必要となり、首都圏整備法（1956年）、近畿圏整備法（1963年）、中部圏開発整備法（1966年）が制定され、三大都市圏の計画が策定されました。

3 未来都市と国家イベント　―東京オリンピックと日本万国博覧会―

　ハワードやコルビュジエによって未来都市が提案され世界的な影響を与えていきますが、日本でも未来都市について専門家が構想し発表していきます。東京大学丹下健三研究室による「東京計画1960」

図2-I·21　東京計画1960
（出典：東京都都市計画局『東京の都市計画百年』1989、p.61［原出典は、『新建築』vol.36、No.3（村井治）]）

図2-I·22　海上都市
（出典：森美術館『メタボリズムの未来都市』2011、p.79）

図2-I·23　首都高速道路の開通（千駄ヶ谷から国立競技場にかけての風景）
（出典：東京都都市計画局『東京の都市計画百年』1989、p.65［原出典は『第18回オリンピック競技大会東京都報告書』]）

図2-I·24　東海道新幹線の開通（突貫工事をして東京オリンピック前に開通）
（出典：図2-I·23と同じ［原出典は、朝日新聞社『有楽町60年』]）

（1960年）、建築家の菊竹清訓による「海上都市」（1963年）は、海上に未来都市の建設を提案したことで有名です。ハワードやコルビュジエの未来都市は内陸に展開する計画でしたが、これらの構想は海洋国家である日本の風土を反映しているのが特徴であり、その後の東京湾の埋め立て事業や各地のウォーターフロント事業に影響を与えていきました（図2-I・21、22）。

　そして、戦後の復興を象徴する国家イベントとして東京オリンピック（1964年）、日本万国博覧会（1970年）が開催され、これらと連携して大規模な交通基盤の整備が進んでいきます。東京や大阪では、都市内交通として幹線道路、都市高速道路、地下鉄等が、都市間交通として東海道新幹線等が整備されました（図2-I・23、24）。

4 ニュータウン建設　—近代都市計画理論の応用—

　大都市圏に人口が集中する中で大量の住宅が必要となり、公的な住宅供給機関として日本住宅公団（現在の独立行政法人都市再生機構）が設立（1955年）されました。地方公共団体が供給するものとして公営住宅がありましたが、これは行政区域内の供給となるため、広域的な都市基盤（上下水道・道路・鉄道等）の整備との調整が難しいという問題を抱えており、全国を対象にした住宅供給機関が誕生したのです。

　以後、1960年代に入り、日本住宅公団や地方公共団体によって大規模集合住宅団地（ニュータウン）が建設されました。代表的な事例は、千里ニュータウン（大阪府吹田市・豊中市：面積1160ha、計画人

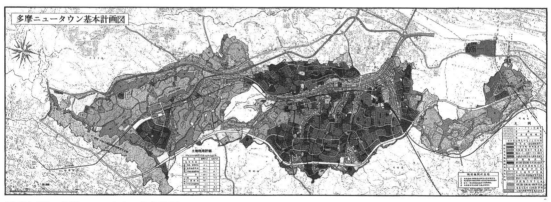

図2-I・25　多摩ニュータウン基本計画（出典：日本都市計画学会編『近代都市計画の未来とその百年』彰国社、1988、p.215）

図2-I・26　左：昭和45年（1970年）頃の多摩丘陵（多摩ニュータウン建設中）　右：昭和60年（1985年）頃の多摩丘陵
（出典：東京都都市計画局『東京の都市計画百年』1989、p.69〔原出典は、東京都小学校社会科研究会『わたしたちの東京』〕）

口 15 万人）、高蔵寺ニュータウン（愛
知県春日井市：面積 702ha、計画人口
8.1 万人）、多摩ニュータウン（東京都
多摩市・八王子市・稲城市・町田市：
面積 2884ha、計画人口 30 万人）です。
また鉄道会社によるニュータウン建設
も行われ、東京急行電鉄株式会社によ
る多摩田園都市（神奈川県川崎市・横
浜市・大和市・東京都町田市：面積約
5000ha、現在の人口約 60 万人）は、民
間主体の都市開発事業としては国内最

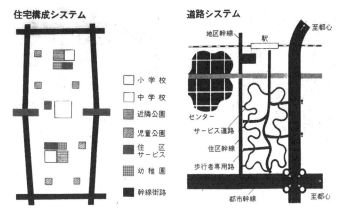

図 2-I・27　多摩ニュータウンの住宅構成システムと道路システム
（出典：彰国社編『都市空間の計画技法』彰国社、1992、p.150）

大規模です。特に美しが丘地区では、ラドバーンシステム（2 章 -II、p.48）が採用され、クルドサック
（袋小路）型やループ型の街路と緑道（歩行者専用道）によって歩行者が安全で快適に移動できるように
計画されました（図 2-I・25 〜 30）。

　これらのニュータウンの計画には、近代都市計画のモデルとして提案されていた田園都市、近隣住区、
ラドバーンシステムが大きな影響を与えています（2 章 -II）。初期の多摩ニュータウンは、近隣住区理論
に忠実に計画されており、住宅構成システムは 2 つの小学校区から構成される中学校区を計画単位（1
住区）として、住区ごとに幼稚園、公園、サービス施設、幹線街路等が配置され、道路システムは段階
的な構成になっていました。

　ただし、田園都市は産業を伴った自立都市として構想されていましたが、日本のニュータウンは産業

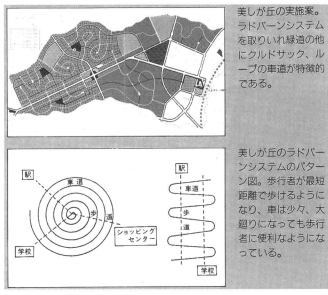

美しが丘の実施案。
ラドバーンシステム
を取りいれ緑道の他
にクルドサック、ル
ープの車道が特徴的
である。

美しが丘のラドバー
ンシステムのパター
ン図。歩行者が最短
距離で歩けるように
なり、車は少々、大
廻りになっても歩行
者に便利なようにな
っている。

図 2-I・28　多摩田園都市・美しが丘のラドバーンシステム
（出典：東京急行電鉄株式会社『多摩田園都市　一良好な街づくりを目指して一』1988、p.33）

図 2-I・29　クルドサック（美しが丘）

図 2-I・30　歩行者専用道（美しが丘）

立地を伴わずに大規模集合住宅団地に特化していたことから、ベッドタウンとしての位置づけを超えることは難しく、現在は高齢社会の中で人口減少等の問題に直面してオールドタウンとも言われています。

5 新都市計画法と建築基準法改正

1919年に都市計画法と市街地建築物法が制定されてから長い時間が経過し、様々な開発が進む中で古い制度で都市計画に対応することは難しくなってきました。都市への人口集中が進む中で、既存市街地の周辺に大規模なスプロール地区が発生したり、また日本住宅公団が建設したニュータウンの周辺でも十分な基盤整備がされないままに民間事業者による宅地開発が行われるといった問題が生じたのです。

このような社会状況を背景にして、新しい都市計画法の制定（1968年）と建築基準法の集団規定の全面改正（1970年）によって、現在の都市計画制度の骨格ができ上がりました。新しい制度は、①都市計画決定権限の都道府県知事および市町村への委譲、②住民参加の手続きの導入、③区域区分制度（市街化区域と市街化調整区域に区分）の創設、④区域区分制度と関連した開発許可制度の導入、⑤用途地域制の細分化と容積率制の全面的採用、といった点が特徴です。

6 1980年代以降の都市計画の動き

1980年代以降の都市計画は、1980年代の「量から質へ」移行した「地方の時代」の都市づくり、1990年代の調整・恊働・連携による新たな都市計画システムの構築、2000年代の地域価値向上をめざした持続的都市づくり・都市経営、といった特徴を持ちながら展開していきます。これは、日本都市計画学会が編集した『60プロジェクトによむ日本の都市づくり』[20]の中で解説された各年代の特徴ですが、高度経済成長が終焉を迎えて、その後のバブル経済下の乱開発、阪神淡路大震災や東日本大震災等の自然災害、本格的な高齢社会と人口減少社会に伴う地方都市の衰退、地球環境問題の深刻化、といった大きな出来事に直面しながら、現在では持続可能な社会を構築するための都市再生が求められています（図2-I・31）。これらについては、本書の各章にて分野ごとの取組みが詳しく解説されています。

①1960年代：高度経済成長下の人口集中に対応しようとした都市づくり

②1970年代：高度経済成長期への反省と都市づくり

③1980年代：「量から質へ」移行した「地方の時代」の都市づくり

④1990年代：調整・恊働・連携による新たな都市計画システムの構築

⑤2000年代：地域価値向上をめざした持続的都市づくり・都市経営

図2-I・31　1960年代以降の都市計画の変遷
（参考：日本都市計画学会編『60プロジェクトによむ日本の都市づくり』朝倉書店、2011、pp.xii～xiii）

本章で解説した通り、一度建設された都市は長期間にわたって存続することから、未来都市の姿を描くためには、その都市がどのような背景や目的で計画され、どのように改造されて現在に至っているのか、その積み重ねを理解することが重要です。近年、発掘調査や文献資料調査が進み、

今まで明らかにされなかった過去の都市計画の歴史について、その姿が徐々に明らかになってきました。これらの研究成果は、様々な専門書や各地の博物館、資料館において、日々新しい知見が公開されています。

■ 演習問題 2-I ■　将来の都市計画のあり方を考えるにあたり、日本の都市計画の歴史の特徴をふりかえるとともに、歴史を学ぶことの意義や必要性について考察してください。必要に応じてインターネットや文献を通じて調べてください。

(1) 日本の都市計画が海外から影響を受けた時代、影響を受けた内容、代表事例には、どのようなものがあげられるでしょうか。また、後世の都市計画にどのような変化をもたらしたと考えられますか。

(2) 近世以前（古代〜近世）と近代以後（近代〜現代）の都市計画の共通点と相違点は、どのようなものでしょうか。また、現代の都市計画が、近世以前の都市計画から学ぶことはあるでしょうか。あるとすれば、どのようなことが考えられますか。

参考文献
1) 高橋康夫・吉田伸之・宮本雅明・伊藤毅『図集 日本都市史』東京大学出版会、1993
2) 光井渉・太記祐一『建築と都市の歴史』井上書院、2017
3) 宮本長二郎『日本人はどのように建造物をつくってきたか 7　平城京』草思社、1992
4) 西川幸治・高橋徹『日本人はどのように建造物をつくってきたか 8　京都千二百年（上）』草思社、1997
5) 西川幸治・高橋徹『日本人はどのように建造物をつくってきたか 9　京都千二百年（下）』草思社、1999
6) 朝日新聞社編『朝日百科 日本の国宝 別冊　国宝と歴史の旅 5　城と城下町』2020
7) 内藤昌『SD 選書 4　江戸と江戸城』鹿島出版会、1988
8) 内藤昌『日本人はどのように建造物をつくってきたか 4　江戸の町（上）』草思社、1992
9) 内藤昌『日本人はどのように建造物をつくってきたか 5　江戸の町（下）』草思社、1991
10) 佐藤滋＋城下町都市研究体『新版　図説城下町都市』鹿島出版会、2015
11) 詳説日本史図録編集委員会編『詳説日本史図録　第 8 版』山川出版社、2020
12) 日本都市計画学会編『近代都市計画の未来とその百年』彰国社、1988
13) 藤森照信『明治の都市計画』岩波書店、1990
14) 石田頼房『日本近現代都市計画の展開』自治体研究社、2004
15) 東京都都市計画局『東京の都市計画百年』1989
16) 東京急行電鉄株式会社『多摩田園都市　—良好な街づくりを目指して—』1988
17) 彰国社編『都市空間の計画技法』彰国社、1992
18) 森美術館『メタボリズムの未来都市』2011
19) 内田青蔵・大川三雄・藤谷陽悦『図説・近代住宅史』鹿島出版会、2001
20) 日本都市計画学会編『60 プロジェクトによむ日本の都市づくり』朝倉書店、2011

2章-Ⅱ
世界の都市計画史

1 古代の都市計画

　古代の都市計画として、**ギリシャ**、**ローマ**、**中国**の都市計画を紹介します。

①古代アテネ

　ギリシャの古代都市は、紀元前8世紀ごろに、**都市国家（ポリス）**として誕生しました。現在の首都**アテネ**は、紀元前8世紀ごろまでに成立した、世界で最も古い都市の1つです。紀元前5世紀ごろには政治家ペリクレスが現れ、奴隷制度を前提とはしていましたが、民主主義社会をつくりあげました。**ポリス**とは、元来は小高い丘に設置された城塞を意味しています。古代都市アテネは、パルテノン神殿のあるアクロポリスの丘を中心とする要害の地にあり、アクロポリスからは市街地が見下ろせます。市街地は城壁で囲まれており、市街地の中心には**アゴラ**（広場）、**ストア**が配置されています。ストアとは、列柱に囲まれた長方形の廊下のような建物であり、市民の休憩や買物のための商店街の場所として使われていました。また、拝殿、貴賓館、最高裁判所、集会場、劇場があり、都市の中心部としての機能を備えています。公共施設の周囲には住宅市街地があり、その全体を城壁が囲んでいます（図2-Ⅱ·1）。

　紀元前5世紀から紀元前3世紀には、プラトンやアリストテレスなどの哲学者が生まれたように、豊かな芸術、文化が開花しました。紀元前5世紀ごろには、都市計画家**ヒッポダモス**が登場しました。ヒッポダモスは、政治家、哲学者、医者、数学者、気象学者であるとともに、世界初の都市計画家といわれています。ヒッポダモスは幾何学を応用して碁盤目状の街区の都市計画を行いました。紀元前5世紀〜紀元前4世紀の人口は、市民に奴隷、他国人を含め10〜15万人と推定されています[1]。

②古代ローマ

　古代ローマの建国年は紀元前753年とされています。古代ローマでは、有力貴族の話し合いによる共和政がとられ、その政治機関が元老院です。元老院の議員たちは集団で意見をまとめ、国家を運営しようと考えました。共和政ローマは、強力な軍事力により周辺の都市国家を征服し、紀元前3世紀にはイタリア半島の統一を成し遂げ、その後も地中海沿岸に領土を拡大していきました。

　ユリウス・カエサル（紀元前100年ごろ〜紀元前44年）は、形骸化した共和政から帝政への道を開いた政治家であり、文人としても評価されています[2]。彼は、帝政時代になると都市改造に着手し、ギリシャの都市計画を継承し、都心の公共広場を拡張するとともに、稠密な市街地の開発を実施しました[1]。この後も皇帝に事業は受け継がれ、公衆浴場などの施設が建設されました（図2-Ⅱ·2）。中心部の

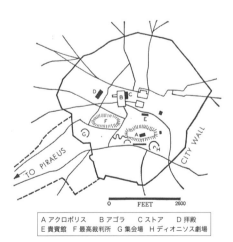

A アクロポリス　B アゴラ　C ストア　D 拝殿
E 貴賓館　F 最高裁判所　G 集会場　H ディオニソス劇場

図2-Ⅱ·1　古代都市アテネ（出典：A. B. ガリオン、S. アイスナー著、日笠端監訳『アーバンパターン』日本評論社、1975）

公共広場（図中 A. **フォルム・ロマヌム**）は商業活動の拠点でした。その周りに競技場（図中 D. **コロセウム**）、大競技場が配され、水道が整備されています。3 つの公衆浴場が中心部の東側に、劇場が中心部の北西に整備されました。紀元 272 年には、アウレリアヌスの城壁が築かれました。その後、市街地は城壁の外に拡張されるとともに市街地を囲む新たな城壁が築かれ、紀元 3 世紀までには人口が 70 ～ 100 万人に達しました[1]。

③古代中国

6 世紀末の中国では、隋により南北分裂の時代が終わりました。隋代から唐代の首都**長安**（現：西安）は、周辺諸国との外交や交易により国際都市となりました。日本は遣隋使に続き、遣唐使を送り、中国の政治制度や文化を取り入れました。

中国の古代都市では、まず外郭を定め、軸となる街路を格子状に設けることを基本的な方針としています。図2-II・3 を見ると、都市の外周には東西 9.7km、南北 8.7km の城壁が設けられ、宮城（王宮）、皇城（官庁街）を北側中央に置き、皇城から南へ幅員 60 m の朱雀大路を通しています[5]。このように城壁をめぐらした都市を「**都城**」といいます。都城の内部には、南北・東西の街路が引かれ、東西がほぼ対称の格子状に区画された「**条坊制**」の街区となっています（2 章 -I）。都城、条坊制の考え方は、2 章 -I で解説したように、他の中国の都城や、日本の藤原京、平城京、平安京などの都市計画に強い影響を与えました。日本の都が中国の古代都市と異なるのは、北方騎馬民族の襲来に備える必要がないため城壁を持たないことです。

長安の都市計画を行ったのは隋代の土木・建築官僚の**宇文愷**（うぶんがい）とされ、運河の開削なども行っています。唐代の最盛期には長安の人口は約 100 万人に達したとされ、世界の大都市となりました。

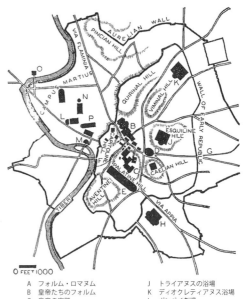

A　フォルム・ロマヌム　　　J　トライアヌスの浴場
B　皇帝たちのフォルム　　　K　ディオクレティアヌス浴場
C　皇帝の宮殿　　　　　　　L　ポンペイ劇場
D　コロセウム　　　　　　　M　マルセルス劇場
E　キルクス・マクシマス（大競技場）　N　パンテオン
F　クロアカ・マキシマ（大下水渠）　O　ハドリアヌス皇帝の墓
G　クラウディア水道　　　　P　フラミニアス円形劇場
H　カラカラの浴場

図 2-II・2　古代都市ローマ（出典：図 2-II・1 と同じ）

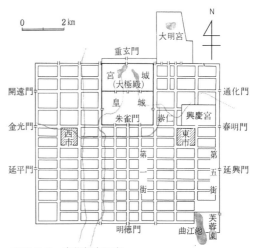

図 2-II・3　古代都市長安
（出典：藤岡謙二郎『都市文明の源流と系譜』鹿島研究所出版会、1969）

2　中世ヨーロッパの都市計画

都市国家として成立した古代ローマは、地中海にまたがる国家として発展していきました。共和政から帝政へと移行し、紀元前 27 年にはアウグストゥスが初代皇帝に即位し、ローマ帝国が成立しました。ローマ帝国は、最盛期にはヨーロッパから西アジアまで領地を広げましたが、4 世紀末に分裂し、終焉を迎え

ました。その後、ヨーロッパは混乱の時代を迎え、封建社会へと移行し、都市規模は小さくなり、市民は農民として農村へと移動していきました。しかし、封建領主の間で戦争が頻発し、都市には城壁が築かれ、農村地域の生活は危険になり市民は都市へ戻って来ました[1]。10世紀ごろから、封建領主の居城、教会、市場を中心とした城郭都市が生まれました。11世紀には都市の商業、工業活動が活発になり、多数の都市が生まれました。本節では、代表的なヨーロッパの中世都市を紹介します。

①フィレンツェ

イタリアのフィレンツェは、紀元前59年にローマ帝国の植民都市として建設されました。当時は四角形の城壁に囲まれ、市街地は不整形ながら格子状の街路が整備されていました。ローマ帝国滅亡後、フィレンツェは一旦衰退しましたが、商工業の勃興により都市は拡大していきました。12世紀から城壁外の新しい居住区を囲む新たな城壁（図2-II・4、中世第1城壁）が築かれ、13世紀にはさらに外側に城壁（中世第2城壁）が建設されました[1]。古代ローマ期の城壁に囲まれた内部の街路と、城壁外側に広がる市街地の街路は、角度が異なっていますが基本的に格子状の街路網が形成されています。フィレンツェは、15～16世紀にはメディチ家の庇護のもと経済・文化的に繁栄し、ルネッサンスの中心地となりました。現在、「フィレンツェ歴史地区」には、数多くの歴史的な建造物が残されています。

②リューベック

12世紀半ばごろ、ヨーロッパの西方の都市から東方・北方の未開地に交易とキリスト教が広まり、組織による交易の時代が到来しました。西方の都市からきた遍歴商人の活動拠点が、次第に都市的な拠点に発展していきました。封建領主たちは都市建設に力を注ぐようになり、都市建設はドイツの東方やバルト海の沿岸に広がっていきました。ドイツのリューベックは、このような時流に乗り建設された都市の1つです[8]。初期のリューベックは大火により失われましたが、1180年頃には新しく都市が

図2-II・4　イタリアの中世都市フィレンツェ
（出典：都市史図集編集委員会編『都市史図集』彰国社、1999）

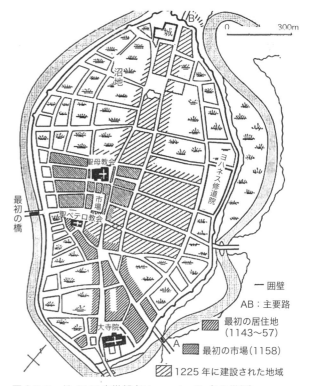

図2-II・5　ドイツの中世都市リューベック（13世紀）
（出典：西川治編『都市と都市観』グロリアインターナショナル、1971）

再建されました（図2-Ⅱ・5）。リューベックは、バルト海沿岸地域の**都市同盟（ハンザ）**の盟主となり、ヨーロッパ東方の中世商業都市の典型とされています。

リューベックは、古代ローマの都市計画を継承しており、外周の2つの河川に囲まれることにより防御の役割を果たし、河川に沿い石の囲壁が築かれました。囲壁には門と橋が設置され、外敵に対する防御を固めています。河川は、交易のための交通路としての役割も担っています。都市の中には、市域を南北に貫く2本の街路、その街路に直交する東西の街路により道路網が形成されています。市街地の北側には城、中心部には市場、教会が配置されています。市場の周囲には、商人や手工業者の居住地が配置されています。教会施設は、中心部に教会、市街地の南に大寺院、東に修道院が配置され、各地区の文化と社会活動の拠点となっていました。

③ 近代都市計画の思潮

■1 産業革命と都市問題

ヨーロッパでは、17世紀イギリスのピューリタン革命、18世紀のフランス革命などの市民革命を経て、中世の封建社会が崩壊し市民社会の時代を迎えました。18世紀後半にイギリスで起こった**産業革命**は、農業社会から工業社会への転換点でした。イギリスの産業革命の背景には、世界貿易での独占的地位を得たこと、豊かな鉄鉱・石炭資源に恵まれていたことがあげられます。産業革命期には、水力紡績機、蒸気機関などの発明により、大規模な工場が建設され、イギリスは「世界の工場」と呼ばれました。また、鉄道・汽船などにより交通・運輸技術が革新されました。産業革命により、家内制手工業から工場制機械工業へと転換し、工業が経済の中心となり、近代資本主義が確立しました。

産業革命期には、地方から工業都市に大量の人口が流入し、1850年ごろには、ロンドンの人口は約230万人、バーミンガム、マンチェスター、グラスゴーの人口は30〜40万人となりました。急激な工業化と過度な人口集中が進行し、都市は、工場の煤煙により大気環境が悪化し、汚水の悪臭立ちこめる不衛生な生活空間となっていきました。労働者階級は劣悪な環境の中で長時間の労働を強いられ、貧しい階級の子どもも工場での労働に従事しました。労働者階級は、狭隘な住宅での生活を強いられスラム街が発生しました。**スラム街**では安全な飲料水を得ることができず、天然痘などの**感染症**も蔓延しました。風刺画家として著名なギュスターヴ・ドレ（1832〜1883、フランス）による19世紀のロンドン労働者街の様子を図2-Ⅱ・6に示しました。

図2-Ⅱ・6　ロンドンの19世紀の労働者街（ギュスターヴ・ドレ）
（出典：谷口江里也著、ギュスターヴ・ドレ絵『ドレのロンドン巡礼』講談社、2013）

2 ロバート・オーウェンの理想都市

　産業革命期における都市問題を背景にして、19世紀の前半に、空想的社会主義者により理想都市（ユートピア）が提案されました。空想的社会主義とは、マルクスとエンゲルスが自らの体系化された科学的社会主義に対比して用いた言葉です。

　理想都市を提案した都市計画家の代表は、イギリスのロバート・オーウェン（1771〜1858）です。オーウェンは、若くしてマンチェスターの紡績工場の経営者となり、最新技術を取り入れることにより工場経営に成功した資本家でした。オーウェンは、産業革命期の大都市における労働者と家族の貧困、劣悪な生活環境、子どもの労働、教育を受けられない子どもなどの問題に心を痛め、理想的な工業都市を提案しました。この理想都市は、図2-II・7に示すように、農業地域に囲まれた村といってよい規模のものでした。中心部に広場、学校などの共同施設があり、住宅が取り囲んでいます。住宅の外側には菜園があり、これらを道路が囲み、さらに外側に工場があります。理想都市は農地に囲まれています。労働者とその家族は、大都市における都市問題から解放され、良好な環境の中で自給自足の生活ができます。労働者は職住近接で仕事に従業でき、子どもは教育を受けられます。

　オーウェンは、スコットランドのラナーク市の中心部から南方1.5kmの地に、理想都市ニュー・ラナークを建設しました。この地は、工場の操業のための水力発電を行うことができるよう河川沿いにあります。ニュー・ラナークには約2500人が住んでいましたが、共同経営者との内紛により、オーウェンはニュー・ラナークの経営から離れました。2001年には、ニュー・ラナークは世界文化遺産に登録され、今なお工場群や労働者住宅、学校がそのままの姿をとどめています。

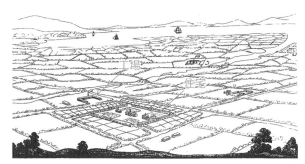

図2-II・7　ロバート・オーウェンの理想都市
（出典：日笠端・日端康雄『都市計画 第3版増補』共立出版（2015）の図に筆者加筆。原出典は、Leonardo Benevolo, *The Origins of Modern Town Planning*, MIT Press, 1971.）

　その後、オーウェンはアメリカに渡り、新たな理想都市ニュー・ハーモニー（インディアナ州）を建設しました。オーウェンの理想都市の考え方は、次項のエベネザー・ハワードの田園都市論に影響を与えました。

3 エベネザー・ハワードの田園都市論

　ロンドンに生まれたエベネザー・ハワード（1850〜1928）は、アメリカに渡り農業を始めたり、様々な仕事に就きながら、社会改革に向けた思想を深めていきました。ハワードの目指したのは「都市と田園の融合」であり、1902年に書籍『明日の田園都市（Garden City of To-morrow）』を出版しました[11]〜[14]。「都市」には人口集中による問題はありながらも都市の利便性があります。「田園」には都市的な利便性はありませんが豊かな自然があります。そこで、都市と農村の長所を享受できるような「田園都市（Garden City）」を提案しました。その考え方は「3つの磁石」（図2-II・8）に示されています。

　ハワードの提案した田園都市は、母都市（Central City）から30〜50kmの位置に立地する、生活、就

業、教育、娯楽などの機能をもつ計画的な都市です。ハワード
の提案した田園都市構想図（図2-II・9）によると、母都市（人
口5.8万人）、田園都市（人口3.2万人×6都市）で25万人の
都市群となり、それらが鉄道、幹線道路で結ばれています。田
園都市は、都市部に人口3万人（面積400ha）、市街地を取り囲
む田園部に人口2千人（面積2000ha）、合計3.2万人（2400ha）
を目安としました。都市は田園に囲まれ食料供給を受け、田園
には都市の利便性を提供します。田園都市の中心部には庭園・
公園や公共施設を置き、その周辺に住宅地・学校等、その外側
に各種の工場を立地させます（図2-II・10）。中心部から外周ま
では約1kmであり、都市内では歩いて生活することができま
す。良好な住宅と働く場の両方を備えることにより、職住近接
の生活を送ることができます。

　ハワードは田園都市の空間計画を提案しただけではなく、開
発や経営方式についても提案しました[11]。都市の開発主体がす
べての土地を所有し、私有を認めず、借地の利用に制限を設け
ることや、都市の成長により生じる開発利益の一部をコミュニ
ティのために留保することなどです。

　ハワードは賛同者とともに、ロンドンの北約55kmの地に最
初の田園都市レッチワースの建設に取りかかりました。計画人
口3.3万人、面積1546haのこの大規模開発は、資金の不足、進
まない工場立地、市民理解の欠如などの問題に見舞われました

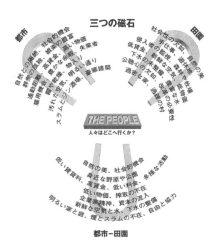

図2-II・8　3つの磁石
（出典：東秀紀『漱石の倫敦、ハワードのロンドン
田園都市への誘い』中央公論社、1991）

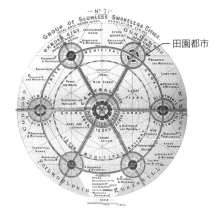

図2-II・9　田園都市構想
（出典：東秀紀・風間正三・橘裕子・村上暁信『「明日の
田園都市」への誘い』彰国社（2001）の図に筆者加筆。
原出典は、Ebenezer Howard, Garden Cities of Tomorrow,
Faber and Faber, 1945.）

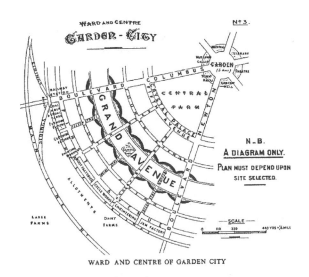

図2-II・10　田園都市のダイアグラム
（出典：新谷洋二・越澤明監修『都市をつくった巨匠たち　シティプランナーの横顔』
ぎょうせい、2004、原出典は、Ebenezer Howard, Garden Cities of Tomorrow, Faber and
Faber, 1945.）

図2-II・11　田園都市ウェリン
（出典：図2-II・10と同じ）

が何とか実現に至りました。その後、ロンドンの北36kmの地に第2の田園都市ウェリン（図2-II·11）の建設が開始されましたが、その際は田園都市への理解も得られました。ウェリンのレイアウトは、図2-II·10の提案図とやや異なり、東西・南北の鉄道により4つのブロックに分かれています。最初に開発された南西部のブロックにはタウンセンターが整備され、碁盤目状に区画されています[14]。

　ハワードの死後もイギリス政府により30以上の田園都市の建設が進められました。田園都市は、イギリスのみならずフランス、ドイツ、アメリカ、日本などのニュータウン計画に影響を与えました。日本のニュータウンの中には、ニュータウン内に働く場があまり確保されずベッドタウンとなっている例も見られます。

4 クラレンス・ペリーの近隣住区論

　イギリスで実現した田園都市はアメリカにも影響を与え、1923年に結成されたアメリカ地域計画協会が、アメリカでの田園都市の定着を目指した活動を始めました[1]。当時は、都市における人間疎外やコミュニティの欠如が社会問題とされ、この問題に対し都市計画論として提案したのがクラレンス・ペリー（1872〜1944）です。

　ペリーの近隣住区論は、図2-II·12に示すように、小学校、公園、コミュニティセンター、教会と住宅からなる地区の周りを幹線道路で囲み、幹線道路の交差点付近に商店街を配置します。近隣（neighborhood）は、一般的には隣り合っている住宅の集合を意味し、住宅の近くにある施設を利用できる範囲を意味します。近隣住区論では、小学校区（半径400m、人口数千人〜1万人）の範囲を住区の単位としています。この住区は周辺と十分な幅員の幹線道路で区画されているため、住区内への通過

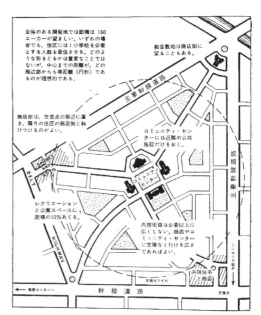

図2-II·12　ペリーの近隣住区論
（出典：クラレンス・A・ペリー著、倉田和四生訳『近隣住区論　新しいコミュニティのために』鹿島出版会、1975）

交通の流入を抑制しています。住区内の道路については屈曲させ、自動車の走行速度を低下させることにより、通過交通が住区内を通らないようにします。また、子どもの交通事故についても着目されており、すべての子どもが主要な幹線道路を横断することなく、学校や遊び場を往復できるよう居住地、道路の配置をすべきとされました[16]。住区内には、充分な小公園、レクリエーションスペースを設け、住区の中央には公共施設を配置します。また、人口に応じた商店街区を1か所以上整備します。

　近隣住区論を実現した例として、ニュージャージー州の「実験都市ラドバーン」（図2-II·13）が知られています。ラドバーンは、ペリーの近隣住区論の考え方に基づき、建築家ヘンリー・ライト、クラレンス・スタインらが創造的に設計したものとされています[1]。ラドバーンは、ニューヨークからハドソン川を隔て、マンハッタンから約24kmの位置にあり、1時間ほどで都心に通勤できるニュータウンです。

　ラドバーンにはいくつかの新しい技術が用いられています[12]。まず住宅地をいくつかの「スーパーブロック」に分け、各ブロックの通過交通を排除しています。住区内には歩行者専用道路があり、小学校や公

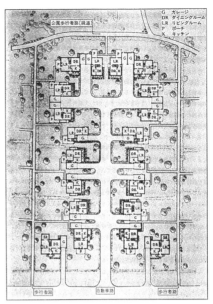

図2-Ⅱ・13　実験都市ラドバーン（完成部分）
（出典：新谷洋二・原田昇編著『都市交通計画（第3版）』技法堂出版、2017）

図2-Ⅱ・14　ラドバーンの住宅地
（出典：図2-Ⅱ・12と同じ）

園・緑地をネットワークしています。小学校周辺の区画街区は立体交差になっており、歩行者交通と自動車交通とが分離されています。住宅地を見てみると（図2-Ⅱ・14）、中央に自動車路、周囲に歩行者路が配置されています。自動車路は袋小路（**クルドサック**）となっており、通り抜けができないため、自動車路には袋小路に面する住宅の居住者や住宅に用事のある人しか入ってきません。住区内には、広い**オープンスペース**が整備され、住民は歩行者路を利用することにより自動車に出会わずに公園・緑地に移動できます。

　このように、ラドバーン計画では、スーパーブロック方式、自動車路の袋小路、歩行者・自動車を分離した交通ネットワーク（**歩車分離方式**、ラドバーン方式と呼びます）を実現しました。なお、田園都市論で提案されていた工場などの働く場は計画されていません。ラドバーンの開発面積は約420haでしたが、世界恐慌による開発者の倒産により、全体の3分の1が整備されてプロジェクトは終了したものの、住民の転出数が少ないなど高い評価を得ました。

　イギリスの田園都市論に影響を受けた近隣住区論は、ラドバーンの成功により、イギリスのニュータウン開発に影響を与えました。また、1955年に設立された日本住宅公団（現：都市再生機構）が開発した千里ニュータウン、高蔵寺ニュータウン、多摩ニュータウンをはじめとする日本全国の大規模ニュータウン開発に、歩車分離方式などのラドバーンで採用された新しい技術が取り入れられました。

4 近現代の大都市の計画

1 オスマンのパリ改造計画

　中世の城郭都市であったパリは、城壁をより外側に拡大しながら成長していきました。17世紀に入ると、それまで築かれた城壁を撤去し、広い馬車道と並木をもつ側道に代えていきました。18世紀半ばにな

ると人口は約 50 万人に達し、華やかな王政の
一方で人口過密と生活物資の調達困難の問題
をかかえていました。19 世紀になるとパリの
人口は急増し、1866 年に約 180 万人となりま
したが、中世から続く狭い街路と古い建築物
の密集する中心部は、劣悪な生活環境でした。

　オスマンのパリ改造計画は中世都市から近
代都市への変革期である 1853 〜 1870 年に実
施されました。ナポレオン 3 世の命により
セーヌ県の知事となったオスマン男爵はかつ
てない規模の市街地の整備を行いました（図
2-II・15）。街路樹や側道を備えた広幅員道路
であるブールバール、広場、街並みの修景、
モニュメントの設置による都市美を演出し、
現在のパリの原型をつくりあげました。ブー

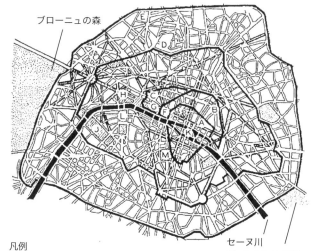

凡例
①道路のぬりつぶし部分はオスマンの計画道路
②A〜E は城壁を示す
③F ルーブル宮、H シャンゼリゼ、J シャン・ド・マルス、K シティ島
図 2-II・15　オスマンのパリ改造
（出典：鈴木信太郎『都市計画の潮流　東京・ロンドン・パリ・ニューヨーク』
山海堂、1993）

ルバールのうち、エトワール凱旋門からブローニュの森に至るフォッシュ通りは 120m の広幅員の道路
であり、オスマンの計画の中で最も美しいとされています。その他、公園、上下水道、市場、墓地など
も整備されました。オスマンの都市改造は、土地・建物の強力な収用権をもって行われ、膨大な起債額
となり、第 2 帝政の崩壊につながったとされています[14]。

　パリの改造計画には、パリ万国博覧会が大きな役割を果たしています。第 1 回万博（1855 年）は、シャ
ンゼリゼ通りの現在はグラン・パレ（博覧会場・美術館）の建っている場所で開催され、産業革命以降
の工業技術の成果を示すための産業宮が建設されました。第 2 回万博（1867 年）は、シャイヨー宮とト
ロカデ庭園、現在エッフェル塔の立つシャン・ド・マルス公園を中心に開催され、日本も初参加しま
した。エッフェル塔は、1889 年の第 4 回万博のときに建設され、パリのシンボルとなっています。

　パリの交通について見ると、1828 年に最初の乗合馬車が登場し、1860 年代には 1000 台の馬車が営業
運転をしていました。乗合馬車は 1890 年代に入り馬車鉄道に変わりました。第 5 回万博の開催された
1900 年には地下鉄 1 号線が開業し、その後 1933 年までに 12 路線を完成させました。

2　大ロンドン計画

　1937 年にイギリス政府はバーロウ卿を委員長とする都市政策に関する王立委員会を設立し、2 年間に
わたる審議の結果、1940 年に報告書が提出されました。これが、第二次世界大戦後におけるイギリスの
都市政策、地域政策の方針を明らかにしたバーロウ報告です。報告書では、大都市への人口、産業の過
度な集中と、スコットランド等の低開発地域の問題があることを明らかにしたうえで、過密地域から低
開発地域への分散を進め、国土の地域的バランスをとるべきであると提言しました。

　ロンドンについては、過剰な人口と産業を、既成市街地の外側のニュータウンに移転させることを提

案しています。また、ロンドンの既成市街地の周りの農村地帯をグリーンベルト（緑地帯）とし、都市の拡大を防ぐことを提案しました。

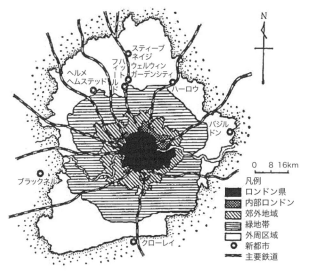

図 2-II・16　大ロンドン計画とニュータウン
（出典：図 2-II・15 と同じ）

バーロウ報告を受け、都市計画家の**パトリック・アーバークロンビー**が、1944 年に**大ロンドン計画**を作成しました。1945 年の産業分散法、1946 年のニュータウン法、1947 年の都市・農村計画法が制定され、計画が推進されました。大ロンドン計画では、ロンドンの拡大の抑制を目標とし、エベネザー・ハワードの田園都市論をもとに、**グリーンベルト**を設定し、ニュータウン建設をするとされました。図 2-II・16 に示したように、都心から 20 ～ 30km にある既成市街地を含む内部市街地、および郊外地域を取り囲む幅 10 ～ 20km のグリーンベルトを設定し、外周区域に 8 つのニュータウンを計画しました。ハーロウなどのニュータウン計画は、クラレンス・ペリーの近隣住区論を実現したラドバーンの影響を受けています。グリーンベルト内の開発は法律で厳しく制限されるとともに、買収が進められました。

中心部から 50km 圏の計画である大ロンドン計画は、日本の第一次首都圏整備計画の原型となりました。首都圏整備計画の近郊地帯は、大ロンドン計画のグリーンベルトを参考にしていますが、日本では実現しませんでした（1 章）。

3　ニューヨークの都市計画

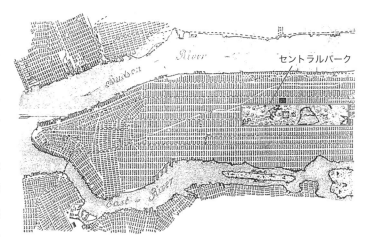

図 2-II・17　マンハッタン南部計画図（19 世紀中頃）
（出典：文献 12 に筆者加筆。原出典は、Richard Plunz, *A History of Housing in New York City*, Columbia University Press, 1990）

ヨーロッパ人が初めて**マンハッタン**の南端に入ったのが 1524 年であり、1625 年に南端に城壁がつくられ、この地をニュー・アムステルダムと名付けました。当時の人口は 200 人であり、城壁は現在のウォール街です。1664 年にイギリスに譲渡されニューヨークが誕生しました。1776 年にアメリカの独立宣言が行われ、1785 年にはニューヨークはアメリカの首都となりました。1790 年に首都はフィラデルフィアに移りましたが、ニューヨークはその後もアメリカの中心都市であり続けています。

ニューヨークの都市計画のはじまりは、1811 年の市の街路制定委員会が決定した格子型街路網計画で

す。ワシントン広場を起点とする格子型街路網で、南北に幅員約 30 m（12 本）、東西に幅員約 18 m の街路を配置するものであり、現在この計画が実現しています。

1857 年にはフレデリック・オルムステッドによるセントラルパーク（4km × 0.8km）が計画され、街路網計画は一部変更されています。セントラルパークの計画は、高密度な市街地に接しながら、美しい田園の景観を演出することを意図したものです[12]。

その後、ニューヨークは市域を拡大するとともに、地方からの移住、移民の受け入れにより人口が増加し、世界の大都市となっていきました。

■ 演習問題 2-Ⅱ ■ 本章で紹介できなかった、以下の都市計画・都市設計について、計画に関わった人物、計画の考え方・内容、実現した都市計画について調べてください。

（1）レイモンド・アンウィン（1863 ～ 1940）のイギリス田園都市の設計

アンウィンは、ハワードの田園都市論に基づき、実際の土地に都市を設計する役割を担っていました。ロンドンの北約 55km に計画された最初の田園都市レッチワースについて調べてください。

（2）ウォルター・グリフィン（1876 ～ 1937）のキャンベラ新首都計画

日本における首都機能移転を検討する際に参考にされる事例の 1 つであるオーストラリアのキャンベラ新首都計画について調べてください。グリフィンは国際コンペに当選して、計画が実現することになりました。

（3）ル・コルビュジエ（1887 ～ 1965）のチャンディガール都市計画

コルビュジエは建築家であり、数々の建築作品を残しました。世界遺産の国立西洋美術館も彼の設計です。都市計画家としても様々な提案をしました。数少ない実現した都市であるインド北部の都市、チャンディガールの都市計画について調べてください。

参考文献
1) 日端康雄『都市計画の世界史』講談社、2008
2) 長谷川博隆『カエサル』講談社、1994
3) A. B. ガリオン、S. アイスナー著、日笠端監訳『アーバンパターン　都市の計画と設計』日本評論社、1975
4) 藤岡謙二郎『都市文明の源流と系譜』鹿島研究所出版会、1969
5) 加藤晃・竹内伝史編著『新・都市計画概論 改訂 2 版』共立出版、2006
6) 都市史図集編集委員会編『都市史図集』彰国社、1999
7) 西川治編『都市と都市観』グロリアインターナショナル、1971
8) 藤岡ひろ子「ハンザ貿易都市リューベックの都市機能配置」『兵庫地理』第 35 号、1990、pp.32-42
9) 谷口江里也著、ギュスターヴ・ドレ絵『ドレのロンドン巡礼　天才画家が描いた世紀末』講談社、2013
10) 日笠端・日端康雄『都市計画 第 3 版増補』共立出版、2015
11) エベネザー・ハワード著、長素連訳『明日の田園都市』鹿島出版会、1968
12) 新谷洋二・越澤明監修『都市をつくった巨匠たち　シティプランナーの横顔』ぎょうせい、2004
13) 東秀紀『漱石の倫敦、ハワードのロンドン　田園都市への誘い』中央公論社、1991
14) 東秀紀・風間正三・橘裕子・村上暁信『「明日の田園都市」への誘い　ハワードの構想に発したその歴史と未来』彰国社、2001
15) クラレンス・A・ペリー著、倉田和四生訳『近隣住区論　新しいコミュニティのために』鹿島出版会、1975
16) 森田哲夫・湯沢昭編著『図説 わかる交通計画』学芸出版社、2020
17) 新谷洋二・原田昇編著『都市交通計画（第 3 版）』技法堂出版、2017
18) 鈴木信太郎『都市計画の潮流　東京・ロンドン・パリ・ニューヨーク』山海堂、1993

3章
都市計画の体系

1 都市計画の特徴

　この章では、都市計画の技術体系の大枠と、その背景をなす根源的な考え方について解説します。都市計画を単に実務として行うだけであれば、関係法令の規定や各種ガイドラインの指示事項に従って実施していけば、必要な実務をこなすことは可能です。しかし、政策的な意図をもって独自の工夫を加えようとするならば、表面的な知識だけでは足りず、法令や基準類がなぜそのように形成されているのかについて、それらの根本を知った上での洞察が必要になります。それには、入門書の範囲を越えるさらに深い知識が求められますが、ここではその基礎を理解します。

　なお、都市計画法を中心とする日本の都市計画制度の構成については4章で、各々の制度・技法の内容と応用例についてはそれ以降の章で、それぞれ解説します。

1 都市計画と物の設計の違い

　この本の読者の皆さんには、工学系の学部・学科に属している学生さんも多いかと思います。それは、都市計画が、技術的な側面において、土木、建築、造園といった工学系の学問から発展してきた歴史があるからです。しかし近年では、都市計画を社会問題の解決を目的とする公共政策の1つと捉えることが多くなっており、工学技術と社会科学の両方に関わる学際的な学問と考えられることが一般的になっています。

　工学技術の視点から見た場合、都市計画には他とは違う特殊な性質があります。それは、計画する者が、計画どおりのでき上がりになることを必ずしも決められないことです。なぜなら、都市は、道路、鉄道、港湾、河川などの様々なインフラとともに、住宅や商店や事務所や学校や工場、さらには農地や森林など様々な土地利用から形成されており、しかもそれぞれが別々の意思と権利を持った独立の主体によって建設や改廃が行われるからです。機械製品や独立の構造物のように、設計図があればそのとおりにでき上がるというものではないのです。

　そのため、都市計画に携わる者には、社会の動きや経済活動を総合的に見る視点と、力の限界を心得ながら、多くの人々の賛同（社会的合意）を得る姿勢が必要です。独善的な考えは通用しません。都市計画の役割と仕事は、設計ではなく、多数の多様な主体の意思と活動に働きかけるという意味で、コントロールやマネジメントという言葉に相当するものと考えられます。

2 空間計画と行政計画

　都市計画は、「空間計画（Spatial Planning）」であると同時に「行政計画」でもあります。空間計画と

は、広がりを持つ地域を対象に、地図上に将来像やルールなどを示して、空間という物理的な側面において、あるべき状態の実現を図ろうとする計画です。また、行政計画とは、国、都道府県、市町村といった行政を担う機関が主体となって、政策目標を定め、その実現のために種々の施策を講じる計画です。

　都市計画の担い手は、直接的には地方自治体です。地方自治体は、それぞれが担当する地理的な領域（行政区域）を有しており、その領域の中に居住する人々（住民）が構成員となっています。日本では、都道府県という広域自治体と、市町村という基礎自治体との2層の地方自治体が同じ地域にあって、役割を分担しながら各々の行政活動をしています。そのため、都市計画も、都道府県が決定権限を持つ広域的事項の都市計画と、市町村が決定権限を持つその他の事項の都市計画との2層で構成されており、2層が調整プロセスを経て重なって一体的な計画となっています。

3 主な実現手段：法令と財政

　都市計画を策定する主体は地方自治体ですが、都市の物理的な状態を形成するのは多くの不動産の所有者や民間の事業者であり、都市のユーザーはさらに多数の一般の人々です。都市計画で描いた目標や将来像を実現するには、これら多数の主体の行動を計画実現の方向に向かわせることが必要です。

　そこで、法令に基づく強制力を持った規制基準や、財政支出による公共事業や補助金といった手段が、これを担うことになります。つまり、閑静な住宅地の中に騒音を出す工場を立地させないとか、建物群の連続によって伝統的な街並み景観を整えるといった場合には、街を構成する各々の主体に対して一定のルールに従ってもらう必要があり、そのためには法令に裏打ちされた規制基準が必要です。また、幹線道路を整備するために既存の住宅に移転してもらうとか、再開発で駅前広場と共同ビルを一体的に整備することに地権者の協力を得るといった場合には、法令の裏打ちとともに補償金や補助金の支給が必要です。

　このように、都市計画の実務には、法令制度や行財政制度に関する知識が欠かせないのです。

4 空間のスケール

　空間計画の特徴は、空間のスケール（広さや距離）が重要という点です。例えば、都市計画において、国道や都道府県道、都道府県立の公園、市街化区域と市街化調整区域の区域区分などの計画は、一の市町村の区域を越える広域の見地から計画するべき事項に当たりますが、一方、地区計画や児童公園の位置などは身近なスケールの視点で計画するべき事項と言えます。都市計画を定める行政機関も、計画が影響を与える空間のスケールに応じて、都道府県と市町村で役割分担をしています。都市計画の図面（都市計画図）は、区域の境界が明確である必要から2500分の1の縮尺が正式な決定図書とされていますが、それぞれの計画事項には、目的とする機能や影響を及ぼす範囲に応じた空間のスケールが存在します（図3·1）。常に空間のスケールを念頭において考えることは、都市計画に携わる者にとって非常に重要なことです。

【10万分の1】　　　　　　【1万分の1】　　　　　　【2500分の1】

図3・1　空間スケールの違い（図の出典：国土地理院地図（電子国土web）より作成）

2　都市計画の3段階

図3・2　都市計画の3段階

都市計画は、将来の向かうべき都市像を構想し、それを実現するための方策を講じる体系として組まれています（図3・2）。

目標とする将来構想（Future Vision）は、「マスタープラン」と呼ばれる計画文書が中心となっています。実現手段は様々な方法の組み合わせとなりますが、大きく分けると社会的ルールである「土地利用の規制」と、公共事業として実施される「インフラの整備」となります。2つの実現手段の裏付けは、公権力の行使と公共の財政です。なぜなら、都市計画は行政計画の1つであり、その実現は公共政策だからです。

以下に、それぞれの要点を解説しましょう。

1　マスタープラン（将来構想）

マスタープランは、都市の将来構想を表す計画です。マスタープランという用語は、都市計画分野においては、目指すべき将来の姿を提示する計画文書ではありますが、それ自体は実現のための強制力を持たないとされています。そのため「非拘束的計画」に分類されています。ただし、行政が個々の意思決定をするに当たっては、マスタープランの内容を尊重することが必要であると考えられています。このため、マスタープランの内容は、私人に対する直接的な強制力はないものの、行政の施策を通じて間接的に反映されていく効力を持つものと言えます。

日本の法定都市計画（都市計画法に基づいて定められる都市計画）において、マスタープランに分類される計画は2つあります。1つは、法律上の名称が「都市計画区域の整備、開発及び保全に関する方針」というもので、略語で通称「整開保」と呼ばれており、都市計画法第6条の2の規定に基づいて、都道府県が定めます。もう1つは、法律上の名称が「市町村の都市計画に関する基本的な方針」というもので、「都市計画マスタープラン（都市マス）」と呼ばれており、都市計画法第18条の2に基づいて、

市町村が定めます。

　法定のマスタープランが2種類あるのは、日本の地方自治制度が、都道府県と市町村という2層の地方公共団体となっているからです。2つのマスタープランの役割分担は、「整開保」が主に広域的・根幹的な事柄を定めるのに対して、「都市マス」は行政主体としての市町村の方針を表明するものとされています。

　マスタープランが2層になって、都道府県と市町村が役割分担をしていることには意味があります。例えば、将来人口の推計値について見ると、市町村はそれぞれ発展を目指すため市町村の「都市マス」に示された将来人口を都道府県全体で合計すると過大な値となる場合が多いのですが、都道府県が広域の見地からの推計値を「整開保」に定めるので、宅地の必要量は現実的な数値に抑えられます。また、都道府県道など都市間をつなぐ公共施設の整備構想は、都道府県が表明した計画を踏まえて市町村の計画に反映するため、全体として整合が図られたプランが策定されることになります。

　マスタープランの内容は、一律のきまりはないので地方自治体ごとの工夫によって作成されていますが、一般的な構成としては、①都市の現状の分析、②将来の量的な推計、③目指すべき都市像のコンセプト、④分野別（土地利用、都市交通、公園レクリエーション、防災など）の方針、⑤実現に向けた主な方策などの項目から構成されています。市町村が策定する「都市マス」においては、さらに市町村の中を細分化して「地域別構想」という身近なきめ細かい将来構想が示されているものが一般的です。

　なお、以上に説明した「整開保」と「都市マス」は、都市計画法に根拠規定のある法定のマスタープランですが、実際の都市計画においては、これら以外の任意の行政文書がマスタープランの役割を果たしている場合があります。例えば、東京都では、都市計画審議会（都市計画の公正さを審議する第三者機関）が「2040年代の東京の都市像とその実現に向けた道筋について」と題する答申を出し、これを受けて都市整備局が「都市づくりのグランドデザイン」（2017年）と題する行政計画を策定しました。これを踏まえて都市計画審議会が「東京における土地利用に関する基本方針について」（2019年）の答申を出し、さらにこれを踏まえて都市整備局が「用途地域等に関する指定方針及び指定基準」を改定（2019年）しました。このように都市計画の実務においては、法定のマスタープラン以外にも、都市づくりの将来像や指針を示してマスタープランの役割の一部を担う文書を活用している事例もあります。

2 土地利用の規制（社会的ルール）

　都市計画の実現手段の1つは、ルールに基づく規制です。都市の空間は土地を利用することによって形成され、しかも各々の土地はたくさんの土地所有者それぞれの意向によって利用されるものですので、都市を機能的に形成し、市街地の環境を良好に保つには、土地の利用に自ずとルールが必要になります。ルールが守られるよう、土地利用のルールは法令に基づく強制力を有する規制として適用されます。

　都市の土地は、何らかの法的規制によって覆われていると言っても過言ではありません。市街地の土地利用は、大まかに住宅地、商業地、工業地などに分けられますが、住宅地では静穏で明るい居住環境が望ましく、商業地では逆に賑わいが求められ、工業地では大型貨物車の出入りの騒音や危険物の貯蔵などが認められなければ成り立ちません。市街地の外側では、農地や山林がいたずらに宅地開発されて

は、営農環境や自然環境を保つことができません。公園の土地は公園として保持される必要があり、道路空間には建築物を建てられないという建築基準法の規制があり、路面下に水道管やガス管などを埋設する場合にも道路法の許可が必要です。

　日本の都市計画において、市街地の土地利用規制のベースとなるのが、用途地域です。用途地域は、土地を建築物によって利用する場合に適用される規制のうち最も基本的な規制で、住居、商業、工業の3用途を中心としながら、13種類の用途地域が法律に定められています。この法律とは、都市計画法と建築基準法の2つで、両方にまたがって規定があります。都市計画法では、都市のどの区域をどの種類の用途地域とするかを都市計画図上に指定し、さらに建物の建蔽率、容積率、高さの上限値を指定して、住民参加を含む所定の手続きによって公定化します。建築基準法では、建築物を建てる際の法令基準の審査の一環として、用途地域の規制が遵守されているかどうかをチェックします。守られていない場合には、建築行為は認められず、反して建築した場合には違反建築物として是正と処罰の対象になります。

　用途地域のように、一定のルールを適用する区域を都市計画図に指定する方法は、「ゾーニング」と呼ばれています。また、用途地域を示した都市計画図は、土地の利用の仕方を制約するものであるので「拘束的計画」に分類されます。上記のマスタープランが方針を示すに止まる非拘束的計画であるのとは、効力が異なると言えます。

3 インフラの整備（公共事業）

　都市計画のもう1つの実現手段は、公共事業の実施です。都市が安全、円滑、快適に機能するためには、インフラ（Infrastructure、基盤施設）の存在が欠かせません。インフラの効用は、都市で活動する人々の全体に及びますから、インフラの整備は、とても高い公共性を有することと言えます。そのため、インフラの整備は、通常公共事業として行われます。

　例えば、幹線道路の計画地に家が1軒でも残っていれば、車両の通行が妨げられて幹線道路の機能を果たせませんから、その家の所有者の意向に関わらず、強制的にでも立ち退いてもらうことが必要です。もちろん家の所有者には正当な額の補償金が支払われます。この仕組みを「土地収用」と言います。インフラ整備に必要な土地の取得は、通常は任意の売買で行われますが、任意の売買が円滑に行われるためにも、いよいよとなれば法律の裏付けによって土地収用という公権力発動ができる仕組みを持っていることが不可欠なのです。

　土地収用の仕組みは、土地利用の規制よりも、はるかに強い私権制限です。用途地域の規制は建築物を建てる場合に守らなければならないルールという受け身の私権制限でしたが、土地収用の仕組みは、都市を建設、改造する目的で行う公共事業に付与された能動的な強制力です。都市計画の体系では、都市計画法第11条の「都市施設」、または同法第12条の「市街地開発事業」（土地区画整理事業、市街地再開発事業など）として、住民参加を含む所定の手続きによって、指定された区域内において公共事業を開始するための事業認可を得た場合に、土地収用、換地、権利変換といった私有財産に対する強制力の発動を可能としています。

　インフラの整備は、道路や鉄道のような長い「線形」の施設や、児童公園のような「点的」な施設の

ほか、土地区画整理事業や市街地再開発事業のように「面的」な公共事業による場合があります。上記の「換地」や「権利変換」などは、事業前の不動産の権利を事業後の不動産の権利へと強制的に転換するもので、面的な事業で用いられる高度に複雑な手法です。そのため、これらの仕組みは、土地区画整理法や都市再開発法といった特別な法律に規定されています。

③ 都市計画の位置づけと専門分野

1 日本国憲法と都市計画の関係

　ここまで、都市計画の体系は、目標と実現手段で構成されており、目標に相当する部分が「マスタープラン」、実現手段に相当する部分が「土地利用の規制」（社会的ルール）と「インフラの整備」（公共事業）であると説明しました。そして、実現手段は、いずれも土地という一般私人の財産の権利に制約を加えるものであることを示し、法令の裏付けによって強制力を有することを説明しました。

　日本国の法令は、すべて日本国憲法を根拠としています。都市計画関係の法令の根拠は、憲法第29条の財産権の規定です。実務に携わるだけなら普段あまり意識することではありませんが、都市計画を学問として学ぶには根本を理解しておく必要があるので、概略を簡潔に説明します。

　憲法第29条第1項では、「財産権は、これを侵してはならない」と書かれています。これが大前提です。財産権を土地の権利とすると、土地の所有権は勝手に奪うことはできないし、土地を利用する権利も保護されているということです。平たく言うと「自分の土地を、自分がどう使おうと、自分の勝手である」という権利が元々あって、ここが出発点になります。

　しかし、各人がそれぞれの土地を好き勝手に利用すると、他者に迷惑を及ぼす場合が生じます。そこで、憲法第29条には第2項として「財産権の内容は、公共の福祉に適合するやうに、法律でこれを定める」という条項がおかれています。都市計画における「土地利用の規制」は、憲法第29条第2項を根拠とすることで、都市計画法や建築基準法などの法律によって、建築できる建物の用途や高さを制限するなど、都市の土地が計画に従う範囲内で利用されることを保証しています。

　そして、憲法第29条第3項には「私有財産は、正当な補償の下に、これを公共のために用ひることができる」という規定がおかれています。都市計画で決定した幹線道路の整備のために強制力のある土地収用権を発動することは、この条項が根拠となっています。

　日本国憲法と都市計画の実現手段の関係を表3・1に整理しました。都市計画に関わる者は、この位置づけを理解しておくことが重要です。

2 都市計画の専門分野

　都市計画は都市に関する総合的な計画ですから、様々な観点からの計画が組み合わさって策定されるものであり、実務においても様々な部門の専門職の人々が関わっています。

　都市計画の専門分野は、大きく分類すると「土地利用計画」「都市交通計画」「公園緑地計画」の3分野

表 3·1 日本国憲法第 29 条と都市計画の実現手段との関係

日本国憲法第 29 条		都市計画	
	条文	実現手段	制度の例
1項	財産権は、これを侵してはならない。	（原則）	
2項	財産権の内容は、公共の福祉に適合するように、法律でこれを定める。	土地利用の規制（社会的ルール）	市街化調整区域 地域地区（用途地域など） 地区計画
3項	私有財産は、正当な補償の下に、これを公共のために用ひることができる。	インフラの整備（公共事業）	都市施設（道路・公園など） 土地区画整理事業 市街地再開発事業

と説明されることが一般的です。これらの 3 分野は、伝統のある学問の分野における「建築」「土木」「造園」に相当します。都市計画が学際的な分野と言われるのは、これらの別々の伝統を持つ分野が連携し、それらを包括する領域であるからです。

土地利用計画、都市交通計画および公園緑地計画は、それぞれに専門家がいて、それぞれの部門において、各々の専門的見地から目的をもって独立して計画づくりを行っています。しかしながら、

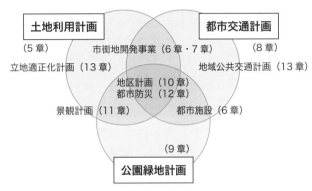

図 3·3 都市計画法に関連した各分野の関係

都市の空間は一体であり、都市の生活者は都市計画を一体的に享受することで、日々の暮らしを営んでいます。3 分野の計画は、相互に整合を図りながら策定されるべきことは言うまでもありません。

また、市街地の整備や特色ある景観の形成、防災性能の向上など、特別なテーマを掲げた政策や面的広がりのある事業においては、3 分野にまたがって計画が行われます。例えば、市街地整備事業（土地区画整理事業や市街地再開発事業など）では、宅地や再開発ビルの開発・整備が行われるとともに、道路・公園や駅前広場などの基盤施設の整備が一体的に行われます。都市の防災計画では、大震災時の市街地火災を想定して、避難地となる大規模な公園、そこへ至る幹線道路、その沿道の建物を耐火建築物とすることによる延焼遮断帯の形成などの整備を一体的に計画します。景観法に基づく景観計画には、街並み景観とみどりのランドスケープの両方の計画が入ります。さらに、地区計画では、地区スケール（概ね歩ける範囲に相当する広がり）で市街地環境を総合的に計画します。

図 3·3 は、これらの各分野の関係と、対応する解説を掲載した本書の章を示しています。

4 都市計画と他の行政計画

1 国・都道府県・市町村の計画

前述のとおり、都市計画は空間に関する計画という特徴から、広域的な事項と身近な事項といった空間スケールの異なる視座があり、それぞれを、国、都道府県（広域行政庁）と市町村（基礎自治体）が担当しています。1 枚の都市計画図にまとめて示されている計画であっても、国、都道府県庁、市役所・

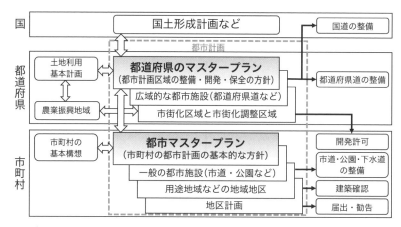

図3・4　都市計画と他の行政計画の関係

町村役場という異なる行政機関がそれぞれに役割分担をして策定した計画の集まりなのです。

　また、日本は田畑や山林が国土面積の大部分を占めており、まちと呼ばれる空間は国土の一部に過ぎません。そのため、役所においても、都市行政のほかに農林漁業や自然保護といった分野を担う行政部局が別途存在していますし、鉄道や高速道路などのインフラは、自治体の行政区域を越えた国土スケールで計画されます。これらは、それぞれ担当する行政組織が異なり、別々の行政計画が策定されますが、一方、国民や市民の立場から見れば、行政は一体であり、行政が策定する各々の計画は互いに不整合がないことが求められます。そのため、行政計画を策定する際には、関係行政機関および関係部局の間で協議・調整を行い、合意に達することが必要です。

　図3・4には、国、都道府県、市町村が担当する都市計画と他の行政計画の関係を整理しました。

2 国土レベルの計画

　都市計画と関連する行政計画は多数ありますが、最も広域のレベルに国土計画があります。現在の国土計画の代表的な文書は、国土形成計画です。国土形成計画は、国土の整備と保全に関する長期的なビジョンを示し、国や地方自治体、公益事業者などが作成するその他の将来計画に大きな方向性を与えることを目指しています。現在の国土形成計画は、全国計画と広域地方計画の2段階で構成されており、広域地方計画では日本列島を都府県の行政区域よりも広い広域ブロックに区分して、都府県の境を越えて行われている人々の活動に即した巨視的な将来ビジョンを示しています。三大都市圏の圏域については広域地方計画に加えて、高度経済成長の時代から続く圏域の計画（首都圏整備計画、近畿圏整備計画、中部圏開発整備計画）も別途定められています。

　一方、都市計画と特に密接な関連のある国土計画は、国土利用計画法に基づく土地利用基本計画です。土地利用基本計画は、都市、農地、森林、自然公園、原生自然といった国土の土地の各種利用に関する行政計画を調整して、整合のとれた一体的な国土の利用が図られることを目指しています。

①国土計画の歴史的展開

　現代の日本では、経済活動の大部分が都市で営まれています。これは第二次世界大戦後の国の政策に

表 3・2　国土計画の歴史的変遷

策定年	計画の呼称	目標・方法	背景となった経済・社会状況
1962 年	全国総合開発計画（全総）	拠点開発方式 （新産業都市等）	・ 高度経済成長のはじまり ・ 国民所得倍増計画 ・ 鉄鋼、造船、石油化学
1969 年	新全国総合開発計画（新全総）	大規模プロジェクト （新幹線・高速道路網）	・ 高度経済成長の真っ只中 ・ 大都市集中・過密過疎問題 ・ 家庭電化製品の製造・輸出
1977 年	第三次全国総合開発計画（三全総）	定住圏構想 （産業基盤から生活環境）	・ オイルショック、安定成長経済へ ・ 公害問題、列島改造ブームの反省 ・ 精密機械、エレクトロニクス
1987 年	第四次全国総合開発計画（四全総）	交流ネットワーク構想 （全国一日交通圏）	・ バブル経済の真っ只中 ・ 東京一極集中、地価高騰 ・ 自動車、不動産、金融取引
1998 年	21 世紀の国土のグランドデザイン	地域の自立と美しい国土 （多極分散型国土構造）	・ バブル崩壊、不良債権問題 ・ ものの豊かさから心の豊かさ ・ 製造業のアジア移転、電子部品
2008 年	第一次国土形成計画	広域ブロックごとの地方計画	・ 人口減少へ転換、急激な高齢化 ・ 地方分権、地域創生 ・ 情報産業、対外投資
2015 年	第二次国土形成計画	対流促進型国家像 （コンパクト & ネットワーク）	・ デフレ経済の長期化 ・ 国際競争力の回復 ・ 来日観光客のインバウンド

導かれて、日本国民が築き上げてきた結果です。国勢調査によれば、高度経済成長以前の 1950 年には全就業者の 50.2％が農林漁業か鉱業に従事していましたが、2015 年にはわずか 3.8％に過ぎません。産業構造の大きな変化の原動力となったのは、農村から都市への大規模な人口移動（都市化）ですが、人口の受け皿となった都市の整備は、国土の計画的なインフラ建設、文字通りの日本列島改造によって支えられたものでした。その長期的・総合的なビジョンの役割を果たしたのが、国土計画です。

　日本の経済発展を支えた国土計画は、1962 年策定の全国総合開発計画（全総）に始まり、2015 年の第二次国土形成計画まで 7 次にわたって改定されてきました。表 3・2 にそれらの主な経緯を整理してあります。全総の背景となったのは、1960 年に政府が発表した国民所得倍増計画でした。「10 年間で国民の給料を 2 倍にする」というスローガンに、当初マスコミも半信半疑でしたが、太平洋ベルトに展開した工業都市群に牽引されて、10 年を待たずしてこの目標は達成されました。続いて、1969 年策定の新全国総合開発計画では、新幹線と高速道路の高速交通ネットワークを日本列島に張り巡らす計画を立て、港湾・空港の整備とあわせて全国各地の都市と産業を短時間でつなぐ公共事業を推進しました。そうした結果、現在では高速道路網が国土の大部分をカバーし、日本の主な 4 つの島はすべて橋やトンネルでつながっています。

　しかし、工業化と産業基盤の整備を優先した反面、環境汚染や公害問題が各地で深刻化するとともに、大都市圏と地方部の過密・過疎の問題も発生し、都市の生活環境や自然の保護にも重点が置かれるようになってきました。1973 年のオイルショックが転機となって経済が高度成長から安定成長へと移行する中、1977 年の第三次の国土計画では定住圏構想が提唱され、以降「開発」という言葉を避けて国土の利用、整備、保全といった用語が使用されるようになり、2005 年には法律名が国土総合開発法から国土形成計画法に改称されました。

　20 世紀後半を通じて、「国土の均衡ある発展」という言葉が国土計画のキーコンセプトでした。国土

を人の身体にたとえると、知能や腕力を担う大都市だけが発展すればよいのではなく、身体の隅々まで健康でなければならないという発想です。しかしこの言葉は、国土計画を根拠にした全国各地の要望に応える形で、公共事業を通じた国費のばらまきを招いているという批判を受けることになり、21 世紀に入って都市再生政策が打ち出されると、この言葉は使われなくなりました。けれども、最近では「地方創生」という言葉を用いることによって、均衡ある発展という理念そのものは継続しています。

　歴史的経緯を振り返ると、日本の産業と国土は、沿岸を埋め立てて港湾と工業都市を築き、原油や鉄鉱石などの原材料を世界の最も安価な地域から大型船舶で大量に輸入し、それを付加価値の高い工業製品に加工して外国に輸出する加工貿易によって、繁栄を築いてきました。一方、時代が進んで東アジアの新興工業地域が発展すると、日本の地域経済を支えてきた工業生産の機能が国外へ移転していき、日本経済はポスト工業化へと産業構造の再編を迫られています。そうした中、国際競争力の回復へ向けて、都市再生によるグローバル経済下での知的イノベーションの拠点機能の強化や、訪日外国人のインバウンド消費による観光立国の推進など、新たな国土像の模索が続いています。

②首都圏・近畿圏・中部圏の圏域計画

　国土計画が列島全域レベルの長期ビジョンを示す一方、首都圏（1 都 7 県）、近畿圏（2 府 6 県）、中部圏（7 県）に含まれる圏域において、都府県の行政区域を越えた圏域レベルでの長期ビジョンを示す計画が国より策定されてきました。これら圏域計画では、都府県を越える広域の視点から空間計画の大局的な長期ビジョンを示すとともに、産業立地の再配置、交通インフラの整備、大規模緑地の保全を図る手立てを講じてきました。

　首都圏を例にとると（図 3・5）、若者世代を全国から大量に集め、過密な都市環境が形成された東京都区部と川崎市・横浜市の臨海地域を既成市街地と位置づけ、この地域への更なる集中を抑制するとともに、これをとり巻くゾーンを近郊整備地帯と位置づけて、宅地の乱開発の防止と大規模緑地の保全を図り、さらに北関東エリアを都市開発区域に位置づけて、工業団地の造成と市街地を通過しない物流の交通

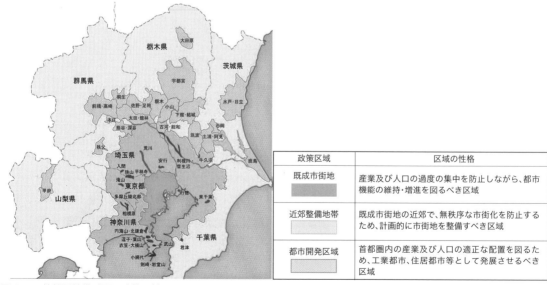

政策区域	区域の性格
既成市街地	産業及び人口の過度の集中を防止しながら、都市機能の維持・増進を図るべき区域
近郊整備地帯	既成市街地の近郊で、無秩序な市街化を防止するため、計画的に市街地を整備すべき区域
都市開発区域	首都圏内の産業及び人口の適正な配置を図るため、工業都市、住居都市等として発展させるべき区域

図 3・5　首都圏整備計画の政策区域（出典：国土交通省国土計画局）

インフラの整備を進めてきました。この既成市街地、近郊整備地帯、都市開発区域を総称して「政策区域」と呼んでいます。既成市街地では、2002年まで工場と大学の新増設を規制し、区域外への移転を促進してきました。東京を本拠地とする各大学の新キャンパスが都心から離れた郊外に展開しているのは、この政策によるものです。また、物流については、工場移転の受け皿となる工業団地造成事業を都市計画事業に位置付け、土地収用と税制特例を適用して北関東の都市開発区域に立地展開するとともに、これらを高速道路（北関東自動車道）で新設の港湾（ひたちなか港）に直結させ、輸出する工業製品を積んだ大型トラックが市街地を通過して横浜港に行くことを抑制する計画を推進してきました。さらに、東京都心部に集中するオフィス機能に対しては、都心から約30kmの地域に業務核都市を指定し、横浜みなとみらい、さいたま新都心、幕張新都心などの都市開発プロジェクトにより立地分散を図り、国の支分部局と独立行政法人の事務所を移転させるなど、朝夕の通勤ラッシュの混雑緩和を図ってきました。このほか、筑波研究学園都市の建設により、都心周辺に立地していた国の研究機関の集団移転も行われました。

3 行政計画間の協議・調整

①土地利用基本計画の役割

　国土利用計画法に基づく土地利用基本計画は、5つの異なる法律によって行われる土地利用計画が互いに整合するように、大枠を調整する役割を担っています。具体的には、都市地域、農業地域、森林地域、自然公園地域、自然環境保全地域という5種類の地域を国土の地図上に指定します（図3・6）。それぞれの地域は、都市地域が都市計画法に基づく都市計画区域、農業地域が農業振興地域整備法に基づく農業振興地域、森林地域が森林法に基づく国有林および地域森林計画対象民有林、自然公園地域が自然公園法に基づく国立・国定公園など、自然環境保全地域が自然環境保全法に基づく原生自然環境保全地域などの区域指定に対応しています。

　これらの5種類の地域は、同じ場所に重複指定される場合があります。例えば、都市計画の市街化調整区域は、農業振興計画の農業振興地域と大部分重複しており、都市計画で宅地開発を抑制するとともに、農業振興計画で集団的農地を保全して農業生産のための公共投資を重点的に行います。反対に、都市計画の市街化区域と農業振興計画の農業振興地域とは、決して重複することはありません。重複した

都市地域⇒都市計画区域　　　　　農業地域⇒農業振興地域　　　　　自然公園地域⇒国定・国立公園

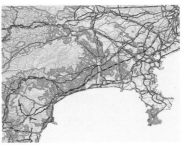
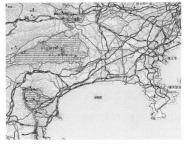

図3・6　神奈川県の土地利用基本計画の図（抜粋）
（出典：国土交通省 土地利用調整総合支援ネットワークシステム〈https://lucky.tochi.mlit.go.jp/〉）

ら、土地利用の政策に不整合が生じるからです。そのため、不整合にならないように、都市計画の行政部局と農業振興の行政部局とは、両方の計画づくりのプロセスにおいて互いに協議・調整を行います。

　例えば、宅地や工業団地を造成するために、都市計画の側が市街化区域を拡大することは、農地行政の側が農業振興地域を縮小し、その区域の農地を農業政策の対象から除外することを意味します。そのため、市街化区域の境界を変更する場合には、両部局の間で真剣な協議が行われます。そして、その結果が土地利用基本計画の変更に反映されます。

　このように、土地利用基本計画は、その作成プロセスにおいて、各々の計画を担当する部局の間で個別具体的に行われた調整の結果をひとまとめにしたものであり、決して上意下達的な上から目線で区域割りがなされたものではないのです。空間計画の実務は、法律制度の観念的なタテマエで動いているのではなく、担当する部局の間で行われる具体的な協議・調整によって成り立っています。このことは、空間計画の体系を見る視点においてとても重要なことです。

②協議の観点の明確化

　都市計画の策定における協議・調整は、主に都道府県の都市計画部局と市町村の都市計画部局の間で、特に密接に行われます。例えば、市町村が定める用途地域の指定は、住宅地、商業地、工業地の配置を定めることから、都道府県道や流域下水道といった都道府県が定める広域インフラの計画と整合していることが必要です。また、公共事業で整備する施設の位置やルートは、実際に整備を行う部局との十分な調整を経て定められます。例えば、国道の位置を都市計画に定める役割は都道府県の都市計画部局が担当しますが、これに当たっては国道を整備する国の担当部局とあらかじめ合意に達していることが必要です。

　計画を策定するという行政行為は、政策意図に基づく意志的な行為です。そして、政策意図の内容は、各々の行政機関に与えられた役割と立場によって異なります。そのため、協議・調整をすれば意見が異なることが当然に生じますが、協議・調整が意見の応酬で平行線に終始したり、立場の強い側が一方的に相手をねじ伏せるようなことにならないためには、一定のガイドラインが必要です。

　これらの協議・調整にあたって各々の行政部局が主張する意見や見解は、それぞれが担当する行政事務に即して妥当な内容であることが必要であり、それを逸脱した個人的見解であってはなりません。そのため、都市計画法においては、行政間協議にあたって、都道府県の立場を「一の市町村の区域を超える広域の見地からの調整を図る観点」または「都道府県が定める都市計画との適合を図る観点」、国の立場を「国の利害との調整を図る観点」に限定しています。また、都道府県が都市計画を定めるに当たっては「関係市町村の意見を聴く」ことを義務付けており、市町村が都道府県に対して「都道府県が定める都市計画の案の内容となるべき事項を申し出ることができる」ことも明記しています。

　空間計画の体系を語るとき、一般に上位計画・下位計画という言葉が使われることがあります。しかし、以上からわかるように、空間に関する計画を、上意下達的な関係や、全体から部分を決めるプロセスと捉えることは、必ずしも適切でありません。空間計画は、スケールや機能に応じてそれぞれ異なる観点や目的があって、それぞれを担当する機関や部署があります。都市計画を含む空間計画の全体像は、そうした異なる立場の組織が互いに協議・調整を行い、上位下位もなく、互いに影響を与え合って形成されていくものと捉えるのが妥当な見方と言えるでしょう。

5 都市計画の資格制度

最後に都市計画に関する資格制度を紹介します。

①技術士（都市及び地方計画）

技術士は、技術士法に基づく国家資格です。技術士になるには、公益社団法人日本技術士会が文部科学大臣の指定を受けて実施する国家試験に合格することが必要です。

技術士は、技術部門ごとに試験を受験します。技術士法施行規則において21の技術部門が定められていますが、都市計画の技術者に相当するのは「建設部門」です。試験の専門科目はさらに細分されていて、都市計画に相当する専門科目は「都市及び地方計画」です。

技術士は、名称独占資格であり、技術士登録のない者が技術士を名乗ることは法律で禁じられています。また、行政から都市計画の仕事を受注するに当たっては、管理技術者が技術士建設部門（都市及び地方計画）の登録を有する者であることが応募条件とされる場合があります。

②認定都市プランナー

認定都市プランナーは、都市計画の実務専門家を認定する資格制度（国土交通省技術者資格制度登録）です。認定試験は、一般社団法人都市計画コンサルタント協会が、公益社団法人日本都市計画学会、公益財団法人都市計画協会、特定非営利活動法人日本都市計画家協会と連携して実施しています。

認定都市プランナーの特徴は、都市計画分野の実務経験が15年以上の者に認定申請の資格が与えられるなど、実務実績を重視している点です。つまり、認定都市プランナーの資格は、その者が都市計画の実務のベテランであることを認証しています。

③土地区画整理士

土地区画整理士は、土地区画整理法に基づく国土交通大臣の技術検定に合格した者であり、土地区画整理事業の実務の専門家です。検定試験は、一般財団法人全国建設研修センターが実施しており、一次試験が法規、換地計画、土地評価などに関する学科試験、二次試験が換地設計、事業計画、移転補償などに関する実地試験となっています。

土地区画整理士は、土地区画整理事業の実施に当たって、公正・中立な立場から土地の権利者間の利害関係を調整し、事業計画・換地設計などを作成して、円滑な事業実施を導く役割を担います。

④再開発プランナー

再開発プランナーは、一般社団法人再開発コーディネーター協会が認証する都市再開発の専門技術者の称号です。特に、都市再開発法に基づく第一種・第二種市街地再開発事業やマンション建替え円滑化法に基づく事業では、事業の資金計画や権利変換計画の作成のために、高度な専門知識を有する者の役割が大きいことが特徴であり、加えて関係権利者の合意形成と時間軸での事業の進捗管理が成否を左右するため、この称号を持つ専門家人材の活躍の場が拡がってきています。

首都圏整備計画と業務核都市

①計画の背景

　1980年代半ば、日本は人口約1億2千万人の島国ながら、国土計画の成果も寄与して高度な工業製品の輸出大国となり、経済力ではGDP（国内総生産）世界第2位の地位を安定的に継続していました。そうした中、東京はニューヨーク、ロンドンに次ぐ世界の金融センターに成長し、国土政策の観点から東京一極集中問題が顕在化する一方で、東京大都市圏の中では、都心部のオフィス床需要の増大に対して、横浜みなとみらい、千葉の幕張新都心、さいたま新都心など、都心から約30kmの地域で新しい業務核の創造を目指す都市開発プロジェクトの計画が始まっていました。

　1985年、当時の国土庁（現：国土交通省）が発表した「首都改造計画」は、東京大都市圏の都市問題を構造的に解決しようとする意欲的なプランでした。その内容は、図3・7に示すように、東京圏を都心部一極集中型の都市構造から多核多圏域型の構造へ転換させることを目指すものです。東京の朝の通勤ラッシュは、乗車率200%を超えて殺人的と言われましたが、それは郊外のベッドタウンから都心の業

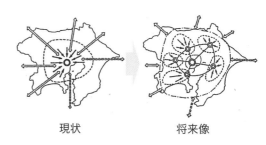

現状　　　　　将来像

図3・7　首都改造計画（1985年）の概念
（出典：国土庁『首都改造計画』）

務地へと向かう上り電車だけであり、反対側をすれ違う下り電車の車内は混雑していません。つまり、交通インフラの潜在的な容量をうまく使えていないのです。目的地となる業務地の配置を分散し、ひとまわり大きな地域構造に転換すればそれが解決すると考えたのです。

②計画策定の経緯

　翌1986年、第四次首都圏整備計画が公表され、業務核都市構想が盛り込まれました。続く1988年、多極分散型国土形成促進法が制定され、業務核都市が法律に位置づけられました。具体的な都市は、当初は東京周辺の政令市クラスが想定されていましたが、その後国の同意を得て業務核都市を名乗る中核市クラスの都市が増加し、現在では東京都心から30〜50kmの圏域を業務核都市がぐるっと取り巻くようになっています。

③計画策定後の状況

　東京大都市圏の就業人口の分布は、国勢調査によると1990年から2010年の20年間に、0〜20km圏では約80万人減少した一方、20〜40km圏では約200万人増加しました。また、通勤鉄道の主要区間のピーク時平均混雑率も減り続け、同じ20年間に約200%から165%程度にまで減少しました。混雑率の低下には輸送力の増強、時差通勤の普及など他の要因も作用していますが、就業人口分布の変化も寄与したものと考えられます。この他、さいたま新都心の開発では、都心にあった国の関東甲信管轄部局の事務所などを集団移転する施策も実施されました。

計画事例 2　群馬県の広域都市圏マスタープラン

①計画の背景

　群馬県では、道路整備が進んで「クルマ社会」が進展するに伴って、小規模な宅地開発が市街地の外で行われ、商業店舗がロードサイドに拡がっていく「都市の拡散化」の動きが進行してきました。特に、広大な関東平野に土地利用が展開する県央・東毛圏域では、この傾向が顕著です。

　都市の拡散化が進む原因の1つには、市町村間の発展政策の競合があります。多くの市町村が、今や人口減少の時代に転じたにもかかわらず、あちこちの地元の地域振興を望む声に押されて、減少する人口を奪い合うように新たな宅地開発を進めてしまうのです。国の地方分権政策で、都市計画や開発許可の権限の多くが県から一部の市に移譲されたことも、これに拍車をかけました。

②計画策定の経緯

　人口が減少していくのに、市町村が開発を競い合うのでは、県土が非効率な土地利用に陥ってしまいます。そこで群馬県では、「まちのまとまり」を維持して公共交通の利便を高める土地利用を目指し、市町村の行政区域を越えた「都市計画の広域調整」を強化する方向に舵を切りました。まず、以前は市町村ごとに分けて策定していた「都市計画区域の整備、開発及び保全の方針」を、県央、東毛、利根沼田、吾妻の4つに統合し、「広域都市圏マスタープラン」と呼んで「部分最適から全体最適」を目指す計画へと内容を一新しました（図3・8）。

③計画策定後の状況

　今後、県は市町村との協議・調整を重ね、市町村が権限を持つ計画や許可基準へ働きかけるとともに、次回の改定時にはマスタープランだけでなく都市計画区域の統合を行い、市町村合併により生じた線引き・非線引き都市計画区域（5章、p.87）の混在という残された課題の整理に着手する予定です。

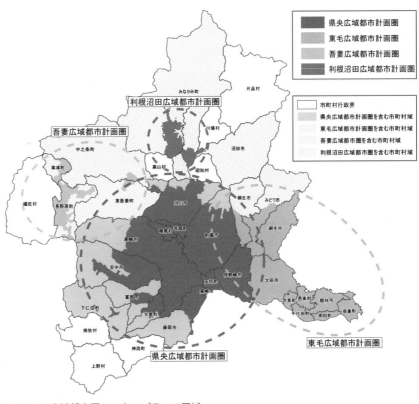

図3・8　広域都市圏マスタープランの区域
(出典：群馬県『県央広域都市計画圏都市計画区域の整備、開発及び保全の方針』2020)

凡例：
県央広域都市計画圏
東毛広域都市計画圏
吾妻広域都市計画圏
利根沼田広域都市計画圏

市町村行政界
県央広域都市計画圏を含む市町村域
東毛広域都市計画圏を含む市町村域
吾妻広域都市計画圏を含む市町村域
利根沼田広域都市計画圏を含む市町村域

3章　都市計画の体系

67

■ 演習問題3 ■

(1) あなたが関心のある市のホームページから、「都市計画マスタープラン」をダウンロードして、次の事項について「その都市らしさ」がよく表れているとあなたが考える記載内容をまとめてください。

❶都市の現状の分析

❷目指すべき将来の都市像

❸土地利用、交通、公園緑地、防災、景観などの分野別計画のうち、特色のあるもの

❹地域別構想の各地域のうち、特色のあるもの

(2) あなたが（1）で選んだ市を含む地域に関して、都道府県が定めた「都市計画区域の整備、開発及び保全の方針」を都道府県のホームページからダウンロードし、市のマスタープランとの主な違いをまとめてください。

(3) あなたが関心を持った市について、インターネットで「○○市例規集」と検索して、都市づくりに関係のある条例（通常「建設」または「都市整備」の類型に入っています）の中から、特色があると考える条例を読んで、次の点をまとめてください。

❶条例の目的と、その目的を達成するための主な仕組み

❷市民または事業者がしなければならない義務、および違反者に対する措置

❸市民または事業者に講じられる奨励のための措置

❹条例に基づく施策の活用実績

参考文献
1) 群馬県『県央広域都市計画圏都市計画区域の整備、開発及び保全の方針』2020

4章
都市計画の制度

1 都市計画制度の骨子

1 都市計画の基本理念

　この章では、日本の都市計画の制度を、都市計画法の規定に沿って解説します。

　都市計画の基本理念は、都市計画法の第2条に書かれています。その内容は、「都市計画は、農林漁業との健全な調和を図り

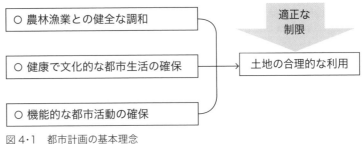

図4・1　都市計画の基本理念

つつ、健康で文化的な都市生活及び機能的な都市活動を確保すべきこと並びにこのためには適正な制限のもとに土地の合理的な利用が図られるべきことを基本理念として定めるものとする」というものです（図4・1）。

　この条文の中で特に大切なのは、「このためには適正な制限のもとに」という部分です。都市の空間は土地の利用によって形成されますが、土地をどのように利用するかを選択する権利は、土地所有者の財産権の一部です。そのため、都市計画に従った土地利用を実現するには、土地所有者の自由な権利行使に制約が加えられることが必要です。憲法第29条の規定により、財産権の制約は法律に基づくことが必要です。つまり、都市計画には法律に基づく権利制限が不可欠なのです。

2 都市計画の構成

　都市計画に関わる中心的な法律は都市計画法です。図4・2は、都市計画法に基づく主な制度の構成を示したイメージ図です。それぞれの制度の詳しい解説は、図の右端に示した本書の各章で学びます。

　都市計画の全体像のイメージは「レイヤー構造」と言うことができます。都市計画を定める図書は、法令で総括図（縮尺2万5000分の1以上の地形図）、計画図（縮尺2500分の1以上の平面図）および計画書（計画事項の種類、位置、区域、数値等と定めた理由を記した一覧表）と決められています。計画事項には、土地利用の規制、インフラ施設、事業エリア、地区レベルの詳細な計画など、多くの事柄があります。これら多くの計画事項の区域を表示した地図のレイヤーが積み重なって、都市計画が構成されています。

　図4・3に都市計画法の関連法を整理しました。法の体系はとても複雑で、都市計画法以外の法律に実質的な規定があって、都市計画法自体は主に地図上に区域を指定するだけという制度も多くあります。

4章　都市計画の制度

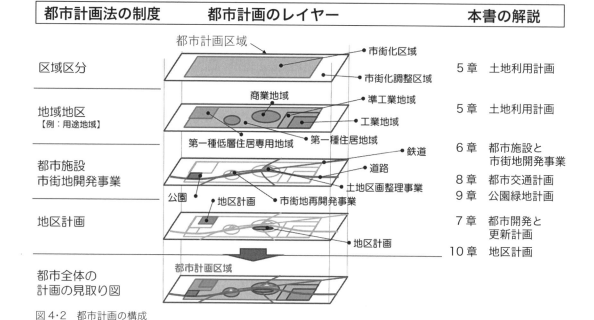

都市計画法の制度	都市計画のレイヤー	本書の解説

都市計画区域

区域区分 → 市街化区域 / 市街化調整区域 — 5章　土地利用計画

地域地区【例：用途地域】
商業地域 / 準工業地域 / 工業地域 / 第一種低層住居専用地域 / 第一種住居地域 — 5章　土地利用計画

都市施設
市街地開発事業
鉄道 / 道路 / 土地区画整理事業 / 公園 / 地区計画 / 市街地再開発事業 — 6章　都市施設と市街地開発事業 / 8章　都市交通計画 / 9章　公園緑地計画

地区計画
地区計画 — 7章　都市開発と更新計画 / 10章　地区計画

都市全体の
計画の見取り図
都市計画区域

図4・2　都市計画の構成

(出典：国土交通省都市局『都市計画法制』〈https://www.mlit.go.jp/toshi/city_plan/toshi_city_plan_tk_000043.html〉に筆者加筆)

都市計画法関連法令

都市計画別分類

土地利用関係（地域地区・地区計画 等）	都市施設関係	市街地開発事業関係
・建築基準法 ・景観法（景観地区） ・都市緑地法（緑地保全地域等） ・港湾法（臨港地区） ・被災市街地復興法 　（被災市街地復興推進地域） ・密集法 　（防災街区整備地区計画等） ・都市再生特別措置法 　（都市再生特別地区）　　　等	・道路法（道路） ・都市公園法（都市公園） ・下水道法（下水道） ・河川法（河川） ・流通業務市街地整備法（流通業務団地） ・津波防災地域づくり法 （津波防災拠点市街地形成施設） 　　　　　　　　　　等	・土地区画整理法（土地区画整理事業） ・都市再開発法（市街地再開発事業） ・新住宅市街地開発法 （新住宅市街地開発事業） ・首都圏近郊地帯整備法 （工業団地造成事業） 　　　　　　　　　　等

政策目的別分類

インフラ整備関係	市街地整備関係	都市再生関係	景観・緑地関係	古都・伝統的建造物群保存関係
・道路法 ・都市公園法 ・下水道法 ・河川法 　　　　等	・土地区画整理法 ・都市再開発法 ・新住宅市街地開発法 ・首都圏近郊地帯整備法 　　　　等	・都市再生特別措置法	・景観法 ・歴史まちづくり法 ・都市緑地法 ・生産緑地法 　　　　等	・古都法 ・文化財保護法

防災・復興関係	流通業務関係	臨港関係	周辺環境対策関	集落地域整備関係
・密集法 ・被災市街地法	・流通業務市街地整備法	・港湾法	・航空機騒音対策法 ・沿道整備法	・集落地域整備法

図4・3　都市計画法の関連法 (出典：図4・2と同じ)

都市計画を立案し実行するためには、様々な法令の知識が必要です。例えば、建築物の用途や形態に関する規制では、都市計画法には地域地区の種類と指定区域、容積率などの上限値といったことだけが示され、実際にこれを担保する行政手続きは建築基準法の建築確認が担っています。土地区画整理事業や市街地再開発事業では、個別の事業法に詳細な規定があり、施行者が地権者の組合であれば組合の設立認可や意思決定の手続きなどが細かく規定されています。

3 都市計画基礎調査

都市の状態は、時間の経過とともに変化していきます。なぜなら都市は、人々の営みによって形成されている経済・社会・文化の活動空間だからです。年月が経てば、住民の年齢構成が変わり、建造物が更新され、人々の意識も変化するとともに、経済を支える産業も変わります。都市計画は長期にわたる計画なので、変更するべき事柄が生じてくるのは当然のことです。

そこで、都市計画法第6条では、都市計画に関する基礎調査（都市計画基礎調査）を定期的（概ね5年ごと）に実施することを求めています。特に、用途地域など土地利用の規制については、この調査結果がまとまるタイミングを契機として、都市計画区域の全域において見直しのプロセスが開始されます。このことを「定期見直し」または「一斉見直し」と呼んでいます。

都市計画基礎調査で実施される「土地利用現況調査」は、市街地の建物の用途や階数などを1棟ずつきめ細かく現地調査し、結果を地図上に表示します。この作業は、近年ではほとんどの自治体がGISデータにして保管しています。また、都市計画の「基図」と呼ばれる白図が都市計画基礎調査の作業に先立って更新され、都市計画だけでなく様々な分野で活用されます。また、交通については、道路交通センサス（全国道路・街路交通情勢調査）のデータを利用するほか、パーソントリップ調査（PT調査；8章、p.135）が大都市圏や主要な地方都市の圏域においておよそ10年ごとの頻度で実施されています。

このように、都市計画基礎調査の定期的な実施は、都市の実状を的確に把握するとともに、都市計画を定期的にアップデートする上で不可欠な役割を果たしています。東京都区部の都市計画基礎調査による土地利用現況総括図を口絵3に示します。

2 都市計画制度の内容

ここでは図4・2の都市計画の構成に基づき、都市計画制度の内容を概説します。

1 都市計画区域 （→詳細は5章）

前章で、日本国憲法第29条の財産権の規定における「財産権は、これを侵してはならない」という大原則を最大限尊重することが出発点であると説明しました。都市計画の法律制度は、この財産権行使の自由に対して、「公共の福祉に適合するやうに」または「公共のために用ひる」ために、制約を課す役割と効果を担っているものと言えます。そのため、都市計画制度の適用範囲は、公共の観点からその必要

性が明確な区域に限定されるべきと考えられています。そこで、都市計画法では、最初に「都市計画区域」を指定することとされています。都市計画区域は、都市計画の法律制度を適用する地理的範囲です。

なお、こうした考え方は、世界共通であるとは必ずしも言えません。実際、国土の全域に開発規制を及ぼしている国々も少なくありません。そのため、日本国の法令体系は、世界的に見ても、土地の財産権にかかる個人の自由をかなり強く尊重しているというのが通説です。

都市計画区域の指定面積は、約10万km^{2}です。これは国土面積（約38万km^2）の概ね4分の1に当たります。ただし、日本の国土は、その約7割が森林・原野・水面等の非可住地であることから、都市計画区域は、平野部などの可住地を概ねカバーしています。つまり都市計画区域は、農地の大部分も含んでいるということです。一方、人口割合で見ると、日本国民の約93％が都市計画区域の内側で生活しています。特に、市街化区域は国土面積のわずか3.8％に過ぎませんが、日本の人口の約3分の2がその内側で暮らしています。

2 区域区分（→詳細は5章）

本章冒頭で示したように、都市計画法の基本理念におけるキーワードは、「農林漁業との調和」「健康で文化的な都市生活」「機能的な都市活動」「適正な制限のもとに」です。市街化区域と市街化調整区域の区域区分は、都市計画区域を2つの区域に分けること（「線引き」とも言います）で、これらのキーワード実現のためのベースとなっています。

区域区分は、なぜ必要なのでしょうか。それは、都市の「スプロール（Sprawl）」という現象を防ぐためです。スプロールは、都市に普遍的に見られる現象です。都市の宅地は、制限せずに放置しておくと市街地の外側に虫食い状に拡散していく性質があります。

区域区分の目的は、市街化調整区域を設定して、そこにおける宅地開発を制限することによってスプロールを防止するとともに、反対に市街化区域内においては、用途地域を指定して秩序ある市街地を形成し、都市インフラの整備を優先的に行って、公共投資の効率性を確保することです。

さらに、区域区分の指定は、都市行政だけでなく、農地行政とも密接に関連しています。農地を農地以外の用途にすることは、農業保護の観点から原則的には禁じられており、農地法に基づく「農地転用許可」を受けることが必要なのですが、市街化区域に指定されると農地転用許可が不要になって、届け出るだけでいつでも宅地に転用できるとされています。つまり、市街化区域の指定とは、その区域内の農地を政策的に保護する必要がないと決断することを意味しています。そのため、区域区分の決定・変更に際しては、事前に都市計画の行政部局と農業の行政部局との間で真剣な協議が行われます。

区域区分を担保する実現手段は開発許可制度です。開発許可制度とは、建築などの目的で土地の区画形質を変更（一般用語の宅地造成に相当）する場合に、行政の許可手続きを要する制度です（7章、p.127）。

3 地域地区（→詳細は5章）

都市計画のゾーニング規制は、大きく分類して、建築物の設計に対する規制と、緑地系統の保全を目

的とする規制とがあります。都市計画法では、これらのゾーニングを「地域地区」と総称し、様々な種類の地域地区制度を規定しています。前出の用途地域も地域地区の一種であり、市街化区域内では全域必ずどれかの用途地域が指定されるなど、都市計画における最も基本的な地域地区です。

①建築関連の地域地区と建築確認制度

建築物の用途や形態に関する地域地区には、用途地域のほかに、特別用途地区（用途地域の用途規制を強化または緩和してその地区にふさわしい基準に修正する）、高度地区（建築物の高さを制限する）、高度利用地区（再開発を促進するため容積率制限を緩和する）、伝統的建造物群保存地区（伝統的な街並みを保存するため現状変更の規制や現代の一般建築に適用する規制緩和を行う）、防火地域・準防火地域（市街地の延焼火災を防止するため建築物の耐火性能を規定する）、駐車場整備地区（建築物に一定台数以上の駐車場の附置を義務付ける）など、多様な目的のための多種類の地域地区制度があります。

これらの規制の担保手段は、建築基準法に基づく建築確認制度です。建築確認は、建築物を建築する際に必要となる手続きで、建築物の設計が法令に合致しているかどうかをチェックするものです。都市計画で定められた事項への適合も、建築確認手続きによって担保されます。

②緑地関連の地域地区

緑地も、都市の土地利用の1つです。都市緑地の計画的保全にはゾーニング型の制度がなじみやすく、様々な地域地区が設けられています。

緑地保全地域は、都市近郊の里地里山の保全に活用されています。届出制による比較的ゆるやかな方法が適用されており、市民緑地制度や管理協定制度といった緑地の所有者と自治体等が協定を結ぶ制度が併用される場合もあります。強く保全が求められる緑地には、特別緑地保全地区を指定することで、許可制による強力な規制を課す方法もあります。

風致地区と緑化地域は、みどり豊かなまちの環境の維持・形成に用いられる地域地区です。風致地区は、斜面緑地や樹林地などを含む住宅地などにおいて、みどりを極力保全するために指定します。一方、緑化地域は、指定地区内で建築等を行う場合において、敷地内における緑化率の最低限度を指定して緑化を義務付ける制度です。この場合、屋上緑化なども緑化率にカウントします。

生産緑地地域は、農地所有者の申請に基づき、市街化区域内で農業を30年間継続して営む義務を受け入れる土地に指定する地域地区で、指定されると土地にかかる税金が大幅に減額されるという、特殊な都市計画制度です。市街化区域は、市街地を計画的に整備することが目的ですから、本来は農地が存続することを想定していない地域ですが、古くからそこで農業を営んでいる人の中には農業を続けたい意向の人がいます。ところが、市街地では宅地の売買が相応の価額で行われ、地価が高くなって課税の評価額も高くなるため、農業の収入では税金すら払えないような事態が生じます。そこで、市街化区域の中であってもどうしても農業を続けたい人の土地は、その農地を都市の緑地の1つとみなして都市計画で生産緑地地区と指定し、農地以外の土地利用ができない代わりに税負担を大幅に軽くする措置がとられています。

4 **都市施設**（→詳細は6、8、9章）

　都市施設とは、都市の諸活動を支える施設で、公益性を有することに特徴があります。都市施設の種類は、都市計画に定めることができる施設として都市計画法第11条に列挙されています。都市施設の種類は多岐にわたりますが、例えば、道路・鉄道・駐車場などの交通施設、公園・緑地・広場や墓園などの公共空地、上下水道・電気ガス施設・ごみ焼却場などの供給・処理施設、河川・運河などの水路、学校・図書館などの教育文化施設、病院・保育所などの医療・福祉施設、その他卸売市場・と畜場・火葬場などの諸施設があります。

　都市施設は、その位置・区域を都市計画に定めると、その土地は土地収用が可能な対象となり、公共事業の事業認可手続きを経て、適正な額の補償をもって強制的に公共用地とすることができます。土地収用は公権力による極めて強い財産権の制約になりますから、都市施設ならば何でも都市計画に定めるのではなく、公共性や公益性の観点から特に必要性の高いものに限って、その位置・区域を都市計画に定めます。例えば、道路の場合、都市全体の道路ネットワークに必要な幹線・補助幹線道路を定めることが原則であり、細街路などは対象となりません。細街路などの生活道路は、後述する地区計画において地区施設というカテゴリーで都市計画に定める場合がありますが、土地収用の対象にはならず、開発許可や建築確認の際に適合性を求められる形で実現が図られます。

　また、都市施設には、道路法、都市公園法など、各施設の設計等の基準や整備後の管理を主に定めた法律を持つものがあります。

　都市計画に定められた都市施設のことを「都市計画施設」と呼びます。都市計画施設は、中長期的な観点から計画されますが、実際に整備するには予算措置が必要ですから、直ちに事業が開始されるとは限りません。そのため、事業が始まるまでの間は、都市計画施設の区域内であっても建築物を建てることは可能です。けれども、将来必ず整備されるべき必要な施設であるので、そこに建てられる建築物は2階建て以下であるなど容易に除却できるものに限られます。

5 **市街地開発事業**（→詳細は6、7章）

　市街地開発事業とは、市街地の面的な開発整備を行うための都市計画事業です。都市計画法には7種類の市街地開発事業が定められていますが、現在主に行われているものは、土地区画整理事業と市街地再開発事業の2種類です。この2つはどちらも不動産の権利を交換するタイプの事業手法をとります。以前は、新住宅市街地開発事業や工業団地造成事業といった土地を全面買収するタイプの事業も大規模に行われましたが、近年は、人口が安定して市街地を拡げる必要性が少なくなったことと、高度成長期のような地価の上昇が見られなくなったことから、時代に適した事業手法ではなくなり、行われなくなっています。

　土地区画整理事業は、「換地」という仕組みで土地の権利を事業前と事業後で交換し、これによってインフラと街区が整った市街地を形成します。事業前の所有地の面積を公平に減らして（減歩）公共用地や事業費捻出のために売却する保留地を生みますが、事業後にはインフラの整った宅地になるため、面

積が減っても土地の価値が上がる（増進）という仕組みです。

　市街地再開発事業では、不動産の「権利変換」が立体的に行われ、事業前の土地建物の権利が事業後には共同ビルの床の権利に変換されます。事業区域内では、幹線道路や駅前広場のほか、共同ビルの敷地内にも広場や歩道といった「公開空地」が整備されて、広い公共空間が生まれます。一方、容積率制限の緩和によって共同ビルは大きな高層建築となり、誰の所有でもない新たな床（保留床〈ほりゅうしょう〉）が生み出され、その売却益も事業の主要な財源となるという仕組みです。

　事業の実施主体は、両事業とも地権者の組合が主流です。公益性が特に高い場合などでは、地方公共団体やUR都市機構（都市再生機構）が事業主体になる場合もあります。土地区画整理事業の「換地」、市街地再開発事業の「権利変換」は、行政の認可によって法律に基づく強制力が発生します。一団の区域の面整備型の事業では、多数の地権者がいて、各々の利害関係の違いから合意形成に苦労する場合も少なくないのですが、法的な裏付けのある強制力の発動が最終的に可能であることが、合意形成の円滑化に役立っていると言われています。

6 地区計画 （→詳細は10章）

　地区計画は、数〜数十ha規模（数ブロック〜町丁目くらいの広さ）の広がりで策定する「地区レベルの都市計画」です。それぞれの地区の特徴や課題に対応して様々な活用の仕方がある制度で、良好な住環境の形成、歴史的な街並みの保全、商店街の賑わい環境の整備、大規模な再開発計画に対する条件の付与など、あらゆるタイプの街づくりに活用されています。

　地区計画の構成は、地区レベルのマスタープランに相当する「地区計画の目標と区域の整備、開発及び保全に関する方針」、生活道路や広場などの「地区施設」、それに「建築物等の整備と土地の利用に関する計画」からなっており、これは、都市全体の都市計画における「マスタープラン」「都市施設」「地域地区」に相当しています。つまり、都市レベルと地区レベルで空間のスケールが違いますが、地区計画は地区レベルの総合的な空間計画の形をなしています。

　地区計画では、都市レベルの都市計画で定められた内容を前提にして、さらにきめ細かいルールを定めます（表4·1）。例えば、道路の場合、都市計画施設の道路が都市全体のネットワークに不可欠な幹

表4·1　地区計画で定められるきめ細かな規制事項

規制事項	概要
地区施設	主として居住者等の利用に供される道路、公園、広場その他の公共空地の配置・規模
用途の制限	用途地域では認められるが、その地区にふさわしくない用途を規制
容積率	各街区にふさわしい密度（最高限度または最低限度）
建蔽率	建て詰まりを防ぐため最高限度を指定
敷地面積	敷地の分割による狭小化を防ぐため最低限度を指定
壁面の位置	セットバックすべき距離。壁面後退部分を通行できるよう塀など工作物の設置も制限できる
建築物の高さ	街並みを整えるための絶対高さ制限や、圧迫感を和らげるための地区独自の斜線制限など
形態・意匠	屋根勾配、材料、色彩など、外観デザインのコード
垣・柵の構造	ブロック塀を制限して生垣とするなど
緑化率	敷地や屋上の緑化のため最低限度を指定

線・補助幹線道路として幅員 12m 以上のものを定めているのに対して、地区計画の地区施設では、地区内の生活道路網の形成に必要な幅員 6m 程度の道路を定めます。建築物等の計画では、地域地区による規制事項があることを前提にしながら、用途、容積率、建蔽率、高さ、壁面後退、建物の形態・色彩などの意匠、垣・柵の構造、緑化率、樹林地等の保全などに関する規制のうち、その地区固有の街並み環境の形成に必要なものをカスタマイズして定めます。

③ 都市計画の参加の仕組み

① 都市計画における住民参加・市民参加

　都市計画は、土地を対象にして計画を描き、その実現を図るために様々な施策を展開する一連の行政施策ですが、対象とする土地の区域には多数の土地所有者がおり、住民がおり、民間の事業者がいます。都市計画の決定・変更は、それら多くの人々の土地利用の権利や生活や経済活動に大きな影響を及ぼすことになりますから、都市計画を定める際には、影響を受ける人々にあらかじめよく周知し、意見を述べる機会を与え、正当な意見についてはそれを反映していくような、民主的なプロセスを経るべきなのは当然のことと言えるでしょう。このように、行政の政策立案や計画作成のプロセスに一般の人々が参加することを、「住民参加」または「市民参加」と呼んでいます。

　日本の都市計画法では、都市計画を定めるに当たって行政が必ず経るべき手続きとして、①都市計画の案の公告、②2週間の案の縦覧（一般の人々が閲覧できること）、③住民および利害関係人からの意見書の受理、④意見書の要旨の都市計画審議会への提出、⑤都市計画審議会における審議、⑥決定内容の告示（公表）を義務付けています（図4・4）。都市計画の決定プロセスについては、6章で詳細に解説します。

　しかし、これらは最低限の民主的な機会を保障するための法律の規定であって、実際には、これらの法定手続きに入る以前において、任意の参加プロセスがそれぞれの自治体の工夫で行われています（14章）。通常、行政が都市計画を定めようとする場合は、事前に任意の説明会を開催します。説明会には、誰でも出席することができ、出席者はその場で質問をしたり意見を述べたりします。説明会はほぼすべての案件について行われるため、反対者がいないケースでは出席者も少ないのが実態ですが、賛否が分かれるケースでは出席者から発言が次々と出されて緊張感のある会合になり、説明会が何度にも渡って開催されることもあります。なお、説明会は任意に開かれる住民参加の機会ですが、法定の意見表明の場を設ける場合には、都市計画法第16条に基づく「公聴会」が開催されます。公聴会は、行政が公衆の意見を聴く公式の場という位置づけであるため、事前に意見表明の申込みをした者が発言し、それを記録に残すことが主眼となり、意見に対する回答など討論に当たるやりとりは通常行われません。

　都市計画の案の作成には、「ボトムアップ」と呼ばれるプロセスで行われるものがあります。一般に、幹線道路の整備のための都市計画や用途地域の定期的な見直しなど、都市全体に関わる計画事項の場合には、行政が原案を作成してこれを最終決定まで進めて行くことが普通です。しかし、街並みのルールづくりなど、身近なまちづくりを都市計画に反映するような場合には、地元の住民組織が都市計画の案

の実質的な作成主体になることも少なくありません。中には、民間の開発事業者が、宅地開発や再開発を行うために都市計画の規制の緩和を求めて、都市計画の変更案を作成するケースもあります。これらのケースでは、地元の住民組織や民間の開発事業者の側から出される要望や発意を、行政側が受け止めて都市計画の策定のプロセスに乗せていくといった順序で、手続きが進められて行きます。

さらに、「まちづくり条例」と呼ばれる独自の条例を制定して、住民主導のまちづくりを積極的に推進している自治体も増えてきました。まちづくり条例には、それぞれの自治体ごとに様々な工夫が採り入れられています。住民参加という概念を突き詰めていくと、「住民の意見とは、いったい誰が代表できるのか」という問題に行き着きます。そこで、まちづくり条例の中には、こうした問題を建設的に解決する方法として、住民の団体がその使命や意思決定などの規約を持って活動している場合において、その団体を条例に基づく地元組織と認定し、行政側が公式に支援する関係を築くといった事例もあります。

② 都市計画審議会

都市計画審議会は、都市計画に関する事項を調査審議するために、都道府県および市町村に設置された会議（合議体の機関）です。主な役割は、都市計画を策定するプロセスにおいて、行政庁の事務当局が作成した都市計画の案を、事務当局とは独立した第三者機関の立場から審議することによって、計画の公正さを確保することです。特に、住民や利害関係者から提出された意見書と、それに対する行政側の見解に関して、両者を客観的な立場で審議する場としての役割は重要です。

都市計画審議会の委員構成は、政令の基準に基づいて地方公共団体の条例により定められますが、学識経験のある者と議会の議員が必須のメンバーで、都道府県の審議会の場合にはこれに関係市町村の代表者が加わります。その他、農業関係や商工関係など公益団体の代表者数名が委員として指名されることが一般的です。市町村の審議会では、公募による一般市民の委員が加わる場合も増えてきました。会長には、政令に基づき学識経験のある者の中から委員間の選挙で選ばれた者が就きます。なお、市町村に都市計画審議会が置かれていない場合は、都道府県都市計画審議会が代わって案件を審議します。

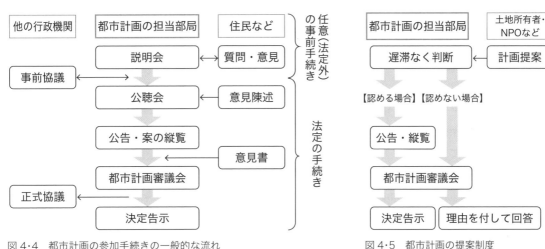

図4・4　都市計画の参加手続きの一般的な流れ　　　　　図4・5　都市計画の提案制度

3 都市計画の提案制度

　都市計画の提案制度は、都市計画の民主的参加のプロセスをさらに前進させた比較的新しい制度で、2002年の法改正で導入されました（図4・5）。この制度は、土地所有者など土地の権利を有する者、またはまちづくりNPOなどの団体が、都市計画を変更するべきことを、変更の素案（計画提案）を添えて、行政に対して正式に提案できる手続きを定めた制度です。

　このようなボトムアップの都市計画の提案は、従来も任意に行われることがありましたが、法律に基づく法定手続きが創設されたことによって、現実の動きが大きく変わってきています。

　特に変わった点は、行政が受け身の立場になり、民間から計画提案が出ると都市計画の変更をするか否かの判断を遅滞なくしなければならないという応答義務が発生するようになったことです。このため、行政にとっては、都市計画を機動的に動かすことができるきっかけが生まれました。言い換えると、行政側の発議に対する「住民参加」というこれまでの構図から、民間側が行政をリードする関係に転換することができるようになりました。

　もちろん、民間側の計画提案も、行政計画である都市計画の変更を求める以上、提案者側の利益だけを理由としたのでは一般市民の支持が得られません。計画提案に当たっては、それが採用された場合、都市にとってどのような社会的意義や公共的貢献があるのかを、説得力のある形で示すことが求められます。一方、これを受ける行政側の担当者にとっても、的確な判断と市民に対する説明責任を果たすために、都市の空間環境や開発計画の経済的効果、さらには文化的な側面など、都市に関する幅広い専門知識が求められます。行政・事業者・住民のどの立場になっても、都市計画の提案制度が動く場面では、都市に関する幅広い専門知識を持った人材が求められるのです。

4 環境アセスメント

　環境アセスメント（環境影響評価）は、施設の建設や開発事業によって自然環境に回復困難な変更を加える前に、影響を科学的に予測し、それを計画自体にフィードバックすることで、取り返しのつかない環境破壊を回避しようとするための手法です。また、同時に環境アセスメントには、実施の途中段階において、科学的予測の方法や結果、それに対する対応方策の案についての情報を逐次一般市民に開示するとともに、外部の見解を求める仕組みが組み入れられています。そのため、計画立案プロセスに民主的参加を取り入れる手法という側面も有しています。

　環境アセスメントの歴史は、1969年アメリカにおいて法制化されたNEPA（国家環境政策法）に始まるとされ、開発事業の実施の可否における民主的な意思決定と、科学的な判断形成の方法との両者を組み入れた手法として考案されました。日本では、高度経済成長期の公害問題を受けて1971年に環境庁が発足した後、環境アセスメント条例が川崎市（1976年）、神奈川県・東京都（1980年）などの先進自治体で制定され、1984年からは閣議決定に基づき国レベルの大規模公共事業にも適用されてきました。その後1992年リオデジャネイロで開催された「国連環境開発会議（地球サミット）」等の国際的な動きを受けて、翌年日本でも環境基本法が成立し、1997年に「環境影響評価法」が制定されました。

都市計画との関係では、環境影響評価法においていわゆる都市計画特例が設けられ、都市計画に定める都市施設および市街地開発事業のうち大規模なものについては、通常は開発事業者が行う環境アセスメントを、都市計画決定に併せて都市計画決定権者が実施することとなりました。これは、環境影響に関する科学的な予測のプロセスと、住民参加を含む都市計画の意思決定プロセスとを、都市計画の枠組みの下で同時並行的に行うとともに、事業者が事業の実施を前提に行うのではなく、都市計画決定権者の地方公共団体が計画判断として行うこととしたものです。

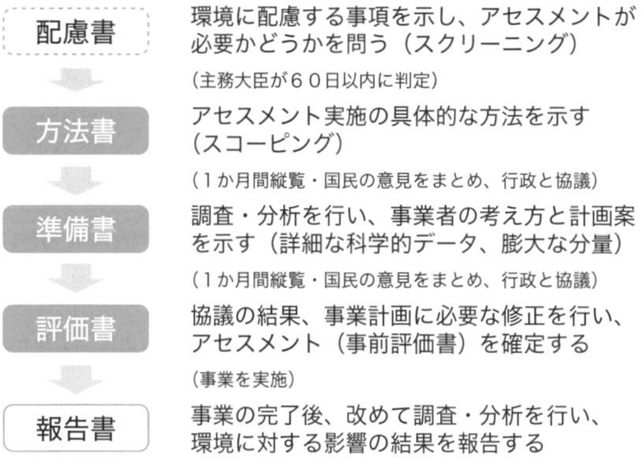

配慮書	環境に配慮する事項を示し、アセスメントが必要かどうかを問う（スクリーニング） （主務大臣が６０日以内に判定）
方法書	アセスメント実施の具体的な方法を示す（スコーピング） （１か月間縦覧・国民の意見をまとめ、行政と協議）
準備書	調査・分析を行い、事業者の考え方と計画案を示す（詳細な科学的データ、膨大な分量） （１か月間縦覧・国民の意見をまとめ、行政と協議）
評価書	協議の結果、事業計画に必要な修正を行い、アセスメント（事前評価書）を確定する （事業を実施）
報告書	事業の完了後、改めて調査・分析を行い、環境に対する影響の結果を報告する

図4・6　環境アセスメントの流れ

環境アセスメントのプロセスは、多段階で時間をかけて念入りに進められます。具体的には、①「配慮書」の作成（スクリーニング：計画立案の段階で環境アセスメントを行う必要があるかを調査）、②「方法書」の作成（スコーピング：評価項目と調査・予測の方法を示す）、③「準備書」の作成（調査・予測の結果から、対策を含めて今後の方針を示す）、④「評価書」の作成（各方面の意見を踏まえて準備書を修正したもの）、⑤「報告書」の作成（工事終了後に実測結果を公表）であり、これらの各段階において文書を公表して広く国民の意見を募り、提出された意見に対する見解書を公表するとともに、関連行政部局との協議を行います（図4・6）。特に、準備書は分量が膨大で、科学的・専門的な内容がびっしりと記載されており、アセスメントの中心になります。

このように、環境アセスメントは、「持続可能な開発」（Sustainable Development）に向けての人類の新たな英知を取り込んだ進歩的な制度と言えますが、一方で、時間と手間を膨大に要するという短所もあり、そのバランスをどこに求めるかは、空間計画の専門家にとって大きな課題であると言えます。

計画事例 1　東京の都市計画基礎調査と土地利用の誘導

①都市計画の見直しの必要性

これからの時代における都市計画の仕事は、すでにある都市をもっと良い状態に改善していくことと、そのための都市計画の見直し（アップデート）です。都市化の時代が終焉し、都市が一見完成されたように見えても、建築物は常に更新され、社会状況も大きく変化を続けています。都市の現実は、決して安定してはいないのです。そこで、詳しい調査データを持って都市の変化をしっかりと掴むとともに、導くべき将来ビジョンをはっきりと打ち立て、規制制度など都市計画の手段を適切に適用することが重要です。

都市計画の見直しを的確に行うためには、都市の現況に対する詳細なデータを時系列的に把握しておくことが前提となります。そこで、東京都では、都市計画法で求められている「都市計画基礎調査」の一環として、「土地利用現況調査」を５年ごとにかなり詳細に実施しています。具体的には、建物１棟ごとの用途・構造・階数を航空写真と現地調査を併用して都市計画区域全域について調査しており、これ

らを GIS（地理情報システム）上にデータ化した上で、「東京の土地利用」という冊子にまとめて一般に公表しています。

一方、時代の変化を先読みし、都市が魅力と競争力を獲得するには、調査データを分析するだけでは不十分で、都市整備の方向性を明確に示し、民間建築活動に対する誘導手段を公正かつ大胆に活用することが求められます。

②都市計画の見直しの流れ

現代の都市計画における民間建築活動の誘導手段は、用途地域など基本的な土地利用規制と、高度な地区計画（例：再開発等促進区）など規制緩

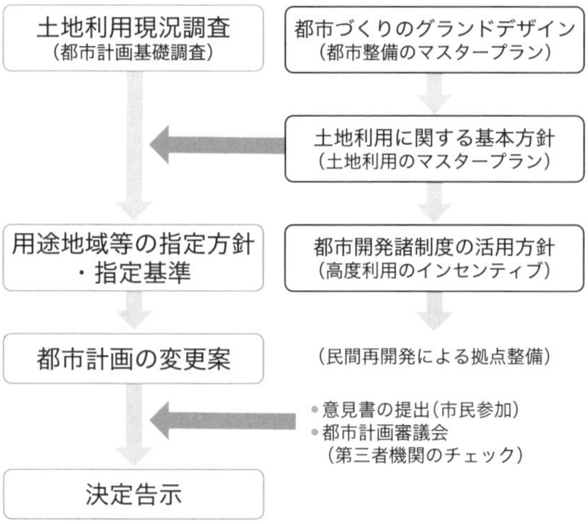

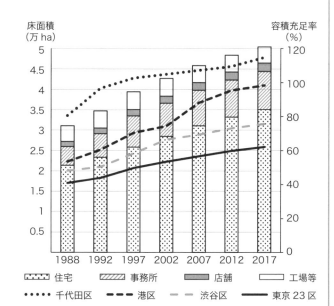

図 4・7　東京都の都市計画見直しの流れ

和を条件付きで行うインセンティブ制度で構成されています。用途地域などの変更は、市街地全体を一律的な原則で規制することから、公正さと公平さが重視されます。一方、インセンティブ制度の適用は、政策的方向性を持った適時・的確な活用が極意です。

図 4・7 は、東京都の都市計画見直しの流れです。用途地域などの見直しは、土地利用現況調査の結果をもとにして、マスタープランが示す方向性を採り入れた「指定基準」の適用により恣意的にはならないように公正な変更案を作成します。一方、再開発等促進区を定める地区計画など「都市開発諸制度」と総称する高さ規制や容積率の緩和措置を伴う高度な開発誘導制度は、別途策定する「活用方針」に基づき、民間事業者の意欲と資金を活用した魅力的な都市拠点の整備を行っています。

③都市計画の見直し後の状況

図 4・8 は、東京都区部の建物用途別床面積と容積充足率（平均指定容積率に対する概算容積率の割合）の推移を、都市計画基礎調査の結果からグラフ化したものです。建物の総床面積がどんどん拡大してきて、容積充足率も上がってきたことがわかります。この間、東京都区部の居住人口や就業人口に大きな変化はないので、1 人当たりの平均床面積が広くなったことを意味しており、居住水準や執務環境が向上したことが表れていると言えます。

なお、図 4・8 で千代田区の容積充足率が100%を上回っていますが、これは容積率の規制緩和を活用したオフィスビルなどの建て替えが進んだことを表しています。

図 4・8　東京都区部の建物床面積の推移（都市計画基礎調査）
（棒グラフは床面積、折れ線グラフは容積充足率）

①計画の背景

　1980年代末のバブル経済がもたらした地価の高騰により、東京都心部の土地が投機の対象となり、居住に使われていた土地があちこちでオフィス開発用に買い上げられ、その結果、都心の居住人口が大幅に減少しました。これに強い危機感を持った東京都心の区役所は、住民の減少を食い止めようと都市計画の手法を駆使して様々な対策を講じました。その1つが「用途別容積型地区計画」と「街並み誘導型地区計画」（10章、p.177）の併用です。

　投機的な土地買収の根源は、事務所用途と住宅用途の収益の差です。オフィスの方が住宅よりも床面積当たりの賃料が高いのです。旺盛なオフィス床需要がある限り、利益を求める経済活動はオフィス建設へと向かいます。一方、交通発生の観点で見ると、オフィス床は住宅床よりも多くの交通を発生させ、特に朝夕の鉄道のラッシュは、都心のオフィス就業者の通勤が大きな原因となっています。都市計画の容積率規制は、交通混雑などのインフラ負荷と建築床による土地利用のバランスを図ることが目的ですから、ここに工夫の種があると、都市計画の専門知識を持つ行政官たちは考えました。

②計画策定の経緯

　建物は床面積が大きいほど、建物の利用者が増えるので、出入りの交通が増大します。また、単位床面積あたりの発生交通量は、オフィス床の方が住宅床よりも大きくなります。そこで、容積率の規制を建物床の用途別に区分して定め、オフィス床を減らして住宅床を増やす建物を誘導することを考えました。ただし、住宅地の容積率規制には良好な住環境を守る目的もあるので、このアイデアを一般的に適用することには無理がありますが、東京の都心部は高密度の居住形態が受け容れられる土地柄であり、加えて、都市全体の機能配置の観点で見れば、郊外居住の都心就業者が都心に移住すれば、その分通勤混雑も減るという効用もあります。そこで、都市計画法・建築基準法を改正して「用途別容積率型地区計画」制度が創設され、東京都中央区が真っ先にこれを都市計画決定しました。

　ところが、これには別の障害がありました。建物の前面道路の幅員が6m程度だと、建築基準法の道路幅員による容積率の低減と道路斜線制限が効いて、せっかくの用途別容積率方式がうまく働かないのです。そこで、今度は建物のセットバックで通行可能な道路幅を実質的に広げるなどの工夫をしたうえで建築基準法の一般則の規制をはずす、「街並み誘導型地区計画」制度を創設しました。そして、東京都中央区では、即座にこの制度による地区計画の都市計画決定を行いました。

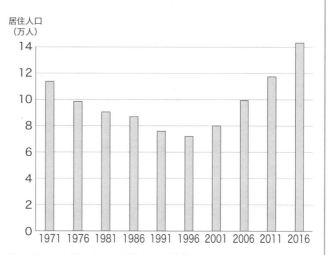

図4・9　東京都中央区の居住人口の推移 （住民基本台帳データより作成）

③計画策定後の状況

　これらのハイテクニックな地区計画の適用と、市街地再開発事業の積極的な展開などがあいまって、東京都心の居住人口はまさにV字回復を遂げました（図4・9）。都市計画手法の戦略的な活用が功を奏した結果と言っていいでしょう。

計画事例3　首都高速道路大橋ジャンクション

①計画の背景

　首都圏の高速道路網の計画は、「3環状9放射」の完成を整備目標としています。大橋ジャンクション（図4・10）は、首都高速道路の中央環状線と3号線〜東名高速道路との結節部分に当たりますが、これをどのようにして建設するかが難問でした。というのは、首都高速中央環状線は都道環状6号山手通りの地下にあり、一方、首都高速3号線は国道246号玉川通り上空の高架道路なのです。地下道路と高架道路をつなぐには、約70mもの高低差を上下する車路が必要です。しかも、この場所は東京都目黒区内の地価が高く建物が密集した市街地にあるのです。

図4・10　首都高速道路大橋ジャンクション（2010年開通）
（出典：東京都都市整備局ウェブサイト「大橋地区」https://www.toshiseibi.metro.tokyo.lg.jp/dainiseibi/tikubetu/oohashi/index.html）

　地下道路と高架道路とをつなぐジャンクションを建設するには、用地を可能な限り節約してらせん状のループ構造で設計するとしても、3haを超える広い面積が必要なことは避けられません。しかし、地価が高く建物が密集しているこの地域で、広大な用地を単純買収で確保していくことは、公共事業の実施の面で時間的にも財政的にも非効率なだけでなく、住民の地域コミュニティを破壊してしまうという観点からも、事業方式に何らかの工夫が必要と考えられました。

②再開発ビルとの一体的整備

　その工夫が、ジャンクションの建設と市街地再開発事業との一体的な事業計画と、道路空間と建築敷地とを重複利用する区域の指定を含む立体道路型地区計画の導入です。公共性の高い事業のため、東京都が施行者となる第二種市街地再開発事業により事業全体を統括し、ジャンクション部分の建設は首都高速道路株式会社が担い、高層マンション部分の建設は特定建築者制度により民間企業グループが担うという、異なる事業者が連携協働する新しい事業方式により、再開発ビル（主に住宅）とジャンクションが一体的に整備されました。

③計画策定後の状況

　自動車交通の面では、大橋ジャンクションの開通で、以前は都心部に流入していた東名高速からの交通が中央環状線経由で振り分けられ、首都高速の混雑緩和に寄与しています。再開発で建設された施設建築物には、目黒区立図書館などが開設されて地域の利便性を高めるとともに、マンションの一部には従前からの居住者が入居して地区内に住み続けることが可能になりました。地域の環境改善への寄与で

は、ループ道路の屋上に「目黒天空庭園」と呼ばれる屋上緑化の公共空間が整備され、周辺住民が都市の眺望を楽しみながら様々な植物が植えられた小径を散策しています。ループの中央にも広場があり、イベントなどに利用されています。

■ 演習問題 4 ■

(1) あなたが関心のある市のホームページから、都市計画図をダウンロードして、どのような計画方針で策定しているか、次の事項についてあなたが考えたことをまとめてください。

❶用途地域（容積率を含む）、高度地区、日影規制

❷都市計画道路の計画

❸公園・緑地系統の計画

❹市街地開発事業の計画

(2) あなたが関心のある政令指定都市のホームページから、都市計画・都市整備関連の局・課のページを見て、最近の重要課題として取り組まれているテーマを選んで、次の事項をまとめてください。

❶そのテーマが重要課題となった背景

❷そのテーマに対する市の取組みの戦略

❸そのテーマに関する市の達成目標

参考文献

1) 東京都都市整備局『東京の土地利用　平成 28 年度東京都区部』2016
2) 国土交通省『第 11 版　都市計画運用指針』2020
3) 財団法人都市計画協会編『近代都市計画制度 90 年記念論集　日本の都市計画を振り返る』2011
4) 公益財団法人都市計画協会『都市計画法制定 100 周年記念論集』2019
5) 公益財団法人 東京都都市づくり公社『東京の都市づくり通史』2019
6) 東京都都市整備局『東京の都市づくりのあゆみ』2019
7) 東京都都市整備局『新しい都市づくりのための都市開発諸制度活用方針』2019

4 章　都市計画の制度

5章
土地利用計画

1 土地利用計画の考え方[1)]

　前章までに、現在に至るまでの都市計画の成り立ち、都市計画の枠組み、計画立案の流れ、法制度の変遷などを学んできました。本章では、都市計画の業務で最初に取り組まれる、都市計画を決める区域の設定および区域内の都市の構造を決める土地利用計画について学びます。具体的には都市計画区域内の土地・建築物の使い方を表す用途地域や、その土地に立地可能な建物に対する規制や制限について学びます。

　都市計画は、市町村の上位計画である総合計画の枠組みの中で、当該市の将来の人口および社会経済状況の変化を予測し、その結果を考慮しながらその都市の目指すべき将来像を都市計画マスタープランで提示します。都市計画の対象地域には平地の他にも山や湖もあります。そこで開発する必要のない区域を除き、都市計画を適用する範囲を決めます。これが都市計画区域です（4章、図4・2）。都市計画区域内には農業振興地域や災害が起こりやすい地域があります。そこで積極的に都市施設整備を進め市街化を促進する市街化区域と、開発を抑制する市街化調整区域に分ける場合があります。これが区域区分です。さらに都市計画区域内では、目指すべき都市の将来像を実現するために、土地を利用目的に応じ区分して用途を設定します。これが地域地区です。また土地・建築物の使い方（用途）が決まると、敷地に対する建築物の大きさ、高さ、配置にも規制がかかります。

　もし、土地や建築物に規制がかからなければ、地価が安い、あるいは交通の便が良い土地に、住居、商業および工業施設が混在し、土地利用としてまとまりのない都市ができてしまいます。このように各用途およびそこに立地する建築物がコントロールできないと、都市計画マスタープランで掲げられた目指すべき都市の将来像が実現できないばかりでなく、居住地区と工業地区が混在してしまう場合もあり、落ち着いた住環境が損なわれてしまうことも十分起こりえます。場合によっては住民と事業所との間で訴訟が頻繁に起きてしまうかもしれません。

　このような問題を未然に防ぐため、土地や建築物の使い方を適切に制限、規制することが土地利用計画の役割です。

2 土地利用計画制度

1 都市計画区域

　都市計画を策定するにあたり、まずはその範囲を決める必要があります。計画策定範囲を都市計画区域と呼びます。都市計画区域を指定することの目的は、都市計画事業を効率的に集中して整備水準を高めること、市街地の拡散を防いで良好な市街地を形成すること、調和のある田園環境を将来にわたって健全な形で構築することです。都市計画区域は、都市計画法第5条において「市又は人口、就業者数そ

の他の事項が政令で定める要件に該当する町村の中心の市街地を含み、かつ、自然的及び社会的条件並びに人口、土地利用、交通量その他国土交通省令で定める事項に関する現況及び推移を勘案して、一体の都市として総合的に整備し、開発し、及び保全する必要がある区域」と定められています。都市計画区域は市町村の行政区域単位にとらわれずに人口規模、市街地の広がり、都市施設の整備状況などを総合的に勘案して決められます。このとき、山岳および森林地帯、湖沼など、都市計画を策定する必要のないところは、規制をかけてしまうことがないように都市計画区域から除きます。都市計画区域の一例を図5・1に示します。図から自治体を跨いで区域が設定されていることがわかります。また、山間部等は区域から除外されています。

都市計画区域では、道路・鉄道・公園・上下水道など都市計画法第11条に定められた都市施設のうち、都市計画決定手続き（6章、図6・1）により法定都市計画となった都市計画施設が整備されます。さらに同法第12条で定められた土地区画整理事業・市街地再開発事業・新住宅市街地開発事業などの市街地開発事業が進められます。また、都市計画区域内では用途地域などの地域地区制の指定が行われ、各種都市計画の法令によって土地利用や建築物の建設に制限・規制を受けることになります。

令和3年3月31日現在

凡　　例			
線引き	4区域	5市町 （4市1町）	都市計画区域 39区域 44市町村 （19市19町6村）
非線引き 用途地域あり	28区域	32市町村 （15市14町3村）	
非線引き 用途地域なし	7区域	8市町村 （1市4町3村）	

注）複数市町村で都市計画区域を構成したり、
　　複数の都市計画区域をもつ市があるため、
　　市町村数の計は一致しない。

図5・1　長野県圏域の都市計画区域（出典：長野県都市まちづくり課 都市計画資料『長野県圏域の都市計画区域』）[2]

表5・1　都市計画区域面積、人口、区域数の実態 [3]

	区域面積（ha）	（区域面積/国土面積） ×100（%）	区域内人口（千人）	（区域内人口/総人口） ×100（%）	区域数
2014年	10,188,428	27.0	120,149.8	94.5	1,076
2019年*	10,244,615	27.0	119,987.7	95.1	1,003

＊：2019年3月31日現在

都市計画区域は、大きく以下の2つに分類されます。

1) 中心の市街地を含み、一体の都市として総合的に整備、開発または保全すべき区域

2) 新たに住居都市、工業都市その他都市として開発、保全する必要がある区域

ここで中心の市街地とは、市または以下の要件(都市計画法施行令第2条を要約)に該当する町村です。

①人口1万人以上で、かつ商工業その他都市的業態従事者が全就業者数のうち5割以上であること

②発展の動向、人口及び産業の将来の見通しから概ね10年以内に①に該当すると認められること

③中心の市街地を形成している区域の人口が3000人以上であること

④温泉その他観光資源があり、多数の人が集中するため、特に良好な都市環境の形成を図る必要があること

⑤災害により市街地を形成している区域の相当数の建築物が滅失した場合に、その市街地の健全な復興を図る必要があること

　一方、都市計画区域外では、原則、土地利用や建築物に制限・規制はかかりません。例えば都市計画区域外に家を建てる場合、確認申請が不要の場合が出てきます。例として、木造2階建てで延べ面積500m² 以下、高さ13m 以下、軒の高さ9m 以下の一戸建て住宅は、建築基準法第6条第1項第4号に該当し、都市計画区域外に建築する場合は確認申請が不要になります。

　さて、国土のどの程度が都市計画区域に含まれているのでしょう。表5・1に、都市計画区域面積、人口、区域数の実態を示します。

　現在、都市計画区域は国土面積の約27%を占めていることがわかります。日本の総人口は2014年から5年間で約92万人減少し、同区域内でも16万人以上減少していますが、総人口に対して区域内人口は95%を占め、5年前よりも微増しています。総人口が減少していることから区域外の人口の減少幅の方が大きいことがわかります。また、区域面積は微増していることから都市計画区域内の人口密度は減少しつつも、総人口のうち都市計画区域に居住している人の割合は増えていることがわかります。

　一方、区域数は減少しています。市町村合併が進んだことから市町村では行政区域が拡大しました。しかし、合併後の行政区域が、「一体の都市として総合的に整備、開発または保全する」にふさわしい圏域とは言えない実態が生じています。同様に市街地の拡大やモータリゼーションの進展等により現在指定されている都市計画区域が「一体の都市として総合的に整備、開発または保全」すべき範囲とは必ずしも整合していない状況も生じています。都市計画区域については、これらを勘案し、市町村の行政区域のみにとらわれることなく、区域を指定する目的を達成するために適切な広がりとなるよう、適宜必要な再編・統合が行われるようになりました。

2 準都市計画区域

　現在、都市計画区域外は、開発面積が1ha 以上の大規模な宅地造成以外は、都市計画法上の許可が不要であり、開発区域内の道路や排水施設などの技術的基準に関する規制はありません。このため、小規模な開発が行われる可能性が高く、各自治体が目標とする都市の将来像の実現を阻害することになりかねません。とくにトラフィック機能が高い高速道路のインター周辺や幹線道路の沿道では大規模な開発

が進む傾向にあります。放置しておくと無秩序な土地利用や良好な環境の喪失が進んでしまいます。

　以上の背景から、都市計画法第5条において、当該都市計画区域外で「土地利用の規制の状況その他国土交通省令で定める事項に関する現況及び推移を勘案して、そのまま土地利用を整序し、又は環境を保全するための措置を講ずることなく放置すれば、将来における一体の都市としての整備、開発及び保全に支障が生ずるおそれがある」、すなわち無秩序な開発や建築行為などの乱開発を食い止める必要があると認められる区域を準都市計画区域と指定することができます。あらかじめ準都市計画区域を指定しようとする市町村および当該都道府県都市計画審議会の意見を聴いた上で、都道府県が指定する決定事項です。なお、森林法や自然公園法などの他法令による土地利用の規制がある区域や、山岳地帯や中山間地など今後も新たな宅地等の開発が想定されない区域は指定されません。また、農業振興地域の変更は行われません。農地を宅地化するには、従来通り農振除外、農地転用などの手続きが必要です。

　都市計画区域においては都市計画税を徴収することができます。しかし、準都市計画区域においては都市計画税を徴収することはできません。すなわち土地利用の制限のみ行われます。

　区域内で指定される土地利用の規制は、後述する地域地区のうち用途地域、特別用途地域、特定用途制限地域、高度地区、景観地区、風致地区、緑地保全地域、伝統的建造物群保存地区の8つです。

3 区域区分

①区域区分の必要性と現状

　区域区分とは都市計画区域を市街化区域と市街化調整区域に分けることです。これは急速な都市拡大に伴って生じる市街地のスプロールに対処するためです。

　人口や様々な産業が急激に都市へ集中することにより、都心部および周辺部の土地取得が進み、結果として地価の高騰が生じるため、地価の低い地域に市街地ができてしまいます。このため市街地が虫食い状に無秩序に郊外へ進行してしまいます。この現象がスプロールです。この場合、道路や下水道などの必要最小限の施設さえ備えていない低質な市街地ができてしまう可能性があります。このような市街地に社会活動に必要な公共投資が追随的になされるため、都市施設の整備が非効率となってしまう問題も生じます。

　以上のようにスプロールの防止と公共投資の効率化を図ることを目的に、積極的に市街化を促進する市街化区域と、市街化を抑制する市街化調整区域に分けることを区域区分といいます。区域を2つに分ける境界線を引くことから「線引き制度」とも呼ばれています。

　区域区分は都市計画法第7条で定められています。人口増加に対応するため制度化されたもので、当初は政令により大都市等の都市計画区域に設定されました。しかし、地方分権の進展および人口減少社会への対応のため、2000年に法改正され、区域区分の必要性については都市計画区域を指定する都道府県が、地域の実情に応じて都市計画区域マスタープランの中で選択することとなりました。

　区域区分が義務付けられている都市圏は、首都圏と近畿圏の既成市街地・近郊整備地帯等、中部圏の都市整備区域、指定都市の区域の全部または一部です。ただし、2013年の法改正で指定都市の区域の全部または一部を含む都市計画区域のうち、その区域内の人口が50万人未満の場合は、区域区分を定めな

表 5·2　全国の区域区分の面積、人口、都市計画区域に占める面積割合（%）の推移 [3]

年度	都市計画区域		市街化区域			市街化調整区域			線引き
	面積 (ha)	人口 (千人)	面積 (ha)	人口 (千人)	面積割合 (%)	面積 (ha)	人口 (千人)	面積割合 (%)	面積割合 (%)
2014	10,188,428	120,149.8	1,448,003	88,714.2	14.2	3,803,314	10,955.2	37.3	51.5
2019*	10,244,615	119,987.7	1,451,092	89,160.7	14.2	3,768,897	10,426.6	36.8	51.0

＊：2019 年 3 月 31 日現在

くてもよいことになっています。

　それでは、全国の区域区分の面積、人口の推移を表 5·2 で見てみましょう。都市計画区域のうち、区域区分されている面積（線引き都市計画区域）の割合がわずかですが多いことがわかります。市街化調整区域に対する市街化区域の面積は、約 0.39 倍、人口は約 8.6 倍ですので、面積が狭い市街化区域に人口が集中していることがわかります。近年、集約型都市構造の形成により市街地の縮減を目指していますが、経年変化を見ると市街化区域の面積はわずかながら増加していることがわかります。

②市街化区域および市街化調整区域の設定

　市街化区域は、「すでに市街地を形成している区域および概ね 10 年以内に優先的かつ計画的に都市施設の整備と市街地開発事業を推進し市街化を図るべき区域」とされています。ここで、すでに市街地を形成している区域である既成市街地は「人口密度が 40 人 / ha 以上のまとまりをもった、人口が 3000 人以上の区域と、この区域に接続した周辺区域で建築物の敷地などの合計面積が当該区域面積の 3 分の 1 以上になる範囲で、いずれも 50ha 以下の整形された土地の区域ごとに算定される」（都市計画法施行規則第 8 条）が目安となります。また、市街化を図るべき区域は「既成市街地の周辺部、土地区画整理事業区域・公的機関等および民間開発事業者による開発区域・幹線道路の沿道で地区計画を定める区域等・地区計画の定められた区域等・公有水面埋立事業による区域などの新市街地、計画的開発の見通しのある住宅適地・工業適地等と一体の周辺既存集落等を含む新市街地」が目安となります。

　一方、市街化調整区域は、乱開発防止のため当分の間は市街化を抑制すべき区域です。具体的には、「開発を行うと自然災害が生じる可能性のある土地。鉄道・道路・河川及び用排水施設の整備の見通しが立たず水の供給が著しく困難な地域。農業に相当な投資が行われていて長期にわたり農用地として保存することが妥当な地域。優れた自然の風景を維持し、都市の環境を保持し、水源を涵養し、土砂の流出を防備する等のため保全すべき地域」とされています。

　市街化区域では少なくとも用途地域を定めます。一方、市街化調整区域は原則として用途地域は指定しません。

　ここで、線引き都市計画区域・非線引き都市計画区域における市街化区域、市街化調整区域、用途地域、農業振興地域の関係を図 5·2 に示します。

　都市計画で頻繁に出てくる語句を確認しましょう。図 5·2 で白地地域（後述の農振農用地区域外）とは、都市計画区域および準都市計画区域内のうち用途地域が定められていない地域を指します。市街化区域および市街化調整区域の区域区分を行っている都市計画区域では市街化調整区域が白地地域に該当します。

　農業振興地域とは、優良な農地を確保・保全する地域です。農業の健全な発展を図り、資源の合理的な利用を行っていくことを目的としています。

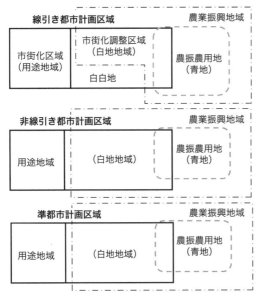

図 5·2　都市計画区域、市街化区域、市街化調整区域、用途地域、農業振興地域の関係図

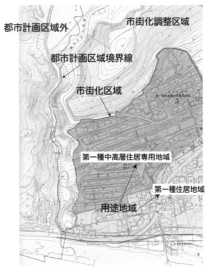

図 5·3　長野市の市街化区域・市街化調整区域・用途地域の関係
（出典：長野市都市政策課 都市計画図（2018）の複写図に筆者加筆）[4]

その中でも農振農用地では、今後 10 年以上にわたり農業利用を確保するため、農地以外の利用を厳しく制限しています。「農業振興地域内農用地区域内農地」の略語で、「青地」とも呼ばれています。

市街化調整区域内で農業振興地域が重なっていない地域は、白白地と呼ばれることがあります。市街地調整区域の一部を農業振興地域から外すことで将来の市街化区域化に備えます。

区域区分、すなわち線引きは原則として 5 年ごとに地域の発展の動向や地価の動向をもとに見直されます。「5 年ごと」の理由は、短期間では目標が十分に達成できないだけでなく、計画に混乱をきたす可能性が高いためです。見直しの際には、市街化区域は、広すぎると整備が行き届かないし、狭いと地価が高騰してしまうことを考慮する必要があります。

長野市の区域区分の例を図 5·3 に示します。市街化区域は市街化調整区域と比較すると建物や道路などの配置が密であることがわかります。さらに用途地域では用途に応じた計画的整備が進められている様子が伺えます。

3　土地利用規制

1　地域地区制

　地域地区制（都市計画法第 8 条）とは、建築物の用途・容積・構造などに対する規制を、都市計画区域内および準都市計画区域内の各地域に具体的に示す制度です。土地の開発や建築物の建設を行う市民・企業・公共団体は地域地区制に指示された条件を守って進めなければなりません。建築物に対して一定の制限が課された地域地区が実施されれば、指定された地域地区に沿った建築物が建てられるので、目指すべき都市像の目標とした機能と環境が徐々に実現していくという考え方に基づいた制度です。

表 5・3　地域地区の類型、種類　（【　】内は 2015-2019 年の指定都市数。都市計画調査に基づき作成）[3),5)]

類型	種　類 （主な適用法。なおいずれの地域地区も都市計画法第 9 条が適用される）【指定都市数】	
用途	用途地域 （建築基準法 48 条）【1187-1191】	特別用途地区 （建築基準法 49 条）【405-438】
	特定用途制限地域 （建築基準法 49 条の 2）【61-80】	特定用途誘導地区　（都市再生特別措置法第 109 条、建築基準法第 60 条の 3）【設定なし -2】
	居住調整地域（都市再生特別措置法第 89 条）【設定なし -2】	
防火	防火および準防火地域（建築基準法第 61、62 条） 【743-745】	特定防災街区整備地区 （密集市街地整備法第 31 条、建築基準法第 67 条）【8-10】
形態	高度地区（建築基準法第 58 条）【214-221】	特定街区（建築基準法第 60 条）【17-17】
	高度利用地区 （建築基準法第 59 条）【276-279】	高層住居誘導地区（建築基準法第 57 条の 5）【1-1】
	特例容積率適用地区（建築基準法第 57 条の 2）【1-1】	都市再生特別地区 （都市再生特別措置法第 36 条、建築基準法第 60 条の 2）【14-16】
景観	景観地区 （景観法第 61 条、建築基準法第 68 条）【21-30】	伝統的建造物群保存地区 （文化財保護法第 143 条）【58-63】
	風致地区 （都市計画法第 58 条第 1 項）【224-224】	歴史的風土特別保存地区（古都保存法第 6 条）【9-10】
	第一種及び第二種歴史的風土保存地区（古都保存法第 4〜8 条）【1-1】	
緑	緑地保全地域（都市緑地法第 5 条）【0-0】	特別緑地保全地区 （都市緑地法第 12 条）【76-81】
	緑化地域 （都市緑地法第 34 条）【4-4】	生産緑地地区 （生産緑地法第 3 条）【222-222】
特定機能	駐車場整備地区（駐車場法第 3 条）【121-121】	臨港地区 （港湾法第 38 条）【329-332】
	流通業務地区 （流通業務市街地整備法第 4 条）【27-27】	航空機騒音障害防止地区および特別地区 （特定空港周辺航空機騒音対策特別措置法第 4 条）【5-5】

2 地域地区の種類 [6)]

　地域地区は用途、防火、形態、景観、緑、特定機能の 6 つの類型に分類され、2019 年時点で 26 種類（細分で 29 種類）の地区制が設けられています。地域の特性を考慮し、都市の将来像の実現に向けた適切な地域地区を選定することが求められます。表 5・3 に地域地区の類型、種類と適用される法を示します。

　表 5・3 の指定都市数を見ると、用途地域および特別用途地区、防火地域および準防火地域の指定が特に多く、土地利用の適切な誘導および安全を考慮したまちづくりのために活用されていることがわかります。一方、高層住居誘導地区や特例容積率適用地区のように特定の都市でしか指定されていないものもあることがわかります。2015 年に対する 2019 年の指定都市数の動向を確認すると、短期間のうちに特別用途地区が 30 以上増加していることがわかります。近年、地場産業の保護・育成の取組みが増え、用途地域等による指定基準が合わなくなり、用途の規制緩和を目的に都市の実態により対応するため特別用途地区を指定する例が増えたことも一因と考えられます。次節では特に多くの都市で指定され、市街化区域では指定が義務づけられている用途地域について説明します。

4 用途地域と建築の規制

1 用途地域制

　用途地域の目的は、都市計画マスタープランで描かれた都市の将来像の実現のために、良好な市街地

の形成と住居、商業、工業系の各用途の適切な配置を誘導しようとするものです。住居・商業・工業の用途の混在をできるだけ避けるため、土地や立地する建築物の用途を規制します。また建築物の形態、密度の配分等に関する規制を定めます。

バブル期には、地価高騰によって住居系用途地域に事務所等の用途が無秩序に進出しました。そこで1992年に住環境の保護を目的に、それまで8種類だった用途地域が12種類に細分類されました。

また、市街化区域では市街化促進を目的に、農地にも高額の固定資産税が課せられたため、農地から宅地への変更が進みましたが、1974年に生産緑地法が制定されたことで、農業を営めば税制上の優遇を受けることができるようになり、都市近郊に農地が戻るようになりました。一方、この生産緑地法は2022年までという期限が定められているため、期限が切れる時期には宅地として売却する人が増える可能性があります。そこで、田畑と市街地の共存を図る目的で田園住居地域が追加され、2018年に用途地域が13種類になりました。

なお、区域区分がされていない地域には、必ずしも用途地域を指定する必要はありませんが、「非線引き白地地域」では用途制限を課す目的で「特定用途制限地域」を設けることができます。

用途地域における用途の規制は、おもに建築基準法の規定によります（建築基準法第48条別表2）。用途地域の種類と概要およびイメージを図5・4に示します。

図5・4から、第一種中高層住居専用地域、第一種住居地域、近隣商業地域、準工業地域の指定数が多いことがわかります。一方、低層住居専用地域は多少ですが近年、減少傾向が見られています。自然災害の激甚化への対応として、土砂災害警戒区域に近接する第一種低層住居専用地域等の住居系用途を市街化区域から外す「逆線引き」が議論されるようになりました。また集約型都市形成実現に向け居住誘導区域を縮減する可能性もあることから、今後の低層住居専用地域の動向を注視していく必要があります。

なお、建築基準法第48条の但し書きでは、「周辺市街地環境を害するおそれがない又は公益上やむを得ないと認める場合に限って用途規制の特例を許可する」とされています。例えば用途規制の特例許可として、2016年には人口減少・少子高齢化の現状を踏まえ、「第一種、二種低層住居専用地域において日常的生活圏域にも配慮して、主要な生活道路に面する地域等であって、コンビニエンスストア、ベーカリーショップ等を含む住民の日常生活のための小規模な店舗等を許容することがふさわしいと認められる地域については、地域の実情やニーズに応じて、必要に応じ第二種低層住居専用地域への変更等、用途地域指定のきめ細かい運用を図る」とされました。具体的な用途地域の建築物制限を表5・4に示します。

用途地域について、都市計画法と建築基準法で定める項目の比較を表5・5に示します。各法を適切に活用することで目的に合った土地利用が実現します。

2　単体規定・集団規定

地域地区では建築基準法が大きくかかわっていることを前項で確認しました。建築基準法は大きく分けると単体規定、集団規定に分類されます。表5・6に単体規定、集団規定の内容を示します。

都市計画法に基づいて用途地域が指定されると、それぞれの目的に応じて建物の種類（表5・4）、建蔽率、容積率、高さ制限（第一種・第二種低層住居専用地域・田園住居地域）、前面道路幅員別容積率制限

第1種低層住居専用地域【987-986】

優れた住居環境の保護を図る低層住宅用地。容積率制限も建蔽率制限も低い。小規模な店舗や事務所を兼ねた兼用住宅、小中高校が建てられる。「一低層」と略す。
庭や駐車場がとれる閑静な住宅街。小規模店舗しか建てられないので、日常的な買い物や飲食は不便を感じる。

第2種低層住居専用地域【452-450】

住居環境の保護を図る低層住宅用地。容積率制限も建蔽率制限も低いが絶対高さが一低層より高い。床面積が150㎡までの店舗が建てられる。
小規模な飲食店、コンビニなどが建てられるので、生活面では一低層より便利になる。

第1種中高層住居専用地域【1082-1085】

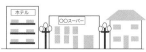

優れた住居の環境の保護を図る中高層住宅地の専用地域。病院、大学、床面積が500㎡までの一定の店舗などが建てられる。
日常の買い物がしやすくなる。集合住宅、2階・3階建の戸建、店舗が混在した住宅地になる。

第2種中高層住居専用地域【787-791】

必要な利便施設の立地を認める中高層住宅の専用地域。病院、大学などのほか、1500㎡までの店舗や事務所などが建てられる。
快適な住環境を維持しつつ、利便性が高い施設、事務所も建てられ、職と住が近接する。

第1種住居地域【1194-1198】

住居の環境を保護するため、大規模な店舗と事務所などの立地を制限。3000㎡までの店舗、事務所、ホテル、スポーツ施設、マンションなどが建てられる。

第2種住居地域【965-972】

住居の環境を保護する地域。店舗、事務所、ホテル、カラオケボックス等の遊戯施設が建てられる。10000㎡までの店舗、3000㎡を超す事務所が建てられる。住環境を保護するための配慮が必要な地域。

準住居地域【660-666】

道路の沿道において、自動車修理工場、小さな劇場・映画館、営業用倉庫、危険が少ない工場などの立地と、これらと調和した住居の環境を保護するための地域。

田園住居地域【2018年4月新設のため0】

農地や関連施設などと調和した低層住宅の住環境を保護する地域。農産物の生産施設や資材倉庫等、500㎡までの地場農産物販売店舗等、農業の利便増進に必要な店舗・飲食店であれば建てることが可能。

近隣商業地域【1139-1145】

日常生活用商業の中心地としてまわりの住民が日用品の買物などをするための地域。容積率・建蔽率が高度に認められているので、住宅の日照問題が生じやすい。スーパーマーケット、飲食店、展示場、遊技場など商店街が形成され、賑やかな環境になる。

商業地域【961-967】

都心や副都心のように、デパート、官公庁・事務所、銀行、卸売店、映画館、飲食店、マンションなどの施設を集中して立地させる地域。幹線道路沿いに商業的施設の立地を指定することがある。防火地域と重ねることも多い。高い容積率と建蔽率が認められている。地価も高く居住機能を重視した住宅立地には適さない。

準工業地域【1117-1125】

軽工業地、トラックターミナル、流通業務施設、自動車修理工場・販売店などの立地が主要幹線街路沿いに指定されることが多い。危険性、環境悪化が大きい工場のほかは、ほとんどが建てられる。住宅や店舗、工場が混在して立地することが多い。

工業地域【873-881】

重化学工業地などに指定。どんな工場でも建てられる地域で、病院・学校・ホテルなどの公共的で多数の人が集まる施設は制限される。住宅の立地も可能。転出した工場跡にマンションが立地するなどの課題も見られる。

工業専用地域【606-608】

まとまった規模の工業地、臨海部工業用埋め立て地などに指定され、工業系施設とその関連施設しか立地が認められない。住宅、人が多数集まる施設、店舗、学校、病院、ホテルなど、工業地の土地活用に支障がある用途の建築が禁止される。

図5・4 用途地域の種類と概要およびイメージ（【 】内は2015-2019年の指定都市数。都市計画調査[3]、建築関係法の概要[8]を一部引用）

表 5・4　用途地域の建築物制限表（出典：国土交通省都市局都市計画課『土地利用制度　建築物用途の制限』2020、スライドNO.20）[7]

用途地域内の建築物の用途制限
○建てられる用途
×建てられない用途
①、②、③、④、▲、■：面積、階数等の制限あり

用途	第一種低層住居専用地域	第二種低層住居専用地域	第一種中高層住居専用地域	第二種中高層住居専用地域	第一種住居地域	第二種住居地域	準住居地域	田園住居地域	近隣商業地域	商業地域	準工業地域	工業地域	工業専用地域	備考
住宅、共同住宅、寄宿舎、下宿	○	○	○	○	○	○	○	○	○	○	○	○	×	
兼用住宅で、非住宅部分の床面積が、50m²以下かつ建築物の延べ面積の2分の1未満のもの	○	○	○	○	○	○	○	○	○	○	○	○	×	非住宅部分の用途制限あり。
店舗等の床面積が150m²以下のもの	×	①	②	③	○	○	○	①	○	○	○	○	④	① 日用品販売店舗、喫茶店、理髪店、建具屋等のサービス業用店舗のみ。2階以下　② ①に加えて、物品販売店舗、飲食店、損保代理店・銀行の支店・宅地建物取引業者等のサービス業用店舗のみ。2階以下　③ 2階以下　④ 物品販売店舗及び飲食店を除く。　■農産物直売所、農家レストラン等のみ。2階以下
店舗等の床面積が150m²を超え、500m²以下のもの	×	×	②	③	○	○	○	■	○	○	○	○	④	
店舗等の床面積が500m²を超え、1,500m²以下のもの	×	×	×	③	○	○	○	×	○	○	○	○	④	
店舗等の床面積が1,500m²を超え、3,000m²以下のもの	×	×	×	×	○	○	○	×	○	○	○	○	④	
店舗等の床面積が3,000m²を超え、10,000m²以下のもの	×	×	×	×	×	○	○	×	○	○	○	○	④	
店舗等の床面積が10,000m²を超えるもの	×	×	×	×	×	×	×	×	○	○	○	×	×	
事務所等の床面積が150m²以下のもの	×	×	×	▲	○	○	○	×	○	○	○	○	○	▲2階以下
事務所等の床面積が150m²を超え、500m²以下のもの	×	×	×	▲	○	○	○	×	○	○	○	○	○	
事務所等の床面積が500m²を超え、1,500m²以下のもの	×	×	×	▲	○	○	○	×	○	○	○	○	○	
事務所等の床面積が1,500m²を超え、3,000m²以下のもの	×	×	×	×	○	○	○	×	○	○	○	○	○	
事務所等の床面積が3,000m²を超えるもの	×	×	×	×	○	○	○	×	○	○	○	○	○	
ホテル、旅館	×	×	×	×	▲	○	○	×	○	○	○	×	×	▲3,000m²以下
ボーリング場、スケート場、水泳場、ゴルフ練習場等	×	×	×	×	▲	○	○	×	○	○	○	○	×	▲3,000m²以下
カラオケボックス等	×	×	×	×	▲	▲	○	×	○	○	○	▲	▲	▲10,000m²以下
麻雀屋、パチンコ屋、射的場、馬券・車券発売所等	×	×	×	×	▲	▲	○	×	○	○	○	▲	×	▲10,000m²以下
劇場、映画館、演芸場、観覧場、ナイトクラブ等	×	×	×	×	×	▲	○	×	○	○	○	×	×	▲客席及びナイトクラブ等の用途に供する部分の床面積200m²未満
キャバレー、個室付浴場等	×	×	×	×	×	×	×	×	×	○	▲	×	×	▲個室付浴場等を除く。
幼稚園、小学校、中学校、高等学校	○	○	○	○	○	○	○	○	○	○	○	×	×	
大学、高等専門学校、専修学校等	×	×	○	○	○	○	○	×	○	○	○	×	×	
図書館等	○	○	○	○	○	○	○	○	○	○	○	○	×	
巡査派出所、一定規模以下の郵便局等	○	○	○	○	○	○	○	○	○	○	○	○	○	
神社、寺院、教会等	○	○	○	○	○	○	○	○	○	○	○	○	○	
病院	×	×	○	○	○	○	○	×	○	○	○	×	×	
公衆浴場、診療所、保育所等	○	○	○	○	○	○	○	○	○	○	○	○	○	
老人ホーム、身体障害者福祉ホーム等	○	○	○	○	○	○	○	○	○	○	○	○	×	
老人福祉センター、児童厚生施設等	▲	▲	○	○	○	○	○	▲	○	○	○	○	○	▲600m²以下
自動車教習所	×	×	×	▲	○	○	○	×	○	○	○	○	○	▲3,000m²以下
単独車庫（附属車庫を除く）	×	×	▲	▲	▲	▲	○	○	○	○	○	○	○	▲300m²以下2階以下
建築物附属自動車車庫　①②③については、建築物の延べ面積の1／2以下かつ備考欄に記載の制限	①	①	②	②	③	③	○	①	○	○	○	○	○	① 600m²以下1階以下　③ 2階以下　② 3,000m²以下　2階以下　※一団地の敷地内について別に制限あり。
倉庫業倉庫	×	×	×	×	×	×	○	×	○	○	○	○	○	
自家用倉庫	×	×	×	①	②	○	○	■	○	○	○	○	○	① 2階以下かつ1,500m²以下　② 3,000m²以下　■農産物及び農業の生産資材を貯蔵するものに限る。
畜舎（15m²を超えるもの）	×	×	×	×	▲	○	○	○	○	○	○	○	○	▲3,000m²以下
パン屋、米屋、豆腐屋、菓子屋、洋服店、畳屋、建具屋、自転車店等で作業場の床面積が50m²以下	×	▲	▲	▲	○	○	○	▲	○	○	○	○	○	原動機の制限あり。▲2階以下
危険性や環境を悪化させるおそれが非常に少ない工場	×	×	×	×	①	①	①	■	②	②	○	○	○	原動機・作業内容の制限あり。作業場の床面積　① 50m²以下　② 150m²以下　■農産物を生産、集荷、処理及び貯蔵するものに限る。
危険性や環境を悪化させるおそれが少ない工場	×	×	×	×	×	×	×	×	②	②	○	○	○	
危険性や環境を悪化させるおそれがやや多い工場	×	×	×	×	×	×	×	×	×	×	○	○	○	
危険性が大きいか又は著しく環境を悪化させるおそれがある工場	×	×	×	×	×	×	×	×	×	×	×	○	○	
自動車修理工場	×	×	×	①	①	②	③	×	③	○	○	○	○	原動機の制限あり。作業場の床面積　① 50m²以下　② 150m²以下　③ 300m²以下
火薬、石油類、ガスなどの危険物の貯蔵・処理の量　量が非常に少ない施設	×	×	×	①	②	○	○	○	○	○	○	○	○	① 1,500m²以下 2階以下　② 3,000m²以下
量が少ない施設	×	×	×	×	×	○	○	○	○	○	○	○	○	
量がやや多い施設	×	×	×	×	×	×	×	×	×	×	○	○	○	
量が多い施設	×	×	×	×	×	×	×	×	×	×	×	○	○	

（注1）本表は、改正後の建築基準法別表第二の概要であり、全ての制限について掲載したものではない。
（注2）卸売市場、火葬場、と畜場、汚物処理場、ごみ焼却場等は、都市計画区域内においては都市計画決定が必要など、別に規定あり。

表 5·5　用途地域について都市計画法および建築基準法で定める項目[5]

都市計画法で定める項目	建築基準法で定める項目
・用途地域の目的 ・用途地域の種類と区域、容積率・建蔽率・斜線規制などの規制値の選択 ・都市計画決定手続き など	・用途地域の適用種類に応じた制限内容（用途、容積率、建蔽率、高さ、外壁後退距離、敷地面積） ・建築確認 ・違反事項の是正 など

表 5·6　単体規定・集団規定の対象と概要[8]

	対象	概要
単体規定 【建築物の安全性確保】	敷地（衛生・安全の確保）	雨水排水溝、盛土等についての仕様規定。
	構造（地震等による倒壊の防止）	構造部材、壁量等についての仕様規定。限界耐力計算等の性能規定。
	防火・避難（火災からの人命の確保）	耐火構造、避難階段等についての仕様規定。耐火設計法、避難安全検証法等の性能規定。
	一般構造・設備（衛生・安全の確保）	採光、階段、給排水設備等についての仕様規定。エレベーター強度検証法等の性能規定。
集団規定 【健全なまちづくり】	用途規制（土地利用の混乱の防止）	用途地域ごとの建築制限についての仕様規定。
	形態規制（市街地の環境の維持）	容積率、斜線制限等についての仕様規定。
	接道規制（避難・消防等の経路確保）	敷地と道路の関係についての仕様規定。

（道路幅員に乗ずる数値）、道路斜線制限、隣地斜線制限、日影規制の制限が建築物に適用されます。用途規制は前項で説明しましたので、次に形態規制と接道規制について説明します。なお、建築基準法の適用によって、建築物には全国一律の規制がかかります。これにより当該地域の事情に応じた裁量を排除できることから、全国共通の建築行政が確保できます。しかしながら、法令の持つ強制力から、地域特性および個別の事情を考慮したより適切な対応が実施できなくなる可能性があります。

3 形態規制[9]

①容積率（建築基準法第 52 条）

建築階数を制限し、定住人口をコントロールし、電力消費や下水処理および交通発生量などの社会経済活動を適正な量に誘導することによって、建築物と道路等の公共施設とのバランスを確保することを目的とした制限指標です。本目的の達成により市街地環境の確保を図ります。2000 年以前、白地地域では容積率が 400% まで認められるなど商業地域並みの規制が適用されていたため開発が進行していましたが、2000 年の建築基準法の改正により、容積率など形態の制限を特定行政庁が定めることが可能になりました。

図 5·5 に敷地と建築物の面積との関係を示します。容積率 F_a は建築物の延べ面積が敷地面積に占める割合で表されます。一般的には、

$$F_a = \frac{\sum_{i=1}^{N} a_i}{S} \times 100 \ (\%) \ (i：階数 \quad i = 1, \cdots N)$$

で算出されます。

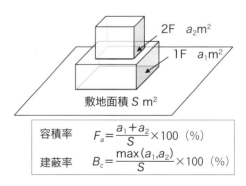

容積率	$F_a = \dfrac{a_1 + a_2}{S} \times 100$ （%）
建蔽率	$B_c = \dfrac{\max(a_1, a_2)}{S} \times 100$ （%）

図 5·5　敷地と建築物の面積（2 階建ての場合）

②建蔽率（建築基準法第53条）

　敷地内の建築物の密度が高まるにつれて敷地内の空地が減少します。建蔽率の規制は、それ以上新た
に建築物を建てると日が当たらない、風通しが良くないなど安全性、快適性、健康の面から環境が阻害
される状況を防ぐことを目的としています。具体的には建築物の採光、通風を確保するとともに、良好
な市街地環境の確保を図ろうとするものです。

　建蔽率 B_c は、図5·5の敷地と建築物の面積に基づき、建築物の建築面積（真上から見た平面図で最大
となる階数の面積）が敷地面積に占める割合で表されます。一般的には、

$$B_c = \frac{\max\ (a_1, a_2, \cdots a_N)}{S} \times 100\ （\%）$$

で算出されます。なお、軒、
ひさし、はねだし縁（バル
コニー）が1m以上突き出
している場合は、その先端
から1mを引いた残りの部
分を建築面積に加えます。

　容積率、建蔽率の上限は、
表5·7で示した建築基準法
で規定された数値の中か
ら、当該区域における市街
地環境の悪化を招くことが
ないよう考慮して都市計画
で決めます。

表5·7　容積率と建蔽率の上限値 [9)]

用途地域	建蔽率	容積率
第一種低層住居専用地域	30·40·50·60	50·60·80·100·150·200
第二種低層住居専用地域	30·40·50·60	50·60·80·100·150·200
第一種中高層住居専用地域	30·40·50·60	100·150·200·300·400·500
第二種中高層住居専用地域	30·40·50·60	100·150·200·300·400·500
第一種住居地域	50·60·80	100·150·200·300·400·500
第二種住居地域	50·60·80	100·150·200·300·400·500
田園住居地域	30·40·50·60	50·60·80·100·150·200
準住居地域	50·60·80	100·150·200·300·400·500
近隣商業地域	60·80	100·150·200·300·400·500
商業地域	80	200·300·400·500·600·700· 800·900·1000·1100·1200·1300
準工業地域	50·60·80	100·150·200·300·400·500
工業地域	50·60	100·150·200·300·400
工業専用地域	30·40·50·60	100·150·200·300·400

　なお、容積率は、前面道路の幅員が12m未満の場合、前面道路の幅員に用途地域による係数（0.4、住
居系以外では0.6）を乗じて容積率の上限を算出し、都市計画による指定容積率と前面道路による容積
率を比較し、小さい方を容積率の上限として採用することになっています。また、容積率の特例として
住宅と老人ホーム等で地下室をつくる場合の容積率の扱いについては、用途に供する部分の床面積の合
計の3分の1を限度として、延べ床面積に地下室の面積を算入しないこととされています。

　建蔽率の特例としては、防火地域内での耐火建築物、特定行政庁の指定する街区の角地にある敷地、
角地ではなくても2本以上の道路に挟まれている土地、公園、広
場、河川に接している土地では10%緩和される場合があります。

③建築物の高さの制限

　建築物の高さの制限には絶対高さ制限、斜線制限、日影規制な
どがあります。目的は、いずれも日照・採光・通風の確保ですが、
用途の種類によって適用される規制が異なります。

i）絶対高さ制限（建築基準法第55条）

　第一種・第二種低層住居専用地域に適用される高さ制限です。

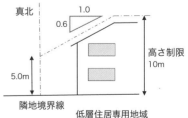

図5·6　高度地区の高さ制限の例
（出典：国土交通省住宅局『建築基準法制度概要集』
(2017) をもとに作成）

低層住宅の居住環境を良好に保護するため、都市計画で10mまたは12mの高さ制限を定めています。また、用途地域内であれば建築基準法第58条により、とくに良好な市街地の環境を維持することが必要な場合等には、高度地区を定め、高さ制限を行うことができます。高度地区による高さ制限の例を図5·6に示します。

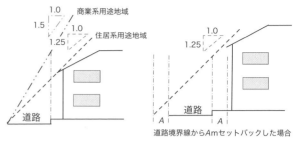

図5·7　住居系と商業系の道路斜線制限（出典：図5·6と同じ）

ii) 道路斜線制限（建築基準法第56条）

建築物の高度化が促進される傾向にあることから、道路に近い部分はできるだけ空間をつくることで道路などの日照・採光・通風等の確保を目的とする制限です。建築物の道路に面する部分は、前面道路の反対側の境界線までの距離に応じて一定の高さ以下とする必要があります。図5·7に示すように住居系と商業系で値が異なります。なお、道路境界線からAm後退して建築する場合、反対側の境界線もAm後退しているように制限が適用されます。

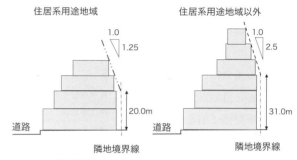

図5·8　隣地斜線制限（出典：図5·6と同じ）

iii) 隣地斜線制限（建築基準法第56条）

隣接する敷地に対する日照・採光・通風等の確保を目的とします。建築物の各部分を、建築物から隣地境界線までの距離に応じて一定の高さ以下とする制限です。図5·8に示すように、住環境を確保する住居系用途とその他の用途では制限が異なります。

iv) 北側斜線制限（建築基準法第56条）

日照によるトラブルを防ぐため、北側に立地する建築物の敷地に対する日照・採光・通風等の確保を目的とします。建築物の各部分を、真北方向の敷地境界線または道路の反対側境界線から、一定の高さを起点として、そこから一定勾配の斜線の高さ以下とする制限です。図5·9に示すように、低層住居系用途と中高層住居系用途では制限が異なります。

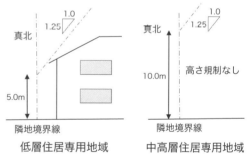

図5·9　北側斜線制限（出典：図5·6と同じ）

v) 日影規制（建築基準法第56条の2）

建築物を建てることにより敷地境界線から一定の範囲に、一定時間以上の日影を生じさせないようにする制限です（図5·10）。地方公共団体の条例により、規制対象区域と規制値を決定します。住居系地域、近隣商業地域、準工業地域の中から、地域の実情に応じて地方公共団体の条例で区域を指定します。

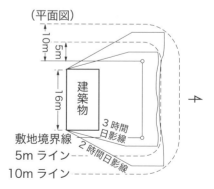

図5·10　日影規制のイメージ
（出典：図5·6と同じ）

4 敷地と道路 （建築基準法第 42 〜 44 条）[10]

　都市内で建築物を建てる場合、日常の社会経済活動や災害時の避難、日照・採光・通風といった建築物の環境を確保するために、建築物の敷地と道路の関係が重要です。そこで接道義務（建築基準法第 43 条）が設けられています。建築物の敷地は、図 5・11 に示すように原則として 4m 以上の幅員の道路に 2m 以上接していなければなりません。なお、接道義務の緩和措置として 4m 以上の幅員の農道（建築基準法上の道路ではない）に 2m 以上接しているか、周囲に広い空き地があるか、避難通行上安全な通路に接している敷地で、特定行

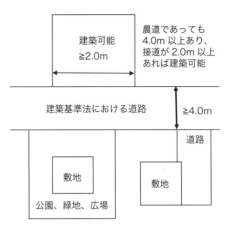

図 5・11　敷地と道路の関係 （出典：図 5・6 と同じ）

政庁が交通上、安全上、防火上および衛生上支障がないと認めて建築審査会の同意を得て許可した建築物は、上記の接道義務を満たさない敷地にも建築することができます。

5 その他重要事項

　土地利用計画の実務において頻繁に出てくる法規制や語句についていくつか説明します。

①既存不適格建築物

　適法だった建築物が法令の改正等により違反建築物とならないよう、現存の建築物または都市計画変更の際に工事中の建築物については、改正後の法令の適用を除外することになっています。このように現行の法令に適合していないが、違法ではない建築物を既存不適格建築物といいます。ただし、大規模な増改築や修繕等を実施する場合には当該規定に適合させなければなりません。また、既存不適格建築物を用途変更する場合は、用途変更時における既存不適格遡及（建築基準法第 87 条第 3 項）が適用され、原則、法令改正時にさかのぼって効力が発生するため当該規定に適合させる工事を行わなければなりません。

②認定外道路

　国土交通省が所管する国有財産のうち、道路法や河川法などの特別法の適用がない里道（認定外道路）や水路（普通河川）等の土地を法定外公共用財産と呼んでいます。ほとんどの場合、地番がなく、法務局の地籍図（公図）には、里道は赤色、水路は青色の線で表示されており、それぞれ「赤道」「青道」と呼ばれています。建築審査会および開発審査会の許可案件でたびたび出てきます。

③都市計画施設の区域内建築制限

　都市計画施設の区域内の建築制限とは、都市計画の告示（都市計画法第 20 条第 1 項）があった日から、都市計画で定められた都市施設の区域において適用される建築制限のことです。都市計画の告示により都市施設の計画が正式に効力を生ずると、その都市施設の区域内では、近い将来において都市施設を実際に整備する工事等が実行されることとなります。そこで、こうした将来の整備事業実施に対して障害となる恐れのある建築行為は原則的に禁止されます。都市計画で定められた都市施設の区域において、建築物を建築するためには知事（指定都市等では市長）の許可が必要となります（都市計画法第 53 条第 1 項）。

長野市の特別用途地区（大規模集客施設制限地区）[11]

長野市人口集中地区（DID）の人口密度は 1980 年以降 52 〜 54 人 /ha で推移していますが、DID の面積が拡大しています。今後、人口減少が進むことから人口密度の低下が予測されます。そこで、積極的に都市機能施設を市街地に誘導することでコンパクトに集積した「歩いて暮らせるまちづくり」施策などを展開することが課題でした。そのため長野市では、2006 年の都市計画法の改正と併せて、準工業地域に特別用途地区を指定することで郊外における大規模集客施設の立地を抑制することを長野市都市計画審議会で決定しました。図 5·12 に示すように青枠の長野都市計画区域内の準工業地域約 649ha すべてにおいて指定されました。

具体的には、商業地域内において、建築してはならない建築物は、建築基準法第 48 条第 10 項の規定によるほか、長野市都市計画審議会において、「劇場、映画館、演芸場もしくは

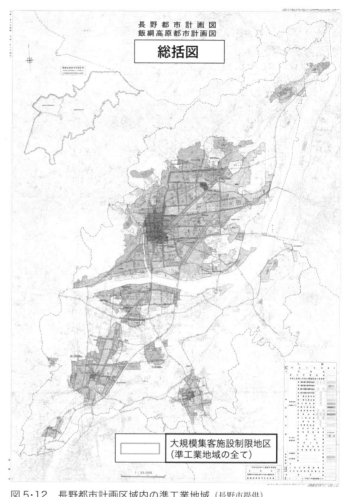

大規模集客施設制限地区
（準工業地域の全て）

図 5·12　長野都市計画区域内の準工業地域（長野市提供）

観覧場又は店舗、飲食店、展示場、遊技場、勝馬投票券販売所その他これらに類する用途に供する建築物で、その用途に供する部分の床面積の合計が 1 万 m² を超えるものは建築してはならない」ことが議決されました。本特別用途地区を指定したことによって、郊外への大規模店舗立地にある程度歯止めがかかっています。郊外への人口流出が抑えられ、DID の人口密度減少を抑える要因の 1 つとなると考えられます。一定の人口密度を保った市街地が形成されることで持続可能な都市形成が期待されます。

長野駅前 A-1 地区高度利用地区 [11]

この地区は JR 長野駅善光寺口に位置し、長野市の中心市街地において、商業・業務等の中心的な役割を果たす地区として賑わってきましたが、近年の郊外開発等に伴う市街地人口の流出、郊外型商業施設の増加等により、活力が低下傾向にありました。また、本地区は、空地が平置駐車場として利用され、建物

も低層の老朽化した木造建築物であり、駅前に位置していながら土地の有効利用がなされていない状況でした。

1997年には隣接する長野駅前A-2地区（ウエストプラザ）が完成し、賑わいを取り戻しつつあるため、A-2地区と一体となって長野駅善光寺口の顔としての役割を果たすことが求められました（図5・13）。

したがって土地の合理的で健全な高度利用と都市機能の更新が課題となりました。

なお、1996年にはA-1地区に高度利用地区の指定がなされました。この高度利用地区は、面積0.3ha、容積率

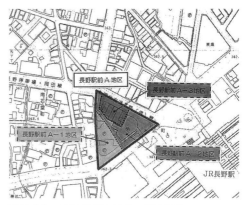

図5・13　対象区域図（出典：長野市資料）

最高限度65/10、容積率最低限度30/10、建蔽率最高限度6/10、建築物の建築面積の最低限度300m^{2}が立地要件となりました。建築物の壁面後退距離は、2つの大通りに対して2.0mずつと定められました。

もともとこの地区は、1974年度に長野市最初の再開発事業の都市計画決定がなされました。事業化が遅れましたが、事業を進められる部分ができたため、1995年度にA地区を3分割し、A-2地区が1997年度に完成しました。A-1地区も2003年になり地権者間での事業化の合意ができたため、都市計画変更決定を2004年に行い個人施行（6章、p.111）により事業着手し、2006年2月に完成しました。

本地区は長野市の玄関口正面に位置することから、建物全体を行灯として表現しているA-2地区のウエストプラザビルと門前町のイメージと調和させるため、建物の一体感が図れるデザインが施されました。

また、中心市街地を商業施設、オフィスビルにとどめず、人が暮らす街にしようという発想から、「アーバンルネッサンス」を掲げて事業を推進し、約60戸の個人住宅を整備し、まちなか居住の実現に寄与しています。図5・14に高度利用地区指定前後の建築物立地状況を示します。

（a）指定前（青点線箇所）
（出典：長野市末広町誌刊行会『わがまち末広町』(1995)、青点線は筆者加筆）

（b）指定後（出典：長野市資料）

図5・14　高度利用地区指定前後の建築物立地状況

■ 演習問題 5 ■

(1) あなたが住んでいる都道府県が公開している都市計画資料の中から都市計画区域に関するホームページを検索し、資料をダウンロードしてください。

❶設定されている都市計画区域および市街地地図を比較し、都市計画区域設定の特徴を整理してください。

❷都市計画区域以外で乱開発が進んでいる市町村がないか、インターネットで検索して整理してください。

❸都市計画区域数が減少している場合は、その理由を確認してください。

(2) あなたが興味を持っている市町村が公開している都市計画資料の中から地域地区に関するホームページを検索し、資料をダウンロードしてください。

❶用途地域図から住居系、商業系、工業系の配置関係の特徴を、市街地（繁華街）、駅や主要バス停、農地と関連付けながらまとめてください。

❷各用途地域の配置のルールが記載されていたら、❶でまとめた特徴と比較して整合しているかまとめてください。

❸用途地域以外にどのような種類の地域地区が指定されているか、背景、目的、具体的な事業化およびその評価についてまとめてください。

❹用途地域の各地域の容積率および建蔽率を調べてまとめてください。

❺用途地域以外にどのような種類の地域地区が指定されているか確認し、それぞれで設定されている容積率および建蔽率を調べてまとめてください。

参考文献
1) 国土交通省ウェブサイト「みんなで進めるまちづくりの話」(https://www.mlit.go.jp/crd/city/plan/03_mati/index.htm) のうち 1 〜 4
2) 長野県都市まちづくり課 都市計画資料『長野県圏域の都市計画区域』
3) 国土交通省ウェブサイト「都市交通調査・都市計画調査」(https://www.mlit.go.jp/toshi/tosiko/index.html、2014 〜 2019 年)
4) 長野市都市政策課 都市計画図、2018
5) 「都市計画法」「都市計画法施行規則」「建築基準法」「建築基準法施行規則」を参照。
6) 国土交通省『都市計画運用指針 第 11 版』2020、pp.80-156
7) 国土交通省都市局都市計画課『土地利用制度　建築物用途の制限資料』2020、スライド No.20
8) 国土交通省『建築関係法の概要』2016、p.12 ほか
9) 国土交通省『住宅団地の再生に関係する現行制度について』2017、pp.21-27
10) 国土交通省住宅局『建築基準法制度概要集』2017、pp.48-49
11) 長野市都市政策課への取材資料に基づく

6章
都市施設と市街地開発事業

　都市計画法における都市計画は、土地利用に関するもの、都市施設に関するもの、市街地開発事業に関するものの3つに大別されます。本章では、都市を形成する道路や交通施設、社会基盤施設（インフラストラクチャー）などの都市施設について考え方をまとめるとともに、都市施設を整備する方法と、それらを面的に捉え地域を一体的に整備する方法として市街地開発事業について解説します。

　道路や公園、下水道など都市において必要不可欠な公共的な施設のことを都市施設と言います。これらは都市の形成や市民生活を維持する上で欠くことのできない基幹となる施設で計画的な整備が必要です。また、すでに市街地となっている区域や市街化を図るべき区域において都市施設の整備や宅地等の利用増進を図る総合的な面的整備が市街地開発事業です。

1 都市施設計画

1 都市施設計画とは

　都市施設に関する都市計画は、都市施設の位置や規模、構造等を定めますので、非常に重要な計画となります。何を都市施設にするかについては制限があるわけではありませんが、都市計画法では以下の

表6·1　都市計画法による都市施設の種類

項目	具体的な施設	備考
交通施設	道路、都市高速鉄道、駐車場、自動車ターミナル、その他	
公共空地	公園、緑地、広場、墓園、その他	
供給・処理施設	水道、電気供給施設、ガス供給施設、下水道、汚物処理場、ごみ焼却場、その他	
水工施設	河川、運河、水路、その他	
教育文化施設	学校、図書館、研究施設、その他	
医療・社会福祉施設	病院、保育所、その他	
市場、と畜場又は火葬場		公害発生の恐れのある施設は、その位置を都市計画として定めることを義務づけ
一団地の住宅施設	一団地における五十戸以上の集団住宅及びこれらに附帯する通路その他の施設	対象を面的に捉えた開発事業であるが都市計画法上では都市施設として扱っている
一団地の官公庁施設	一団地の国家機関又は地方公共団体の建築物及びこれらに附帯する通路その他の施設	
流通業務団地		
一団地の津波防災拠点市街地形成施設	津波防災地域づくりに関する法律による津波防災拠点市街地形成施設	
一団地の復興再生拠点市街地形成施設	福島復興再生特別措置法による復興再生拠点市街地形成施設	
一団地の復興拠点市街地形成施設	大規模災害からの復興に関する法律による復興拠点市街地形成施設	
その他政令で定める施設	電気通信施設、防風・防火・防水・防雪・防砂・防潮施設	

表 6·2　都市計画施設の整備状況 [1]

区　分	計　画 (km)	改良済 (km)
総延長	72061.19	47555.64
自動車専用道路	5681.90	3440.03
幹線街路	63643.83	41833.85
区画街路	1498.87	1235.19
特殊街路	1248.54	1117.06

（公園）

区　分		箇所数	面積 (ha)
街区公園	計　画	31908	7827.44
	供　用	30701	7438.15
近隣公園	計　画	4601	9022.67
	供　用	4197	7656.37
地区公園	計　画	1239	7077.70
	供　用	1164	6065.96
総合公園	計　画	1291	34690.95
	供　用	1210	23768.26
運動公園	計　画	630	12425.70
	供　用	615	10156.90
特殊公園 （風致公園）	計　画	403	10135.40
	供　用	351	5893.67
特殊公園 （風致公園以外）	計　画	314	3764.00
	供　用	267	2104.90
広域公園	計　画	215	26956.40
	供　用	210	16350.49
計	計　画	40591	111899.36
	供　用	38707	79405.73

（その他の主な都市計画施設）

施設区分	都市数	箇所		面積・延長等		単位
		計画	供用又は完成 （概成を含む）	計画	供用又は完成 （概成を含む）	
駅前広場		2978		12712848.00	10814979.00	m²
都市高速鉄道	177	379		2368.43	2064.92	km
自動車駐車場	212	486		273.76	250.49	ha
自転車駐車場	215	597		74.53	73.26	ha
自動車ターミナル	36	58		173.10	160.00	ha
空港	3			120.10	120.10	ha
軌道	2			6.54	5.36	km
港湾	2			72.70	72.70	ha
通路	34			5660.00	4078.00	m
交通広場	93	150		513377.00	368852.00	m²
緑地	617	2472	2253	57107.50	18163.40	ha
広場	35	44	39	70.56	65.23	ha
墓園	238	318	284	6254.90	4313.50	ha
その他公共空地	22	30	27	142.50	129.90	ha
水道	5			20214.00	20214.00	ha
公共下水道				92270828.41	86861273.53	m
都市下水路				1289137.00	1119152.00	m
流域下水道				14037975.00	12710024.00	m
汚物処理場	521	584	559	1083.30	1021.20	ha
ごみ焼却場	575	742	663	2524.00	2188.90	ha
地域冷暖房施設	22	91		474171.00	336526.00	m²
ごみ処理場等	389	504	464	1799.10	1616.50	ha
ごみ運搬用管路	6	6	5	26960.00	22670.00	m
市場	272	364	359	1718.50	1673.70	ha
と畜場	87	86	84	287.20	273.70	ha
河川	158			1255.10	743.55	km
運河	6			79.80	43.00	km
水路	2			3.00	3.00	km
学校	37	203	192	628.10	677.30	ha
図書館	4	4	4	1.80	1.10	ha
体育館・文化会館等	20	35	34	264.30	262.20	ha
病院	14	18	16	70.00	65.30	ha
保育所	12	26	24	3.60	3.40	ha
診療所等	1	2	2	2.70	2.70	ha
老人福祉センター等	16	19	19	45.70	45.70	ha
火葬場	653	712	681	1140.03	1070.91	ha
一団地の住宅施設	70	183		2642.60		ha
一団地の官公庁施設	12	12		195.70		ha
流通業務団地	21	26		1754.70		ha
一団地の津波防災拠点市街地形成施設	18			364.90		ha
一団地の復興拠点市街地形成施設	2			92.00		ha
防潮堤	13	48	41	55.40	48.70	km
防火水槽	80	944	934	19436.50	19436.50	m²
河岸堤防	1	10	10	37.10	37.10	km
公衆電気通信の用に供する施設	1	2	2	1.40	1.40	ha
防水施設	9	18	12	776300.00	293500.00	m²
地すべり防止施設	1	1		50.70		ha
砂防施設	11	45	26	16373615.00	2291445.00	m²

14項目（表6·1）を定めています。

　各施設の規模や配置については、各都市の土地利用や他の計画との整合を図りつつ、都市全体で一体的かつ総合的効果が発揮できるように計画します。計画するエリアに制限はなく、都市計画区域外でも計画することができます。都市計画にて定められた都市施設のことを「都市計画施設」と言い、都市計画施設の区域内では、将来予定される事業が円滑に実施できるよう、建築規制が課されます。具体的には、建築階数が2階以下で地階を有しないこと、主要構造部（壁、柱、床、はり、屋根または階段）は、木造、鉄骨造、コンクリートブロック造やこれらに類する構造であること、さらに容易に移転、除却ができるものとされており、都市計画施設が建設される場合に支障が少ない建築物である必要があります。さらに建築には都道府県知事の許可が必要となります。都市計画決定されることにより、地権者の権利に制限をかけることになりますが、事業化までの期間が長期にわたることで権利の制限が永続的に続くことが問題となっています。

表6·3　都市施設種類別の都市計画決定権者[2]

都市施設の項目	都市施設の種類		決定主体	
			都道府県	市町村
交通施設	道路	一般国道	○	
		都道府県道	○	
		市町村道		○
		自動車専用道路	○	
	都市高速道路		○	
	駐車場			○
	自動車ターミナル			○
公共空地	公園・緑地 広場・墓園	国または都道府県設置の10ha以上	○	
		その他		○
供給・処理施設	下水道	流域下水道	○	
		2市町村以上にまたがる公共下水道	○	
		その他公共下水道		○
	産業廃棄物処理場		○	
	ゴミ焼却場・その他処理施設		○	
水工施設	河川	一・二級	○	
		準用		○
教育文化施設	学校	大学・高専		○
		その他		○
医療・社会福祉施設	病院・保健所その他医療施設			○
	社会福祉施設			○
市場、と畜場又は火葬場				○
一団地の住宅施設				○
一団地の官公庁施設			○	
流通業務団地			○	
一団地の津波防災拠点市街地形成施設				○
一団地の復興再生拠点市街地形成施設				○
一団地の復興拠点市街地形成施設				○

＊都道府県であっても一部指定都市の例外があります

2　都市計画施設の整備状況

　都市計画施設で最も重要なのは道路（都市計画道路）で、約7万2000kmが都市計画決定されています。そのうち約4万7500km（66.0%）が2020年3月末日時点で改良済となっています。都市の拠点間をつなぐネットワークの役割や居住地区を囲み都市の骨格を形成する役割を担う幹線街路が総延長の9割近くを占めています。公園は約4万か所が都市計画決定されています。そのうち約3万9000か所（95.5%）が供用されていますが、面積で見ると計画に対して供用済の公園は約70%にとどまります。ごみ処理場や汚物処理場、市場、火葬場などは、市町村を越えて広域的に整備することや、公害等により生活に影響を及ぼす可能性があることから、多くの施設が都市計画施設として定められています（表6・2）。

3　都市計画決定のプロセス

①都市計画決定権者

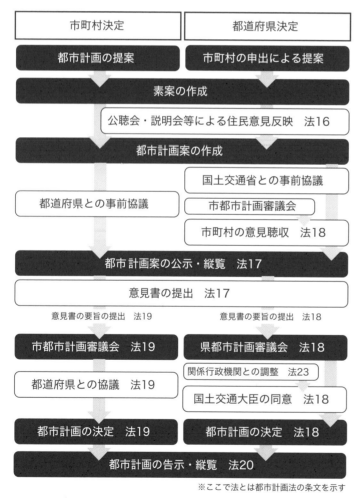

※ここで法とは都市計画法の条文を示す

図6・1　市町村と都道府県の都市計画の決定手続き

　都市施設に関わる都市計画決定は、表6・3のように都市施設の種類に応じて決定する者が異なります。線引きや市町村区域を越えて影響を及ぼす広域的・根幹的な都市施設は都道府県が決定主体となります。一方で、まちづくりの現場に近い観点で整備される都市施設については、市町村が決定主体となります。このように都市計画決定は、都道府県と市町村の2層構造になっています。さらに、国の利害に重大な関係がある政令で定める都市計画決定をするときには、国土交通大臣の同意が必要となる都市施設があります。

②都市計画決定の手続き

i）市町村の都市計画決定の手続き

　市町村における都市計画決定の手続きは図6・1に示す通り、まずは土地所有者等が市町村に都市計画を定めることを提案します。都市計画の素案ができると都市計画法第16条第1項の規定により、素案に住民の意見を反

映させるため、住民や利害関係者の意見を聴く機会として公聴会を開催します（軽易な都市計画や公述の申し出がないときには開催しないこともある）。その後、説明会を重ねて、利害関係者より都市計画の案に対する意見を聴収します。それらのプロセスを経た都市計画の案について、パブリックコメントや公示・縦覧を通じて、より多くの住民から意見を聴収します。さらに、市町村都市計画審議会（設置されていない市町村は都道府県都市計画審議会）の審議ならびに必要に応じて都道府県や関係市町村等々とも調整・協議を重ね、都市計画の決定がなされます。

ii）都道府県の都市計画決定の手続き

都道府県における都市計画決定の手続きは図6・1に示す通り、まずは市町村等が都道府県に都市計画を定めることを提案します。都市計画の素案ができると、市町村の都市計画決定と同様に、公聴会や説明会が開かれ、住民や利害関係者から意見を聴収していきます。合わせて市町村等との調整や国との事前協議を重ねていきます。そして、都道府県都市計画審議会の審議ならびに必要に応じて国（関係行政機関）と調整・協議を重ね、都市計画の決定がなされます。

2 市街地開発事業の考え方とその経緯

1 市街地開発事業とは

市街地開発事業は、市街化区域または区域区分が定められていない都市計画区域（非線引き区域）を対象に実施する都市整備手法の1つです。都市計画法第12条にて、7つの事業（表6・4）を定め「市街地開発事業」と呼んでいます。都市施設の整備と違い、市街化調整区域では事業を行うことができません。

市街地開発事業は、公的空間の整備か私有空間の整備かで大きく実現手段が区分されます。公的空間

表6・4　市街地開発事業の種類[1]（（　）内は2019年度都市計画現況調査による地区数）

事業	事業法	概要
土地区画整理事業 （1万1660）	土地区画整理法（1954年）	不整形かつ都市施設の整備が十分でない区域において、換地方式によって区画を整え、公共施設の整備ならびに宅地の利用促進を行う事業
新住宅市街地開発事業 （48）	新住宅市街地開発法（1963年）	人口集中が著しい区域において、用地買収方式によって、市街地や住宅地の整備を行う事業（多摩ニュータウン、千里ニュータウンなど）
工業団地造成事業 （53）	首都圏整備法（1958年）、 近畿圏整備法（1964年）	首都圏ならびに近畿圏の近郊地域において、既成市街地への産業や人口集中を抑制するため、用地買収方式によって、都市開発区域を工業都市として整備する事業（鹿島臨海都市、福井臨海都市など）
市街地再開発事業 （1051）	都市再開発法（1969年）	低層の木造建築物が密集しているなどの災害危険性がある区域において、権利変換方式等によって、細分化した土地の集約をするとともに、不燃化、中高層化した共同建築物や都市施設を整備する事業
新都市基盤整備事業 （0）	新都市基盤整備法（1972年）	大都市周辺部の地域において、大都市への人口集中を緩和するため、新都市の基盤（道路、鉄道、公園、下水道等の施設）や住宅地を整備する事業
住宅街区整備事業 （6）	大都市住宅法（1975年）	良好な住宅地として開発整備する地区として都市計画に定められた地域において、共同住宅や都市施設の整備、必要に応じて集合農地の確保を整備する事業
防火街区整備事業 （12）	密集市街地整備法 （1997年、2003年改正）	密集市街地において、建築物への権利変換による土地・建物の共同化を基本としつつ、例外的に個別の土地への権利変換を可能とする柔軟な手法で、老朽化した建築物を除却し、防災性能を備えた建築物及び公共施設を整備する事業

の整備は、税金を使って土地を買い上げて道路や公園などの都市施設の整備を行います。一方で私有空間の整備は、私有地に規制をかけることで敷地内における建築行為をコントロールして、安全・安心で快適かつ、魅力的な都市空間の整備を目指します。

　かつては戦災復興や住宅不足に対応するために、行政などの公的な機関の果たす役割が大きかったものの、高度経済成長とともに民間事業者の資金やノウハウ等を活かした事業へとシフトし、昨今では市街地を再生する意味合いが強くなりつつあります。

2 市街地開発事業の経緯

　我が国におけるはじめての市街地整備の事業制度は、土地区画整理事業です。当初は主に市街地火災の跡地整理として導入されていましたが、都市計画法制定（1919年）後、面的な土地区画整理がなされるようになり、震災復興や戦災復興で大きな役割を果たしました。こうした背景を受けて、1954年に土地区画整理法が制定され、再開発が進められてきました。近年では、2011年の東日本大震災、2016年の熊本地震で被災した地区において被災市街地復興土地区画整理事業が行われています。

　1950年代になると都市部への人口集中傾向が顕著となり、既存木造市街地の不燃化や都市機能の高度化、都市内環境の改善等が課題となってきました。そこで道路沿いに帯状の防火建築帯を整備する耐火建築促進法（1952年）や、街区単位での防災建築物ならびに都市施設整備を行い、共同中高層ビル建築を目指す防災建築街区造成法（1961年）、市街地改造法（1961年）を制定して市街地再開発事業を行ってきました。これらをまとめて1969年に都市再開発法が制定されたことにより、現在の市街地再開発事業の事業制度が誕生しました。土地区画整理事業が面的な整備である一方、市街地再開発事業は立体的な整備となり、敷地を共同化して高度利用することで都市施設の整備等も一体的に進める手法です。都市部において、公園や広場、街路、公共施設等の公共空間を整備し、商業ならびに居住スペースを生み出してきました。旧都市計画法が廃止され新たに制定された都市計画法（1968年）でも市街地開発事業は大きな柱として位置付けられています。

3 市街地開発事業の種類

　都市計画事業として行われる市街地開発事業は、表6・4にて示す通り「土地区画整理事業」「新住宅市街地開発事業」「工業団地造成事業」「市街地再開発事業」「新都市基盤整備事業」「住宅街区整備事業」「防火街区整備事業」の7種類があり、それぞれに事業法が定められています。市街地開発事業は実施するために都市計画決定する必要があります。

　表6・4より、市街地開発事業で最も多いのは土地区画整理事業で、地区数ではすべての市街地開発事業の90％以上を占めており、次に多いのは市街地再開発事業で約9％となっています。この2つの事業で市街地開発事業のほとんどを占めていることから、次節ではそれぞれの事業を詳説します。

③ 土地区画整理事業

1 土地区画整理事業とは

　土地区画整理事業とは、整備が必要とされる市街地において区域内の土地所有者等から所有土地の面積や位置などに応じて土地を提供してもらい、これらを区画や線形を整えて、道路・公園などの公共施設用地にあて、宅地の整備を行う事業です。新たな街並みの形成や既成市街地の再整備により土地の利用価値を高め、健全な市街地を創出します。安全で快適な道路環境や上下水道やガスなどの供給施設が一体的に整備され、道路に面して形状が整った利用しやすい宅地が創出されます。さらに住民の移動は最小限で済むため、地域のコミュニティがそのまま生かされることもメリットの1つです。実施実績も多く（表6・5）、都市整備上、最も中心的な役割を果たしている事業ともいえます。なお、施行主体（後述）は組合施行が最も多く、次いで公共団体施行の地区が多いですが、事業面積では、公共団体施行がやや大きくなっています。

2 土地区画整理事業のしくみ

　土地区画整理事業は、土地区画整理法に基づいて実施され、「都市計画区域内の土地について、公共施設の整備改善及び宅地の利用の増進を図るため、この法律で定めるところに従って行われる土地の区画形質の変更及び公共施設の新設又は変更に関する事業（同法第2条）」と定義されています。無秩序に開発されつつある市街地や市街地の予定地において、換地方式による土地形状の改良や袋地と呼ばれる他の所有者の土地を通らなければ道路へ出ることのできない土地の解消など、宅地等の区画割や形質の整理をすることが基本となります（図6・2）。

　この事業では、整備による土地利用価値の増加分の範囲内で、土地所有者から土地の一部を公平な負担に基づいて提供してもらい、整備に必要な公共用地を生み出します。土地所有者から土地を提供してもらうことを減歩と呼び、その土地に道路・公園等の公共施設を整備することのほか、一部土地を売却

表6・5　土地区画整理事業の実績 [3]（2017 年度末時点）

区分		事業着工		うち事業中止		うち換地処分済み		うち施行中	
		地区数	面積 (ha)	地区数	面積 (ha)	地区数	面積 (ha)	地区数	面積 (ha)
旧都市計画法		1,282	67,373	3	10	1,279	67,363	0	0
土地区画整理の施行主体	個人・共同	1,444	18,897	5	90	1,375	17,913	64	894
	組合	6,112	123,251	23	712	5,782	114,241	307	8,298
	区画整理会社	3	10	0	0	2	8	1	3
	公共団体	2,846	124,705	18	561	2,351	104,819	477	19,325
	行政庁	84	4,166	0	0	84	4,166	0	0
	都市再生機構	312	28,823	0	0	301	27,967	11	856
	地方住宅供給公社	113	2,624	0	0	113	2,624	0	0
	小計	10,914	302,476	46	1,362	10,008	271,738	860	29,376
合計		12,196	369,849	49	1,372	11,287	339,101	860	29,376

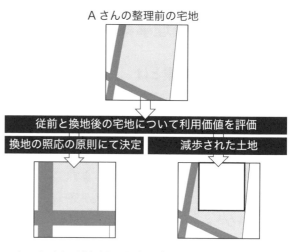

Ａさんの整理前の宅地

従前と換地後の宅地について利用価値を評価

換地の照応の原則にて決定　　減歩された土地

Ａ〜Ｄさんの減歩された土地を合算して生み出された宅地は、道路や公園などの公共施設（公共減歩）としたり、保留地として売却して事業資金に充てます（保留地減歩）。

図6・2　土地区画整理事業のしくみ

することで事業資金に充てることを目的としています。事業実施費用に充当するための土地を保留地と言い、保留地処分金のほか、都市計画道路や公共施設等の整備費などが財源となります。土地区画整理後は、当然のことながら従前に比べ土地所有者の所有面積は小さくなるものの、土地の区画や公共施設が整備されることにより、利用価値の高い宅地が得られます。

3 土地区画整理事業の方法

①施行主体

　土地区画整理事業は、施行主体によって、次に挙げる種類があります。

i）個人・共同施行

　地権者（土地所有者または借地権者）が1人または数人で共同して行います。事業に対して同意していない者を強制的に事業対象に編入することはできないことから、任意的区画整理と言います。

ii）組合施行

　地権者が7人以上で土地区画整理組合を設立して行います。地区内の地権者すべてが組合員となり、土地所有者と借地権者のそれぞれ3分の2以上の同意を得て、かつ同意した組合員の土地が地区内の3分の2以上である必要があります。同意していない者を強制的に事業対象に編入できるため、以下のiii〜viも含めて強制的区画整理と言います。

iii）区画整理会社施行

　地権者と会社が土地の3分の2以上を所有し、地権者が議決権の過半数を保有している区画整理会社が行います。

iv）地方公共団体施行

　各種都市施設の整備など都市計画の観点から、都市計画事業として都道府県または市町村が行います。

v）国土交通大臣施行

施行区域において、国の利害に重大な関係があり、災害発生などの特別な事情により緊急を要する場合に、国土交通大臣が自ら行うか、都道府県もしくは市町村に施行を指示します。

vi）都市再生機構等施行

都市再生機構または地方住宅供給公社が、それぞれの団体の事業に関連してこの事業を実施する必要がある場合に行います。

②認可手続き

土地区画整理事業により、地区内の宅地は計画的に整備され、地権者が所有している土地について、新たな場所に使いやすい形状で再配置が行われます。これを換地といい、個々の土地における所有権、借地権などの権利がそのまま移ります。施行者は、施行地区内の換地計画などの基本方針等を策定し、大臣や知事の認可を受けます。換地計画では区画整理前後で個々の宅地の位置、地積、土質、水理、利用状況、環境等が照応するように定めなければなりません（換地の照応の原則）。ただし、各要素が完全に照応するように換地を定めることは困難であるため、常識的に見て地区内の個々の宅地が区画整理前後で、総合的に釣り合いが取れていれば良いと言われています。原位置に換地できない場合は、原位置から離れた位置に換地することがあり、これを飛換地と呼んでいます。なお、土地区画整理事業が行えるのは、原則的には都市計画区域に限られています。ただし、国費を受けない組合施行の場合、開発基準に該当すれば、都市計画決定が必須ではないため、市街化調整区域においても実施することができます。

③事業の手順（図6・3）

i）準備段階

土地区画整理事業では、まず地元住民とともに調査に基づく、まちづくりの構想や方針をまとめた「まちづくり基本計画」の検討を行います。まちづくり基本計画が合意・策定されれば、事業区域が都市計画決定されます。国費を受けない組合施行を除き、すべての事業において都市計画決定の行政手続きが必要となります。

その後、施行者の規約（定款、施行規定等）および施行地区や設計の概要、事業施工期間、資金計画等を示した事業計画を定め、大臣や知事の認可を受けます。組合施行の場合、事業の基本方針を定め、組合設立後に事業計画を

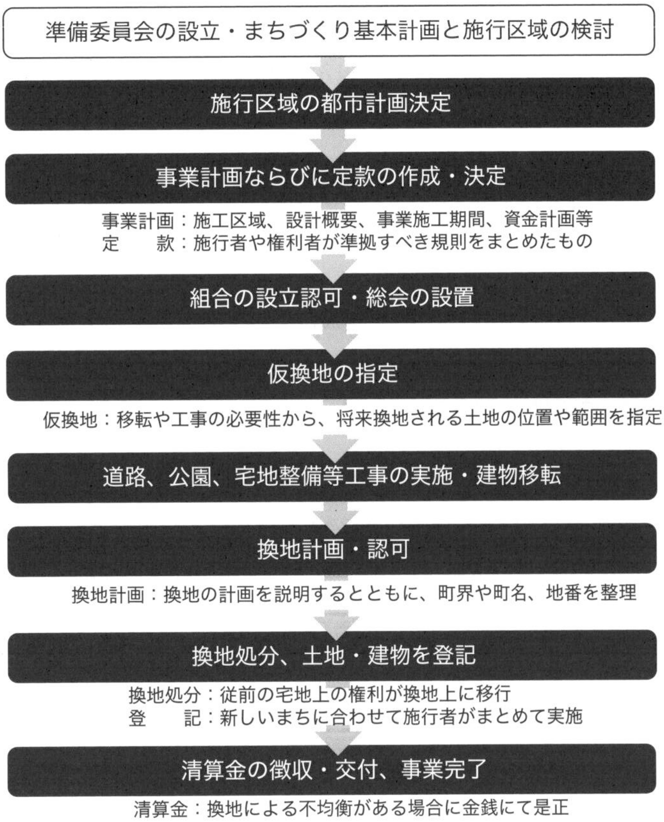

準備委員会の設立・まちづくり基本計画と施行区域の検討

施行区域の都市計画決定

事業計画ならびに定款の作成・決定

事業計画：施工区域、設計概要、事業施工期間、資金計画等
定　款：施行者や権利者が準拠すべき規則をまとめたもの

組合の設立認可・総会の設置

仮換地の指定

仮換地：移転や工事の必要性から、将来換地される土地の位置や範囲を指定

道路、公園、宅地整備等工事の実施・建物移転

換地計画・認可

換地計画：換地の計画を説明するとともに、町界や町名、地番を整理

換地処分、土地・建物を登記

換地処分：従前の宅地上の権利が換地上に移行
登　記：新しいまちに合わせて施行者がまとめて実施

清算金の徴収・交付、事業完了

清算金：換地による不均衡がある場合に金銭にて是正

図6・3　土地区画整理事業の流れ（組合施行の場合）

定めることもできます。

ii) 整備段階

認可を受けた後、施行地区内の地権者によって構成される組織を設置し、専門のコンサルタント等の支援を受けながら事業計画に定められた設計図に基づき、個々の宅地を再配置する具体的な換地設計を行います。事業後に換地される土地の位置や地積、形状等を仮換地指定し、この指定をもとに都市施設の整備に支障がある建物等の移転や、道路・公園、ライフライン整備、宅地造成等の工事を行います。

地区全体の工事が完了した段階で、確認測量を行い、その成果をもとに換地計画を定めることで、換地が確定されます。その後、仮換地の所有権を取得し、換地が従前と同じ宅地とみなされるための行政手続きである換地処分ならびに登記が行われます。換地は、事業前の土地に照応するように定めますが、照応の例外や施工によって生じる微細な不均衡は、金銭の徴収と交付によって是正しなければならないとされています。不均衡の是正を目的とした清算金の徴収・交付が行われ、事業が完了します。

iii) 持続的な発展段階

土地区画整理事業が完了すればまちづくりが終わりなのではなく、そこを新たなスタートと捉えて地域のコミュニティの育成を目指すとともに、地域住民が主体となった持続可能なまちづくりの取組みを実践していきます。

4 土地区画整理事業の成果

土地区画整理事業では、2017年度末時点で全国の市街地の約30%（約37万ha）、都市計画道路の約25%（約1万1500km）、主要駅の駅前広場の約30%（約990か所）が整備されており、「都市計画の母」とも称され、市街地整備の中核をなす手法となっています。近年は10ha以下の小規模な事業の割合が増加しています。

4 市街地再開発事業

1 市街地再開発事業とは

市街地再開発事業とは、経済発展に伴う社会・経済活動の都市集中によって生じた都市機能の低下、災害危険性増大等の問題を解決するために、市街地を合理的に再配置して、高度化する事業です。低層木造建築物等が密集した地域において、細分化されている敷地を統合し、共同化・高層化させた耐火建築物を整備することによって、地域の不燃化を目指すとともに道路、公園などの都市施設整備を進めることで、地域課題を解決することを目的としています。

市街地再開発事業は、都市再開発法に基づいて施行され、「市街地の土地の合理的かつ健全な高度利用と都市機能の更新とを図るため、都市計画法及びこの法律で定めるところに従って行われる建築物及び建築敷地の整備並びに公共施設の整備に関する事業並びにこれに附帯する事業」と定義されています。

2 市街地再開発事業のしくみ

　市街地再開発事業には、権利変換方式による第一種市街地再開発事業と、用地買収方式による第二種市街地再開発事業があります。第一種市街地再開発事業では、事業前の土地建物の権利を、事業後に新たに整備された建築物の土地と床（権利床）の区分所有権に等価で変換するしくみをとっています。事業前に比べて高度化された共同建築物の建設によって床面積が増加しますので、増加分を保留床として売却して事業費に充てることができます。また、統合された敷地には、共同建築物のほかに道路、公園などの都市施設を整備します（図6·4）。第二種市街地再開発事業は、公共性ならびに緊急性が高い場合に適用され、すべての土地や建物を施行者が買い取り、事業前の土地や建物の所有者が希望した場合には、共同建築物の床が与えられます。

3 市街地再開発事業の方法

①施行主体

　市街地再開発事業は、施行主体によって、次に挙げる種類があります。また、施行者によって事業区分（第一種・第二種）に制限があります（表6·6）。

i) 個人・共同施行

　地権者（土地所有者または借地権者）が1人または数人（5人未満）で共同して行います。地権者の中から中心となる者が他の地権者の同意を得ることで個人施行者として事業実施することもできます。地権者全員の同意を得た第三者による個人施行も可能です。

ii) 組合施行

　地権者が5人以上で市街地再開発組合を設立して行います。地区内の地権者すべてが組合員となり、土地所有者と借地権者のそれぞれ3分の2以上が同意することが必要となります。

iii) 再開発会社施行

　地権者と会社が土地の3分の2以上を所有し、地権者が議決権の過半数を保有している再開発会社が行います。2002年の法改正で創設され、民間事業者の資金やノウハウが最大限活用されるしくみです。

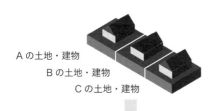

Aの土地・建物
Bの土地・建物
Cの土地・建物

保留床（X）
権利床（A・B・C）
土地はA・B・C・Xの共有
都市施設

図6·4　市街地再開発事業のしくみ

表6·6　施行者別の事業区分

施行者	第一種市街地再開発事業	第二種市街地再開発事業
方式	権利変換方式	用地買収方式（管理処分方式）
個人	○	×
組合	○	×
再開発会社	○	○
地方公共団体	○	○
都市再生機構	○	○
地方住宅供給公社	○	○

iv）地方公共団体施行

駅前広場や街路、防災施設などの都市施設の整備など都市計画の観点から、都市計画事業として都道府県または市町村が行います。

v）都市再生機構等施行

都市再生機構または地方住宅供給公社が、それぞれの団体の事業に関連してこの事業を実施する必要がある場合に行います。

②認可手続き

市街地再開発事業を行うにあたり、以下の要件をすべて満たす必要があります。

①高度利用地区、都市再生特別地区、または一定の地区計画等区域内であること

②区域内における耐火建築物の割合が区域面積の3分の1以下であること

③区域内に十分な都市施設がなく、土地が細分化されていることなどで、土地利用状況が不健全であること

④土地を高度利用することにより、都市機能の更新に貢献すること

さらに、第二種市街地再開発事業については、上記に加えて、面積が0.5ha（防災再開発促進地区内においては0.2ha）以上であることと、以下のいずれかの要件を満たす必要があります。

①安全上または防火上支障がある建築物の割合が区域面積の10分の7以上であり、かつ、これらが密集しているため災害の発生のおそれが著しく、または環境が不良であること

②駅前広場や大規模な火災が発生した場合における公衆の避難の用に供する公園等、重要な公共施設を早急に整備する必要があり、合わせて建築物等の整備を一体的に行うことが合理的であること

③被災市街地復興推進地域にあること

上記の要件を満たすことで都市計画決定がなされ、事業実施に向けて事業計画を具体化するプロセスに入ります。

③事業の手順（図6・5）

i）準備段階

市街地再開発事業では、まず権利者とともに、地区の整備方針等をまとめた地区再生や

図6・5　市街地再開発事業の流れ

街区整備の計画の検討を行います。さらに施設計画や資金計画、床用途の計画、権利変換について検討を進め、合意形成を進めます。その後、事業区域や都市施設・建築物の概要などの事業の枠組みが整理されると、都市計画決定されます。都市計画決定を受けた後、具体的な基本設計や資金計画を含めた事業計画や施行者に関する規約などを定めて、都道府県知事等の認可を受けます。また、組合の場合はここで設立の認可を受ける必要があります。都市計画決定から最終的な事業計画が決定するまで、平均して2年半ほどの期間を要します。

ⅱ）整備段階

事業計画が決定され、認可を受けた後に、第一種であれば転出希望、第二種であれば再入居希望の確認をします。それらの権利の調整や保留床の処分先の調整等を行い、権利変換計画（第一種）、管理処分計画（第二種）について都道府県知事等の認可を受けます。認可を受けると事業前の権利者の権利が消滅し、計画に基づく新たな権利者が権利を取得することとなります。これにより既存建物の除却や整地、街路や公園等の都市施設や建築物等の工事を行います。

地区全体の工事が完了するまでに、再開発ビルの管理運営のルールや体制を整え、工事完了後は権利が引き渡され、権利者が再入居します。最後に権利価額や事業収支の清算を行い、事業が完了します。

ⅲ）持続的な発展段階

市街地再開発事業により整備された施設などのストックを適切に管理・活用することにより、継続的に区域ならびにその周辺の価値や魅力を高めていくことが大切です。そのためにも、計画・実施段階から事業後の管理・運営を含めたエリアマネジメントを検討しておく必要があります。

計画事例 1　社会情勢の変化に合わせた計画の見直し ―都市計画道路の決定・変更―

①都市計画道路見直しの背景

昨今の人口減少社会等の社会情勢の変化を勘案し、長期にわたって未整備の都市計画道路について評価、検証を行い、都市計画道路の見直し方針を定め、計画を廃止する自治体が増えています。基本的には、都市計画道路が担う交通機能、空間機能、市街地形成機能および交通ネットワークへの影響が少ない区間について、計画を廃止するものです。

図6・6　現道の様子
（出典：長野市都市整備部都市政策課『長野都市計画道路の変更（長野都市計画道路（3・6・15号裾花堤防線）の変更）』）

長期にわたって未整備の都市計画道路は、都市計画決定されている以上、その土地の利用について制限が設けられていることになります。私権である財産権に長期間にわたって制約を加え続けることは、土地所有者にとってマイナス面もあることから、損失補償を求めて計画決定主体者を相手に訴訟が提起された事例もあります。

②都市計画道路の決定・変更の経緯：長野市裾花堤防線（図6・6）の事例

当初の計画では路線延長2280mを幅員8.0mに拡幅予定でしたが、2006年に「都市計画道路見直し指針

（長野県）」が策定されると、長野市都市計画道路見直し作業が始まり、2013年には本路線が廃止路線に位置づけられました。地元住民らへの説明や県との協議ののち、公聴会、計画案縦覧、都市計画審議会を経て、廃止が決定しました。

　本事例は、都市計画を廃止する事例ですが、計画を変更する場合においても、本事例と同様な手続きを経ることとなります。

計画事例2　無秩序な発展と都市施設の整備遅れの改善を目指す（長野駅周辺第二土地区画整理事業）

①計画の背景

　本地区は、長野駅東口に直結しているにもかかわらず、無秩序な発展と都市施設等の整備の遅れから、生活環境の悪化や防災機能が十分でない点が問題視されていました。

　そこで、長野市の玄関口としてふさわしい都市機能や居住環境、防災機能を持ち合わせた土地区画整理が行われました（図6・7）。

> ・施行主体：長野市
> ・施行面積：58.2ha
> ・都市計画決定：1992年12月
> ・施行期間：1993年度〜2024年度
> ・計画人口：5200人
> ・減歩率：29.20%
> ・公共用地率：39.29%
> ・建物移転数：1216戸

②具体的な事業内容

　1216戸を対象とした大規模な事業であったことから地元住民の理解に時間を要したものの、全国的な土地価格の低落もあり、6回の事業計画変更の末、事業完了目前となりつつあります。

　幹線道路に接する区画道路は、幹線道路の混雑を避ける迂回に利用され、生活空間内の安全性が問題視されていました。そこで、迂回路としての交通量を減らし、自動車のスピードを抑制することを目的として、一部区画道路においてスラローム（蛇行）型のカラー塗装を導入しています（図6・8）。

図6・7　本計画の設計図
（出典：長野市市街地整備局駅周辺整備課『長野駅周辺第二土地区画整理事業の概要』）

図6・8　区域内の区画道路の様子（筆者撮影）

計画事例 3	一体的な面的開発によって市街地の拠点を創出する（長野市市街地再開発事業（第一種））

①計画の背景

　対象となる地区は、中心市街地内においてJR長野駅と善光寺を結ぶ南北軸と県庁と市役所を結ぶ東西軸とが交わる中央に位置しており、かつては金融機関や百貨店が集積する賑わいのあるエリアでした（図6·9）。しかし、百貨店等の倒産・撤退が相次ぐとともに、老朽化した木造建築物の密集も問題となっていました。

　中心市街地のほぼ中央にあたる地区であるものの、集客力のある長野駅、善光寺ともに徒歩10分程度かかるため、それらの集客ポテンシャルを得ることが難しい環境でした。そこで、どのように賑わいを創出していくかが課題となりました。

②市街地再開発事業の経緯と特徴

　2003年に長野銀座A-1地区ならびにD-1地区の都市計画決定がされると、A-1地区では組合が設立され、2004年には権利変換計画が認可されました。D-1地区では2005年に再開発株式会社による事業計画・権利変換計画が認可されました。その後、両地区で工事が着手され、2006年に工事が完了しました。2007年にはA-1地区の組合が解散し、D-1地区では事業が終了しました。

　中心市街地の新たな拠点としての賑わい創出のため、A-1地区には放送局と商業施設、公共施設からなる複合施設を情報・文化の発信拠点として整備しました。さらには、一定の規模以上の建築物に設けることが義務付けられる付置義務駐車施設としてD-1地区に1階部分に商業施設の入った大規模駐車場を整備しました。中心市街地において自動車来訪者の拠点となるような施設を目指しています（図6·10、11）。

長野銀座 A-1 地区：組合施行
長野銀座 D-1 地区：再開発株式会社施行

図6·9　整備前の様子
（北側A-1、南側D-1）

図6·10　整備後の施設配置

図6·11　整備後の様子
（上図A-1、下図D-1）

（いずれも出典：長野市都市整備部都市政策課『市街地再開発事業の実績』）

6章　都市施設と市街地開発事業

(1) あなたが住んでいたり、興味を持っている都市について、都市計画図（行政地図）を確認し、現在の状況と比べて、都市計画施設の整備が進むことによりどのような課題が解決する可能性があるのか考察してください。

(2) あなたが住んでいたり、興味を持っている都市について、以下の事業の概要（区域、目的、事業年度、施行者、実施効果等）を調べてください。内容を把握したうえで、昨今の社会・経済情勢（人口減少や中心市街地の衰退など）、激甚化する災害などの状況に基づき、事業の効果や課題をまとめてください。

  ❶土地区画整理事業

  ❷市街地再開発事業

(3) あなたが住んでいたり、興味を持っている都市について、土地区画整理事業や市街地再開発事業を活用することによって解決できる可能性のある課題はどのようなものがあるのか検討してください。さらにその課題を解決するための、事業計画（現況と整備イメージ図、想定される整備効果等）を A4 用紙 1 枚程度にまとめてください。

参考文献

1) 国土交通省都市局都市計画課都市計画調査室『都市計画現況調査』2020 年 3 月
2) 国土交通省都市局都市計画課『都市計画法制』2021 年 3 月
3) 公益社団法人街づくり区画整理協会『土地区画整理事業の実績』2017 年度末
4) 国土交通省都市局市街地整備課『市街地整備制度の概要　—土地区画整理事業—』2019 年 5 月
5) 国土交通省都市局市街地整備課『市街地整備制度の概要　—市街地再開発事業—』2020 年 6 月

7章
都市開発と更新計画

1 新開発と更新

　都市の開発は、新開発と更新の2つに大別することができます。新開発は、まっさらな土地や都市的利用が極めて限られていた土地に新しく計画的に都市をつくることを指します。一方、更新は、すでに都市的利用がされている土地において、都市の機能や環境の全部または一部をつくり直すものです。これらの計画が新開発計画、更新計画になります。

　国内の未利用地に新都市を建設することは、典型的な新開発です。20世紀の新都市建設の事例としては、オーストラリア、ブラジルにおける新首都の建設が挙げられます。1901年にイギリスから独立して誕生したオーストラリアでは、既存の二大都市であるシドニーとメルボルンの中間に位置するキャンベラに新首都を建設することになりました。1911年に新首都の都市計画デザインコンペが行われ、円や三角形などを組み合わせた都市構造の基本デザインを提案したアメリカの建築家グリフィンの案が採択されました。1913年に実際にこの案に基づく都市の建設が始まり、1927年に正式に首都がキャンベラに移転されました。ブラジルでは、1956年に国土のほぼ中央の内陸部に位置するブラジリアへの遷都を公約に掲げたジュセリーノ・クビチェッキ大統領が誕生しました。ブラジル政府によるデザインコンペの結果、巨大な飛行機を模した2つの都市軸（大通り）が十字型に交差する都市構造を提案したブラジル人建築家・都市計画家ルシオ・コスタの案（図7・1）が採択されました。ブラジリアの建設は僅か3年で完成し、1960年に遷都が行われています。その後、エジプト、インドネシアでも新首都の計画・建設が進められています。

　都市郊外のニュータウン建設も新開発に当たります。ニュータウンは、既存の都市での住宅不足、人口過密、環境悪化に対処するため、郊外に新たに建設するまちです。ニュータウンの発想の起源は、イギリスの社会改良家エベネザー・ハワードが1902年に著書『明日の田園都市』で提唱した田園都市に遡ります。田園都市は、大都市郊外に位置する人口数万人規模の都市で、住宅や公園、文化施設の他、工場なども計画的に配置され、緑豊かな職住近接が特徴となっています。ロンドン郊外では、実際に、1903年に最初の田園都市レッチワース（図7・2）、1920年にウェリンが建設されています。戦後になると、イギリス政府は田園都市を参考にしたニュータウンの開発を促進する新都

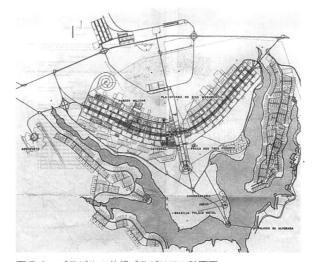

図7・1　ブラジルの首都ブラジリアの計画図
（出典：arquiscopio ウェブサイト [1]）

図7・2　レッチワースの様子

市法（New Town Act）を1946年に制定し、同法に基づき30以上のニュータウンが建設されました。日本では、一般的には、1955年以降に都市郊外に建設された大規模な住宅地をニュータウンと呼んでいます。日本のニュータウン開発は、主に日本住宅公団（後の住宅・都市整備公団、現：都市再生機構）、地方公共団体（都道府県、市町村）などの公的機関、あるいは民間企業（鉄道会社・不動産会社など）が事業主体となって実施されています。なお、日本のニュータウンは、イギリスの田園都市やニュータウンのように職住近接の自立型都市ではなく、基本的には住機能に特化したものとなっています。

　都市郊外では、住宅地だけでなく、商業拠点、生産拠点、物流拠点、研究開発拠点の新開発も行われています。大規模ショッピングモールやアウトレットモールは、典型的な郊外の商業拠点です。郊外の工業団地は生産拠点、流通業務団地は物流拠点になります。大規模な研究開発拠点と住宅地を併せ持ったものとしては、1960年代に開発された筑波研究学園都市、1980〜1990年代前半にかけて開発された関西文化学術研究都市（けいはんな学研都市）があります。

　埋立地における住宅地や商業・業務地の開発も新開発と言えます。東京の前身である江戸は、日比谷入り江の埋め立てに始まり、人口増加に対応するため東京湾を埋め立てて徐々に城下を拡大していきました。明治以降も、埋め立てによる市街地の拡大は続き、越中島、月島、晴海、豊洲などの新市街地が次々と誕生しました。1990年代に完成した臨海副都心は、新宿、渋谷、池袋、上野・浅草、錦糸町・亀戸、大崎に次ぐ東京都の7番目の副都心に指定されています。また1980年代以降、全国で埋立地における新開発が行われています。大規模な事例としては、神戸市の神戸ポートアイランド、横浜市のみなとみらい21、千葉市の海浜幕張地区、大阪市の大阪南港地区、福岡市の百道地区などがあり、いずれも各都市を代表する商業・業務地区となっています。

　津波などによりまちが壊滅的に破壊された場合の復興まちづくりも新開発と言えるでしょう。津波災害後の復興まちづくりには、従前の土地に盛土による嵩上げをしてその上に新たなまちをつくるものや、津波リスクの小さい高台に新たにまちをつくり移転するものがあります。2011年の東日本大震災で大きな被害を受けた東北地方太平洋側の多くの都市では、高台での住宅地の新規整備、中心市街地の盛土や移転による復興が行われました。宮城県女川町では、JR石巻線の女川駅を地盤が嵩上げされた内陸側に移転して、温浴施設が併設された駅舎とし、また、駅から漁港に向かう道路沿いに商店街を新たに整備しました（図7・3）。まちの高台移転は、津波リスクを考慮して被災前に行われることもあります。南海

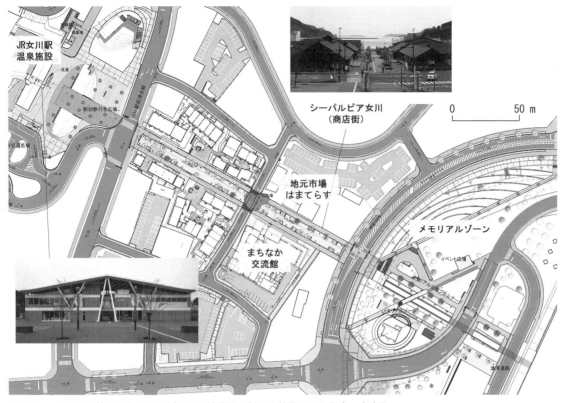

図7・3　JR女川駅前地区復興まちづくりの計画図と新たに整備された駅舎・商店街
(出典（図面）：小野寺康「EAプロジェクト100　15｜女川町震災復興シンボル空間」（エンジニア・アーキテクト協会ウェブサイト[2]）、筆者撮影写真等を追加)

トラフ地震による大きな津波被害が想定される和歌山県の串本町、すさみ町などでは、公共施設や住宅地の高台移転が実施・計画されています。

　都市の更新は、その目的や内容から、地区再開発、地区改善、公共施設の更新・再編に分けることができます。地区再開発と地区改善は、都市内の既成市街地や住宅地などの地区において、利便性や快適性、安全性、保健性などに関する問題の解決、あるいはそれらの一層の向上を図ることを目的として行われます。地区再開発は、地区全体を対象に、建築物を撤去して街路や街区の再編を行い、新たなインフラや建築物を配置・建設するものです。地区改善は、対象地区における利便性や快適性、安全性、保健性を損ねる原因となる一部のインフラや建築物の修繕、建て替え、新設を行うことにより、地区の機能や環境を改善するものです。公共施設の更新・再編は、都市全域を対象に、各施設の老朽化、現状の施設分布と人口動向、維持管理費などを総合的に勘案して、老朽化施設の更新、もしくは統廃合による再編を行うものです。

　欧米の都市では、地区再開発は主にスラムの除去（スラムクリアランス）を目的として行われてきました。6章で説明した区画整理や市街地再開発も典型的な地区再開発です。大規模な工場や倉庫街、貨物駅などの跡地を商業・業務地区や住宅地とする開発も、地区再開発に当たります。このような方法で開発された大規模な住宅地としては、東京都の大川端リバーシティ21、商業・業務地としては、東京都の汐留シオサイト、神戸市の神戸ハーバーランド、福岡市のキャナルシティ博多などが挙げられます。また、近年、eコマースの進展に伴って大都市郊外に次々と建設されている大規模物流施設の多くは、整

図 7・4　地区改善された大内宿

表 7・1　都市開発の分類と内容

大分類	対象地・分類	内容
新開発	国内未利用地	新首都建設
	都市郊外	ニュータウン開発、商業拠点開発、生産拠点開発、 物流拠点開発、研究拠点開発
	埋立地	商業・業務地開発、住宅地開発
	津波被災地	盛土・嵩上げ、高台移転による中心市街地・住宅地開発
	津波被災想定地	高台移転
更新	地区再開発	スラムクリアランス、区画整理、市街地再開発、 工場・倉庫街・貨物駅などの跡地の開発
	地区改善	ニュータウン・住宅地、商業・業務地の一部更新、 伝統的町並みの復元・保全
	公共施設の更新・再編	老朽化した公共施設の大規模修繕・建て替え・統廃合

地済みの工場跡地を利用しており、この場合の開発も地区再開発と言えます。

　一方、既存のニュータウンや住宅地、商業・業務地の一部更新は、地区改善に当たります。また、伝統的町並みを復元・保全するために、景観の阻害要因である電柱や看板などの撤去・規制をすること、景観に配慮した道路舗装に変更することなども地区改善と言えるでしょう。図 7・4 は、地区改善された福島県の大内宿の様子です。

　表 7・1 に都市開発の分類と内容をまとめます。以降の節では、ニュータウンの開発・更新、商業・業務地の開発・更新、開発許可、公共施設の更新・再編に絞り、日本の制度や事例を中心に解説します。

2 ニュータウンの開発と更新

1 新住宅市街地開発事業とニュータウン開発

　1950 年代中頃から始まった高度経済成長期には、人口が大都市に集中し、大都市では住宅不足、市街地のスプロール化、これらに伴う都市環境の悪化が問題となりました。このような問題に対処するため、1955 年に日本住宅公団が設立され、1960 ～ 1970 年代に主に三大都市圏郊外で多くの住宅団地が建設されました。また、1963 年には新住宅市街地開発法が制定されました。同法の第 1 条では、同法の目的と

表7・2　日本の主な大規模ニュータウン（NT）開発の概要

名称	所在地	事業主体	事業手法	施工面積 （ha）	事業年度	計画人口 （人）
千葉 NT	千葉県印西市・白井市 ・船橋市	機構・千葉県	新住	1930	1969～2013	14万3300
多摩 NT	東京都多摩市・稲城市 ・八王子市・町田市	機構・東京都 ・公社	新住・区画整理	2884	1966～2005	34万2200
港北 NT	神奈川県横浜市	機構	区画整理	1341	1974～2004	22万750
高蔵寺 NT	愛知県春日井市	機構	区画整理	702	1965～1981	8万1000
泉北 NT	大阪府堺市・和泉市	大阪府	新住・その他	1557	1965～1982	18万
千里 NT	大阪府吹田市・豊中市	大阪府	新住・一団地	1160	1960～1969	15万
西神 NT	兵庫県神戸市	神戸市	新住	1324	1971～2015	11万6000

注）機構：都市再生機構（旧・日本住宅公団、住宅・都市整備公団）、公社：住宅供給公社
　　新住：新住宅市街地開発事業、区画整理：土地区画整理事業、一団地：一団地の住宅施設

して「健全な住宅市街地の開発及び住宅に困窮する国民のための居住環境の良好な住宅地の大規模な供給を図り、もって国民生活の安定に寄与する」ことが掲げられています。

　同法に基づく新住宅市街地開発事業は、大規模な土地を全面買収によって取得した上で、宅地の造成、公共施設および公益的施設の整備、さらに必要に応じて特定業務施設の整備を行い、宅地を分譲等により処分することによりニュータウンを造成する事業です。ここでの公共施設は、道路、上下水道、公園などのインフラ、公益的施設は、学校、病院、共同店舗等を指します。また、特定業務施設は、事業所や事務所のことです。事業の施行者は、地方公共団体、地方住宅供給公社、都市再生機構または一定の条件を満たした民間施行者になります。新住宅市街地開発事業による大規模ニュータウンの開発事例としては、日本の大規模ニュータウンの先駆けとなった千里ニュータウン（大阪府）、日本最大規模の多摩ニュータウン（東京都）、千葉ニュータウン（千葉県）、西神ニュータウン（兵庫県）が挙げられます。

　この他、土地区画整理事業、一団地の住宅施設などの事業手法を用いた様々な規模のニュータウン開発が全国の都市郊外で行われています。日本有数の大規模ニュータウンである港北ニュータウン（神奈川県）、高蔵寺ニュータウン（愛知県）は、土地区画整理事業で開発されたものです。一団地の住宅施設は、都市計画法で都市施設として定められているもので、一定のまとまった土地に建設される住宅団地において、良好な居住環境を有する住宅群を建設する手法です。

　日本の主な大規模ニュータウン開発の概要を表7・2に示します。

2 ニュータウンの高齢化問題と更新

　ニュータウン内の戸建て住宅地や分譲型集合住宅は、一般的に、開発が完了した時期にニュータウン全体や街区単位などで売り出されます。これらの住宅には、主に子育て世代が一斉に入居することになります。例えば、30歳前後で入居した子育て世代は、年月を経て一斉に高齢化し、50年後には80歳前後となります。子ども世代は、成人後に独立してニュータウンから転出するケースが多く、この場合、高齢者ばかりのまちになってしまいます。高齢者が増えて若年世代や子どもが少なくなると、小中学校の施設が過剰となり、逆に医療・福祉施設が不足することになります。

図7·5　民間企業によりリノベーションされた UR 賃貸住宅（東京都日野市）

　ニュータウン内の賃貸型集合住宅でも、建物の老朽化と住民の高齢化が進展し、多くの問題が発生しています。UR 賃貸団地では、エレベータのない 4～5 階建て住棟が基本となっており、高齢者にとって上層階での居住は非常に困難です。このため、多くの団地で、上の階ほど空室が多い状況となっています。また建物の老朽化に加えて、現代の一般的なマンションなどと比べると間取りが狭く設備も古いため、若い世代の転入希望も少ない状況です。

　1960 年代、1970 年代に開発された多くのニュータウンで、実際にこれらの問題が発生しています。さらに年月が進むと、死亡者が増加し、戸建ての空き家や空き地、集合住宅の空室が増加することも懸念されます。このような問題を抜本的に解決するためには、若い世代を新たに呼び込む必要があります。このため、全国のニュータウンで、老朽化した集合住宅のリノベーションや建て替え、コミュニティスペースの新設など、まちの魅力向上のための様々な取組みが実施されています。また、ニュータウン内の広い戸建て住宅に住む高齢者に、駅前のマンションやサービス付き高齢者住宅などに移住してもらい、戸建てを若い世代に貸し出したり売却したりすることも、持続可能なまちづくりには有効です。

　1958 年に賃貸を開始した東京都日野市の UR 賃貸住宅・多摩平団地では、2002 年までに、敷地と住戸の縮小を伴う全面建て替えによる団地再生（および「多摩平の森」への名称変更）を行いました。また、一部敷地の民間ディベロッパーへの売却や、空き住棟をリノベーション前提で民間企業に 15～20 年間貸し出す住棟ルネッサンス事業を実施しています。同事業では、3 つの民間企業が 5 棟の住棟をリノベーションして、賃貸型シェアハウス、貸し菜園付き賃貸住宅、高齢者向け賃貸住宅、コミュニティ食堂などを運営しています（図7·5）。

③ 商業・業務地の開発・更新

① 大規模商業・業務地の開発と更新

　大規模な商業・業務地の開発や更新は、主に、埋立地における新開発、大規模工場・倉庫街・貨物駅などの跡地を利用した開発、あるいは既存の商業・業務地の地区再開発として行われます。埋立地における新開発では、基本的には、都道府県、政令市、公営企業、第三セクターなどの公的機関が土地造成

や、道路・鉄道・上下水道などのインフラ整備を担い、造成した土地を民間企業に売却して、民間企業が敷地内で建築行為を行います。跡地を利用した開発、既存の商業・業務地の地区再開発の場合は、通常、6章で取り上げた市街地再開発事業や土地区画整理事業、民間企業による建築行為、もしくはこれらの組み合わせによって実施されます。

　これらの事業主体に対してインセンティブを与え、開発・更新を誘導する手段として、特定街区、高度利用地区、総合設計制度、特例容積率適用地区、都市再生特別地区などの制度があります。各制度の概要を表7・3に示します。

①特定街区

　特定街区は、都市計画上の地域地区の1つです。一定以上の幅員の道路で囲まれた街区を対象に、高層ビルの建設により、都市機能の更新、良好な都市空間の形成・保全を図るために、1961年に創設された制度です。特定街区では、用途地域で定められた容積率、高さ制限を適用せず、個別に都市計画決定してこれらの制限を規定することができます。東京・大阪の都心・副都心、名古屋市、横浜市、神戸市などの大都市の都心部の商業・業務地の街区で多く指定されています。例えば、東京・西新宿の新宿副都心の高層ビル街は、特定街区を適用して開発されたものです。

②高度利用地区

　高度利用地区も地域地区の1つです。用途地域内の市街地で、細分化された敷地の統合を促進し、土地の高度利用、都市機能の更新、防災性の向上を図るため、1969年に創設された制度です。指定地区では、容積率の最高限度および最低限度、建蔽率の最高限度、建築面積の最低限度、壁面位置の制限を定めることができ、既存の制限を緩和することができます。2020年末時点で、例えば、東京23区では153地区、大阪市では16地区、名古屋市では15地区が高度利用地区に指定されています。

③総合設計制度

　総合設計制度は、建築基準法に定められた制度で、一定割合以上の公開空地を確保した大規模建築物に対して、用途地域で定められた容積率、高さ制限、斜線制限について、特例的に緩和を許可するものです。敷地内の建築物と公共空間を一体のものとして総合的に設計することから、このような名称となっています。具体的な緩和の条件、緩和の程度については、権限を有する特定行政庁（建築主事を置く市町村の長、その他の市町村では都道府県知事）が基準を定めることとなっています。1971年の制度創設以降、多くの適用事例があります。

④特例容積率適用地区

　特例容積率適用地区は、建築物の容積率の限度に対して未利用となっている容積を活用して土地の高度利用を図るものです。同地区に指定されると、通常隣接する敷地間のみで認められている容積率の移転が、敷地が隣接していなくても行えるようになります。2000年の都市計画法・建築基準法の改正に伴い、商業地域を対象に特例容積率適用区域制度が創設されました。その後、2004年に第一種・第二種低層住居専用地域と工業専用地域以外のすべての用途地域に適用可能となり、特例容積率適用地区に名称変更され地域地区の1つとなりました。特例容積率適用地区の代表的な適用例として、東京駅周辺の丸の内・大手町地区があります。丸の内地区では、2012年に創業当時の姿に復原された東京駅丸の内駅舎の容積率の余剰部分が周辺の複数のビルに移転されています（図7・6）。

表 7・3　大規模商業・業務地の開発・更新を誘導する日本の諸制度

制度名	根拠法	創設年度	単位	大規模商業・業務地での主な適用事例
特定街区	都市計画法	1961	街区	大宮駅前桜木町（さいたま市） 西新宿一丁目、二丁目（東京都新宿区） 東池袋三丁目・サンシャインシティ（東京都豊島区） 丸の内二丁目・丸ビル（東京都千代田区） 丸の内一丁目・新丸ビル（東京都千代田区） 日本橋一丁目・COREDO 日本橋（東京都中央区） 本町 1 丁目（千葉県船橋市） 横浜駅西口（横浜市） みなとみらい 21 中央地区（横浜市） 栄三丁目（名古屋市） 丸の内二丁目（名古屋市） 京都駅・京都駅ビル（京都市） 安土町二丁目・大阪国際ビルディング（大阪市） 京橋三丁目（大阪市） 天満橋（大阪市） 浜辺通 5 丁目・神戸商工貿易センタービル（神戸市） 明石町・大丸神戸店（神戸市）
高度利用地区	都市計画法	1969	地区	※全国に多数
総合設計制度	建築基準法	1971	敷地	NSS ニューステージ札幌（札幌市） 秋田アトリオン（秋田県秋田市） 安田生命富山ビル（富山県富山市） 新宿パークタワー（東京都新宿区） 恵比寿ガーデンプレイス（東京都渋谷区・目黒区） 芝浦スクエア（東京都港区） 天王洲アイル（東京都品川区） 日本火災横浜ビル（横浜市） 名古屋市中区役所・朝日生命共同ビル（名古屋市） 京セラ本社ビル（京都市） 肥後橋プラザビル（大阪市） 北浜 TNK ビルディング（大阪市） 大阪ビジネスパーク（大阪市） ホテルニューオータニ大阪（大阪市） NI IK 広島放送センタービル（広島市） 西嶋三井ビルディング（熊本市） 大同火災海上保険本社ビル（沖縄県那覇市）
特例容積率適用地区	都市計画法	2000 *	地区	丸の内（東京都千代田区） 大手町（東京都千代田区）
都市再生特別地区	都市計画法、都市再生特別措置法	2002	地区	北 2 西 4・札幌三井 JP ビルディング（札幌市） 一番町三丁目南・仙台ファーストタワー（仙台市） 丸の内（東京都千代田区） 大手町（東京都千代田区） 銀座四丁目（東京都中央区） 日比谷・東京ミッドタウン日比谷（東京都千代田区） 渋谷二丁目 21・渋谷ヒカリエ（東京都渋谷区） 横浜駅西口駅前（横浜市） 千葉駅西口（千葉市） 名駅一丁目、三丁目、四丁目（名古屋市） 心斎橋筋一丁目（大阪市） 淀屋橋（大阪市） 梅田 1 丁目（大阪市） 大阪駅北（大阪市） 中之島四つ橋筋（大阪市） 阿倍野筋一丁目（大阪市） 三宮駅前（神戸市） 広島駅南口（広島市） 高松丸亀町商店街（香川県高松市） 小倉駅南口東（北九州市）

＊：2000 年の都市計画法・建築基準法の改正により「特例容積率適用区域制度」創設。
　　2004 年に「特例容積率適用地区制度」に変更。

⑤都市再生特別地区

　都市再生特別地区は、地域地区の1つで、2002年制定の都市再生特別措置法において、「都市再生緊急整備地域のうち、都市の再生に貢献し、土地の合理的かつ健全な高度利用を図る特別の用途、容積、高さ、配列等の建築物の建築を誘導する必要があると認められる区域」とされています。地区内では、用途地域・特別用途地区による用途制限、用途地域による容積率制限、斜線制限、高度地区による高さ制限、日影規制が適用除外となり、既存の規制によらない高度利用が可能となります。東京や大阪の都心・副都心の一部地区の他、札幌市、仙台市、横浜市、千葉市、岐阜市、浜松市、名古屋市、神戸市、広島市、高松市、北九州市などで主に中心部の一部地区が指定されています。図7・7に、都市再生特別地区の開発事例として、東京都中央区日本橋二丁目地区のイメージ図と概要を示します。

図7・6　特例容積率適用地区が適用された東京駅丸の内駅舎と周辺のビル群

区域面積：約4.8ha
用途地域：商業地域
容積率：
800%のところを1990%にする等

図7・7　都市再生特別地区の例（東京都中央区日本橋二丁目地区）
（図の出典：東京都都市整備局ウェブサイト「日本橋二丁目地区第一種市街地再開発事業」[3]）

2 まちづくり三法と中心市街地の活性化

　日本では、1960年代以降、モータリゼーションが急速に進展しました。自家用車が普及し、多くの都市の中心部では徐々に交通渋滞が問題になりました。これに対処するため、1980年代頃から中心部を迂回するバイパス整備が進みましたが、バイパス沿道には、大型店（ロードサイドショップ）が立地するようになりました。この結果、それまで日常的に中心部の店舗を利用していた消費者が自家用車で大型店に買い物に行くようになり、中心市街地の衰退が進みました。都市内鉄道などの公共交通が発達していない地方都市では、衰退が特に顕著でした。撤退店舗が続くいわゆるシャッター街は、人口10万人未満の小規模な都市だけでなく、県庁所在都市など人口20〜50万人程度の中規模な都市でも見られます（図7・8）。

　従来、大型商業施設の出店に当たっては、「大規模小売店舗における小売業の事業活動の調整に関する法律」（大店法）に基づき、地域の中小小売業者との間で店舗の規模や営業日時などの調整が行われてきました。しかし、海外からの圧力もあり、大店法は2000年に廃止されることになります。大店法の廃止に対処し、各都市の文化の中心である中心市街地の衰退を食い止め、活性化を図るため、1998年に「中心市街地における市街地の整備改善と商業等の活性化の一体的推進に関する法律」（中心市街地活性化法（旧活性化法））、「大規模小売店舗立地法」（大店立地法）、「改正都市計画法」が制定されました。これらは3つ合わせてまちづくり三法と呼ばれています。

図 7·8　中心市街地のシャッター街（左：和歌山市、右：前橋市）

　旧活性化法は、土地区画整理事業、市街地再開発事業、インフラ整備による市街地の整備と、商業施設の整備を一体的に進めて中心市街地の活性化を図る仕組みを定めたものです。同法に基づき、市町村は基本的方針、対象区域、事業概要などをまとめた中心市街地活性化基本計画を作成します。基本計画に基づいて、TMO（Town Management Organization）が商店街や中核的商業施設の整備についての構想、計画を作成し、国に認定されると資金的な支援を得ることができるというものでした。TMO は、中心市街地におけるまちづくりを管理・運営する組織で、商店街や市民、行政など様々な主体が参加して、まちの運営を横断的・総合的に調整・プロデュースする役割を有していました。

　1998 年の都市計画法の改正では、大型商業施設の郊外立地を規制する必要があると市町村が判断した場合に、特別用途地区、特定用途制限地域により土地利用規制を実施できるようになりました。大店法に代わって 2000 年に完全施行された大店立地法は、大型商業施設の立地に際して、交通渋滞や交通安全、騒音等の周辺生活環境の保持の観点から配慮を求めるというもので、立地規制の観点からは限定的なものでした。

　まちづくり三法の施行にも関わらず、21 世紀に入っても大規模小売店の郊外立地、居住人口の減少、公共施設・公益施設の郊外移転などにより、中心市街地の衰退が益々加速していきました。この要因としては、事実上大規模商業施設の立地を規制していた大店法の廃止に加え、旧活性化法では支援が商業に偏っており、中心市街地での居住を促進する住居や都市機能（医療・福祉・教育文化施設等）の集積に対する支援がなかったことが明らかになってきました。そこで、郊外での立地規制強化、中心市街地での都市機能強化を図る目的で、2006 年に中心市街地活性化法と都市計画法の改正、2007 年に大店立地法の指針改定が行われました。改正・指針改定された三法は、改正まちづくり三法と呼ばれています。

　改正中心市街地活性化法では、その目的に「都市機能の増進」「経済の活力の向上」が加えられ、基本理念や国・市町村・事業者に求められる責務が定められました。また、従来の TMO を、まちづくり会社、商工会議所、市町村、地域住民、民間事業者など多様なまちづくり主体が参加できるように改組し、中心市街地活性化協議会として法定化しました。さらに、中心市街地活性化計画を内閣総理大臣が認定することになり、選択と集中により、意欲的な計画に対して重点的に支援が行われることになりました。図 7·9 に、改正中心市街地活性化法による活性化制度の概要を示します。

　2006 年の都市計画法の改正では、延床面積が 1 万 m^2 を超える大規模集客施設について、立地規制が

大幅に強化されました。大規模集客施設は、原則として商業地域、近隣商業地域、準工業地域のみで開発可能となり、市街化調整区域では例外規定が廃止されすべての開発が許可制に、また用途地域が定められていない準都市計画区域や非線引き白地地域では原則建設ができなくなりました。

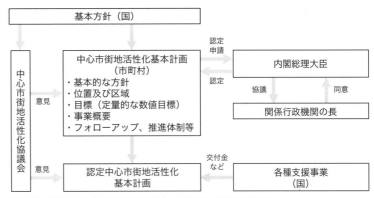

図7・9　改正中心市街地活性化法による活性化制度の概要
(出典：国土交通省都市局まちづくり推進課『2020（令和2年度）中心市街地活性化ハンドブック』[4]をもとに作成)

4 開発許可制度

　建築物の建築や特定工作物の建設を目的とする、土地の区画形質の変更を行う行為のことを開発行為と言います。特定工作物には、コンクリートプラントなどの第一種特定工作物、ゴルフコースなどの第二種特定工作物があります。区画形質の変更とは、土地の区画、形、または質の変更を行うことです。区画の変更は土地の範囲を変更することで、例えば1つの敷地の間に道路を通して2つの敷地に分ける場合がこれに当たります。形の変更は、切土や盛土によって土地形態を変更させる造成工事を行うことを指します。質の変更は、例えば現在畑や田んぼの土地を宅地として利用することなどを指します。

　開発許可制度は、開発行為に都道府県知事（市に権限が委譲されている場合は市長）の許可を必要とするというものです。事業者は、事前に開発許可申請を行い、許可の通知を受け取った後に、工事に着手することができます。ただし、市街化区域における $1000\,\text{m}^2$ 未満(三大都市圏の既成市街地等では $500\,\text{m}^2$ 未満)、または非線引き都市計画区域・準都市計画区域における $3000\,\text{m}^2$ 未満の開発行為、市街化調整区域・非線引き都市計画区域における農林漁業に用いる建築物やその従事者の住居のための開発行為、公益上必要な建築物（鉄道駅舎、図書館、公民館、変電所など）の建築のための開発行為、都市計画事業として行う開発行為、災害時に必要な応急措置として行う開発行為については、例外として許可は不要となっています。表7・4に、開発許可が必要な開発行為を示します。

　なお、幹線道路の沿道施設、食品や日用品を扱う小規模店舗、地域振興のための工場、各種プラント、農林漁業のための施設の新設、既存の事業所等の増築については、一定の基準を満たせば、原則として開発が許可されることになっています。

　開発許可制度は、本来は土地利用規制（5章）の中で、開発行為に対して必要最低限の公共施設の整備水準を保たせ、市街化調整区域内においては、一定のものを除き開発行為を行わせないことを目的とするものです。市街化調整区域で許可することができる開発行為は都市計画法第34条において限定されています。しかし、実態としては開発許可制度により、スプロールにもつながる小規模な宅地開発（ミニ開発）等が行われてきました。今後は、人口減少・高齢社会に対応する、都市機能がコンパクトに集積した都市構造の実現を目指す開発許可制度の運用が求められます。

表7·4　開発許可が必要な開発行為（出典：国土交通省ウェブサイト「開発許可制度の概要」[13] を参考に作成）

	区域	規制対象
都市計画区域	市街化区域	1000m² 以上 ※三大都市圏の既成市街地、近郊整備地帯等では 500m² 以上 ※条例により、300m² まで引き下げ可能
	市街化調整区域	原則としてすべて
	非線引き都市計画区域	3000m² 以上　※条例により、300m² まで引き下げ可能
準都市計画区域		3000m² 以上　※条例により、300m² まで引き下げ可能
都市計画区域外かつ準都市計画区域外		10000m² 以上

5 公共施設の更新・再編

　公共施設には、道路、鉄道、上下水道などのインフラ、庁舎、学校、医療・福祉施設、公民館・コミュニティーセンター、文化施設などの建築物、ゴミ処理場、下水処理場などのプラントがあります。公共施設は、6章で取り上げた都市施設とほぼ同義です。ここでは、公共施設のうち、建築物（建築系公共施設）の更新と再編について解説します。

　日本では、高度経済成長期の 1960 年代以降、人口増加に対応して多くの建築系公共施設が建設されました。建築から 50 〜 60 年が経過した公共施設は、大規模修繕や建て替えなどの更新が必要となります。公共施設の維持・管理には毎年費用がかかりますが、更新に際してはさらに莫大な費用が必要となります。一方、今後は人口減少により、公共施設の利用者は減少していくと考えられます。また、公共施設を管理する自治体は、人口減少による税収の減少により、すべての施設の維持・管理、修繕、更新の費用を負担することが困難になっています。さらに、2000 年代に多く行われた市町村合併により、同じ自治体内で類似の公共施設の重複も散見されるようになりました。このため、各自治体には、長期的視点で、各施設の長寿命化、統廃合による再編、残す施設の更新を計画的に実施することが求められています。

　このような背景から、2014 年、総務省は全国の自治体に対して、「公共施設等総合管理計画」および「個別施設計画」の策定を要請しました。公共施設等総合管理計画は、中期的な取組みの方向性を明らかにする計画として、所有施設等の現状や施設全体の管理に関する基本的な方針を定めるものです。個別施設計画は、総合管理計画に基づき、個別

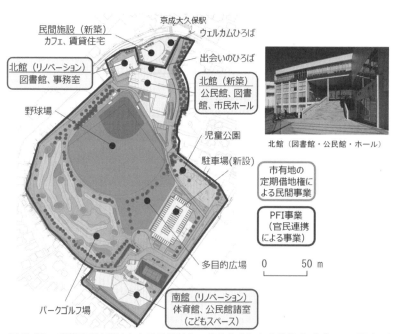

図7·10　千葉県習志野市における集約化・複合化された公共施設（プラッツ習志野）
（出典（平面図）：習志野市資料[5] を一部改変）

施設ごとの具体の対応方針を定める計画として、点検・診断によって得られた個別施設の状態により維持管理・更新等に係る対策の優先順位の考え方や、対策の内容、実施時期を定めるものです。2017〜2021年度における施設の統廃合（集約化・複合化）に当たっては、公共施設等適正管理推進事業債の充当などの優遇措置を受けることができました。

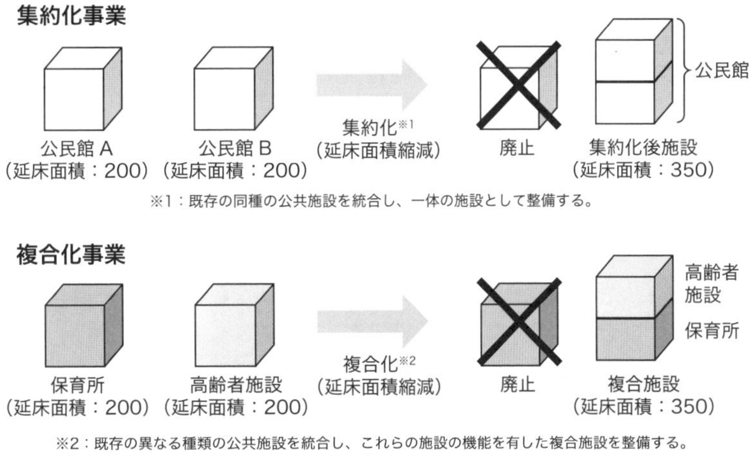

集約化事業

公民館A（延床面積：200） 公民館B（延床面積：200） → 集約化※1（延床面積縮減） 廃止 集約化後施設（延床面積：350） 公民館

※1：既存の同種の公共施設を統合し、一体の施設として整備する。

複合化事業

保育所（延床面積：200） 高齢者施設（延床面積：200） → 複合化※2（延床面積縮減） 廃止 複合施設（延床面積：350） 高齢者施設 保育所

※2：既存の異なる種類の公共施設を統合し、これらの施設の機能を有した複合施設を整備する。

図7・11　集約化事業・複合化事業のイメージ（出典：総務省資料6).7)を一部改変）

　図7・10に千葉県習志野市において市内に点在していた公共施設を集約化・複合化した事例、図7・11に集約化事業・複合化事業のイメージを示します。

　統廃合による再編が行われると、自治体は廃止された施設の維持・管理、修繕、更新の費用を節約することができます。一方で、施設の廃止に伴って、地域住民の利便性は低下するため、統廃合・再編の検討に当たっては慎重な判断が必要です。

計画事例 1 　ニュータウン開発（千里ニュータウン）

　1950年代後半、大阪都市圏では人口が急増し、大阪市などで勤務する中低所得者の住宅不足が深刻な状況でした。また、市街地の郊外への無秩序な拡大（スプロール）が進行し、道路や学校などのインフラ・公共施設の不足による利便性の低下、農地や森林の荒廃が懸念されていました。

　千里ニュータウンは、上記の課題に対処するため、大阪府企業局が大阪市の北約15kmに位置する千里丘陵（吹田市・豊中市）に計画・開発した日本初の大規模ニュータウンです。開発面積は1160ha、計画人口は15万人（3万世帯）で、住機能に特化した計画でした。通勤者などのため、大阪市中心部と直接つながる幹線道路（御堂筋）、鉄道（阪急千里線）がニュータウンまで延伸されました。1962年にまちびらきとなり、全住区が完成した1969年には人口が10万人を突破しました。

　千里中央、北千里、南千里の3つの地区で構成され、各地区に地区センターが置かれました。また、各地区は3〜5の住区（全体で12）に分かれ、各住区の中心に食品スーパーを核とする近隣センター、概ね各住区に1つの小学校、2住区で1つの中学校が配置されました。

　阪急千里線は大阪市と南千里、北千里を結ぶものでしたが、1970年に大阪市中心部から千里中央を結ぶ北大阪急行（地下鉄直通）が開通します。人口は、1975年にピークの約13万人に達しました。その後、少子化や核家族化の進展に伴って人口は徐々に減少し、2010年には約8万9千人となりました。

　そのため、新たな交通網として大阪モノレールの整備や、地区センターなどの再整備、住宅団地の建

て替えやリノベーションを実施し、地域の利便性・魅力の向上を図りました。この結果、人口は再び増加に転じ、2020年には10万人を超えています。図7・12に千里ニュータウンの様子を示します。

図7・12　千里ニュータウン（左：千里中央駅前の広場、右：建て替えられた住宅団地）

計画事例 2　大規模再開発（東京・大手町一丁目地区）

　東京駅の北側に位置し皇居に隣接する大手町は、気象庁などの官公庁、金融・保険、報道、商社などの業務中枢機能が立地する東京の代表的なオフィス街です。1990年代後半には、高度成長期に建設された多くのビルが築30年を超え、老朽化が問題になってきました。また、オフィス機能の高度化も求められていました。しかし、敷地に余裕がなく、業務を休止することも難しいため、建て替えが困難な状況にありました。

　2000年、国の合同庁舎の入居機関がさいたま新都心に移転することが決まり、合同庁舎跡地に約1.3haの更地が生まれることになりました。地元自治体や地権者等からは、この土地をまちづくりに活用すべきとの意見が多く出されました。2003年、国の都市再生プロジェクト（第5次）に指定され、合同庁舎跡地を種地とする連鎖型都市再生の計画が立案されました。

　連鎖型都市再生は、土地区画整理事業、換地、建て替えを繰り返す仕組みです。具体的には、まず、老朽化したビルの所有者が種地を借りて新たなビルを建設します。完成後、新たなビルに移転するとともに元のビルを除去・更地化し、土地の所有権を入れ替えます。この結果、新たな種地が生まれ、再び新たなビルを建設します。以後、これを繰り返すことで、地区全体の再生を図ることができます。図7・13に、大手町の連鎖型都市再生の流れを示します。

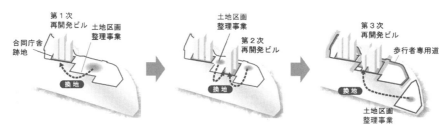

図7・13　大手町連鎖型都市再生の流れ（出典：都市再生機構資料[8]を一部改変）

図7・14　大手町（左：川端緑道、右：第1次再開発ビル）

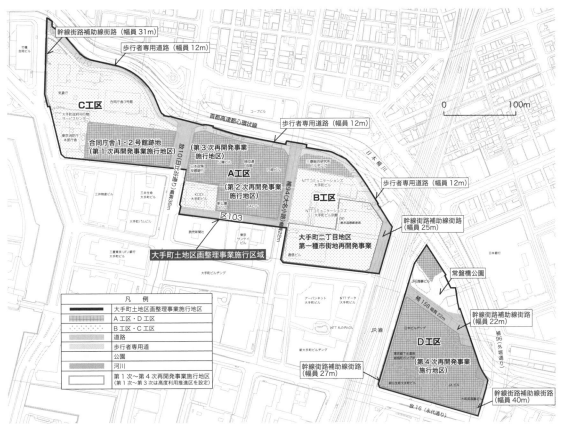

図7・15　大手町連鎖型都市再生プロジェクトの概要（出典：都市再生機構資料[8]を一部改変）

　2009年に第1次、2012年に第2次、2016年に第3次の再開発ビルが竣工しています。歩行者専用道（大手町川端緑道）や広場も新たに整備され、人々の憩いや交流の場となっています。図7・14に川端緑道および第1次再開発ビルの写真、図7・15に事業の概要（平面図）を示します。

計画事例 3　地区再開発（福岡市・キャナルシティ博多）

　キャナルシティ博多は、九州一の繁華街である天神地区と大型商業施設が集積する博多駅周辺地区の

間に位置しています。西鉄福岡駅・地下鉄天神駅、JR博多駅から、それぞれ徒歩約10分でアクセスすることができます。

　JR博多駅は元々、現在の駅から北東へ約600mの現在の地下鉄祇園駅付近にありました。1950年代になると駅の容量不足や交通渋滞の問題が顕在化したため、土地区画整理事業による移転拡張が計画され、1963年に新駅が開業しました。博多駅移転に伴い、人の流れは天神地区と博多駅前地区に集中し、両地区に挟まれた古来より博多商人の街として栄えてきた地域は徐々に衰退していきました。

　1980年、地元資本の銀行系不動産会社がカネボウ福岡工場跡地約3.5haを買収し、天神地区と博多駅前地区の間の空洞化した地区に新たな街をつくるプロジェクトがスタートしました。紆余曲折を経て、アメリカの建築家ジョン・ジャーディを中心とするチームによる、人口運河（キャナル）を中心とする多層型ショッピングストリートの建築デザインが採択されました。

　1996年4月に開業したキャナルシティ博多は、商業施設に加え、映画館、劇場、アミューズメント施設、ホテル、ショールーム、オフィスから成る複合施設です。中心を流れる約180mの運河を取り囲むように各施設が配置されています（図7・16）。商業施設、映画館、劇場、アミューズメント施設が入るサウスビル、ノースビル、これらをつなぐセンターウォークは地下1階〜4階（一部5階）の多層構造で、水平方向・垂直方向の回遊性を高める工夫がなされています。2011年には、既存棟と空中回廊ブリッジでつながるイーストビルが開業し、商業機能の更なる充実が図られています。

　この結果、キャナルシティ博多は多くの人々で賑わいを見せ、周辺の那珂川などと併せて水のネットワークを形成し、天神地区と博多駅周辺地区に二極化していた福岡の街を連結して回遊性を高めることに貢献しています。

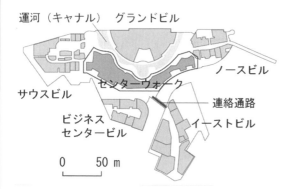

図7・16　キャナルシティ博多の2階平面図と地下1階の運河沿いの空間
（出典（平面図）：キャナルシティ博多ウェブサイト「フロアマップ」[9] を一部改変）

■ 演習問題7 ■

(1) あなたの身近な住宅地（ニュータウン、団地など）の更新事例または更新計画を1つずつ取り上げ、それらの概要（対象地の概要、更新の目的、内容、時期、費用、効果など）についてインターネット等で調べ、まとめてください。

(2) あなたの身近な商業・業務地の更新事例または更新計画を1つずつ取り上げ、(1) 同様に概要をインターネット等で調べ、まとめてください。

参考文献

1) arquiscopioウェブサイト「Plan Pilot of Brasilia」(https://arquiscopio.com/archivo/2012/07/21/plan-piloto-de-brasilia/?lang=en)

2) 小野寺康「EAプロジェクト100　15｜女川町震災復興シンボル空間」(エンジニア・アーキテクト協会ウェブサイト、http://www.engineer-architect.jp/serial/kaiin/%E5%B0%8F%E9%87%8E%E5%AF%BA-%E5%BA%B7/2979/)

3) 東京都都市整備局ウェブサイト「日本橋二丁目地区第一種市街地再開発事業」(https://www.toshiseibi.metro.tokyo.lg.jp/cpproject/field/nihonbashi/saikaihatsu2-17.html)

4) 国土交通省都市局まちづくり推進課『2020(令和2年度)中心市街地活性化ハンドブック』(https://www.mlit.go.jp/crd/index/handbook/2020/2020tyukatu_handbook.pdf)

5) 習志野市「大久保地区公共施設再生PFI事業」国土交通省ブロックプラットフォーム(関東ブロック)研修資料、2020(https://www.mlit.go.jp/common/001375874.pdf)

6) 総務省「公共施設最適化事業等の概要」(https://www.mext.go.jp/b_menu/shingi/chousa/shisetu/013/008/shiryo/__icsFiles/afieldfile/2015/07/24/1359984_5_1.pdf)

7) 総務省自治財政局『自治体施設・インフラの老朽化対策・防災対策のための地方債活用の手引き(活用のあらまし編)』2020 (https://www.soumu.go.jp/main_content/000633657.pdf)

8) 都市再生機構『大手町連鎖型都市再生プロジェクト』2017 (https://www.ur-net.go.jp/produce/case/otemachi/fehv9e0000000yew-att/UR2017-J-low.pdf)

9) キャナルシティ博多ウェブサイト「フロアマップ」(https://canalcity.co.jp/files/floormap.pdf)

10) 建設省住宅局市街地建築課監修、日本建築センター情報事業部編『総合設計制度事例集』日本建築センター情報事業部、1996

11) 東京都都市整備局ウェブサイト「都市開発諸制度とは」(https://www.toshiseibi.metro.tokyo.lg.jp/cpproject/intro/description_1.html)

12) まちなか再生ポータルサイト「まちづくり三法改正の概要」(https://www.furusato-zaidan.or.jp/machinaka/project/3lows/outline.html)

13) 国土交通省ウェブサイト「開発許可制度の概要」(https://www.mlit.go.jp/toshi/city_plan/toshi_city_plan_fr_000046.html)

14) 小嶋勝衛・横内憲久監修『都市の計画と設計［第3版］』共立出版、2017、pp.147-198

15) 都市計画研究会編『新訂 都市計画』共立出版、2013、pp.263-319

16) 樗木武『都市計画 第3版』森北出版、2012、pp.106-133

17) 加藤晃・竹内伝史編著『新・都市計画概論 改訂2版』共立出版、2006、pp.147-174

8章
都市交通計画

1 都市交通計画の対象

　都市計画を一言で表すと、「都市的地域を対象とする土地利用の計画と都市施設の計画」ということになります。日本の法律上では、都市計画は、土地利用計画、都市施設計画に、面的な計画である市街地開発事業を加えた３つから構成されます。都市施設のうち、面積的にもっとも大きな割合を占めるのが道路、鉄道などの都市交通施設で、その計画が都市交通計画です。

　一方、「都市」のつかない一般の「交通計画」は、都市内の交通施設の他、高速道路、新幹線、空港、港湾など、都市（圏）間、国際間を結ぶ交通施設も対象に含む計画です。つまり、都市交通計画は、都市計画の一部であり、交通計画の一部でもあるということになります。都市計画、交通計画と都市交通計画の関係を図8・1に示します。

　都市内の交通施設を利用する交通には、都市内を移動する交通だけでなく、都市内から都市外、都市外から都市内に移動する交通、都市外から都市外に移動する際に都市内を通過する交通（通過交通）があります。都市交通計画は、これらすべての交通を対象に立案する必要があります。

　また、都市内の交通には、人の移動とモノの移動があります。人の移動には、通勤・通学、業務、買い物、私事、帰宅、帰社など様々な目的のものがあります。モノの移動には、原材料の搬入出など企業間の移動、宅配など企業から個人への移動などがあります。都市交通施設の計画は、これらすべての移動の将来需要を予測して、その結果に基づいて立案しなければなりません。

　都市交通施設には、様々な交通手段に対応したものがあります。もっとも基本的な交通施設である道路は、乗用車の他、トラック、バス、バイク、自転車、歩行者などに対応した施設です。道路のうち、自動車のみが走行可能なものが自動車専用道路です。歩行者専用、あるいは歩行者優先の道路は歩行者系街路と呼ばれます。バス交通のための道路空間には、バス専用道路、バス専用レーン、バス優先レーンがあります。自転車のための道路空間には、自転車道、自転車レーンなどがあります。また、道路上の走行空間だけでなく、これらの交通手段の乗降場所であるバス停、駐車場、駐輪場も都市交通施設です。

　人の移動手段として、同時にもっとも多くの人を運べる手段は都市鉄道（地下鉄、高架鉄道）です。鉄道に次ぐ輸送力を持つ交通手段としては、新交通システム・モノレール、LRT・路面電車があります。新交通システムは、狭義では高架構造物上の軌道を走行する軽車両を指します(例：東京の「ゆりかもめ」)。広義では、高架構造物上を走行する中規模の輸送力を持つ公共交通機関を指し、モノレールも含まれます。LRT（Light Rail Transit）は、低床式の次世

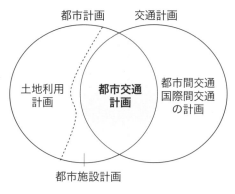

図8・1　都市計画、交通計画と都市交通計画の関係

表8・1　代表的な都市交通手段（人の移動向け）の特徴

	都市鉄道		新交通システム		路面電車		BRT	路線バス
	地下鉄	高架	軌道	モノレール	LRT	従来型		
輸送力	◎	◎	○	○	○	○	△	▲
高速性	◎	◎	○	○	○	○	○	▲
定時性	◎	◎	◎	◎	○	○	○	▲
乗り心地	◎	◎	◎	◎	◎	○	△	▲
乗り降り	△	△	△	△	○	○	○	□
シンボル性	◎	○	○	○	◎	□	□	▲
コスト	▲	△	△	△	□	□	○	◎

注）◎、○、□、△、▲の順で優れていることを示す。

代型路面電車のシステムのことです。これらの手段より輸送力は劣りますが、整備費、維持・管理費が安価な手段として、BRT（Bus Rapid Transit）があります。BRTは、専用道路を走行するバスで、渋滞に巻き込まれることがないため、一般の路線バスよりも輸送力が高くなっています。これらの走行空間である軌道や専用道路、乗降場所の駅・停留所は都市交通施設です。人の移動のための代表的な都市交通手段の特徴を表8・1に示します。

　複数または同一の交通手段間で、人の乗り継ぎ、貨物の積み替えを行う都市交通施設を交通結節点と言います。鉄道駅やバスターミナルは、乗り継ぎのための典型的な交通結節点です。鉄道とトラックの間で積み替えを行う鉄道貨物ターミナル、都市間輸送の大型トラックと都市内輸送の小型トラックの間で積み替えを行うトラックターミナルは、貨物の交通結節点になります。

　将来の交通需要と費用（整備費、維持・管理費、運営費）を考慮して、どのような交通手段の施設を、どこに、どの程度の規模で整備するかを計画するのが都市交通計画です。本章では、都市交通計画の全体的な流れを概説した後、代表的な都市交通施設の計画、日本の都市交通施設計画の制度について説明します。

2 都市交通計画の流れ

1 都市交通計画の立案プロセス

　都市交通計画は、交通体系計画、交通施設計画の順に作成します。交通体系計画は、都市内の各地域間に、どのような交通手段の施設をどの程度の規模で整備するかを示すものです。交通体系計画は、最終的には1万分の1～5万分の1程度の図面に描かれます。交通施設計画は、交通体系計画をもとに、より詳細な施設計画として、2500分の1の施設図面を示すものです。

　交通体系計画では、最初に交通需要の実態調査が行われます。日本における実態調査としては、パーソントリップ調査、物資流動調査、道路交通センサス（自動車起終点調査）があります。パーソントリップ調査は、都市圏内の数％の一般家庭へのアンケート調査により各個人の1日の交通行動（起点、終点、時刻、施設、目的、交通手段等）を把握し、これをもとに都市圏全体の人の動きを推計するものです。物資流動調査は、都市圏内の事務所等へのアンケート調査により1日の貨物の流れ（起点、終点、時刻、施設、品目、重量、交通手段等）を把握し、これをもとに都市圏全体のモノの動きを推計するものです。

自動車起終点調査は、自動車に対象を絞った全国的なOD（後述）に関する調査です。

この実態調査の結果から現状の交通課題を明らかにし、課題を解決する都市交通体系の代替案を複数作成します。次に、各代替案について、将来の交通需要（最終的には1本1本の道路や公共交通の路線別の交通量）の推計を行います。推計には、通常、4段階交通需要推計法（後述）

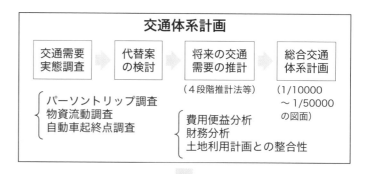

図8・2　都市交通計画の立案プロセス

が用いられます。交通需要の推計結果を用いて、費用便益分析、財務分析が行われ、将来に渡る社会的便益（所要時間の短縮など）が費用（整備費、維持・管理費、運営費）をどの程度上回るのか、財務的に実現可能か（赤字にならないか）を検討します。さらに、土地利用計画との整合性も踏まえて、最終的な案を選定します。検討の結果、望ましい代替案がなかった場合には、再度新たな代替案の検討を行う必要があります。都市交通計画の立案プロセスを図8・2にまとめます。

2　4段階交通需要推計法

将来の交通量の推計に用いられる4段階交通需要推計法は、発生・集中交通量、分布交通量、分担交通量、配分交通量の4段階に分けて推計する方法です。

ある地域iからある地域jへの交通需要は、起点を縦軸に取り、終点を横軸に取って、表8・2の表で表すことができます。この表は、交通の起点（Origin）、終点（Destination）の表なので、OD表と呼ばれます。このOD表では、地域1から地域1への交通需要はX_{11}、地域1から地域jはX_{1j}、地域iから地域jはX_{ij}になります。実際のOD表では、Xには交通量の数字（単位は例えば「トリップ／日」）が入ります。地域iを起点とする交通量の合計は、地域iの発生交通量と呼ばれ、一番右側の列に示されています。地域jを終点とする交通量の合計は、地域jの集中交通量と呼ばれ、一番下の行に示されています。

4段階交通需要推計法をこのOD表で説明すると、最初に1段階目で、各行の合計：発生交通量と、各列の合計：集中交通量の将来値を推計します。次に2段階目で、OD表の中の各X_{ij}（分布交通量）の将来値の推計を行います。次に、各OD間の交通量X_{ij}を交通手段別に分け、手段別の交通量（分担交通量）を求めます。最後に4段階目として、各OD間手段別の交通量を、自動車であれば1本1本の道路、鉄道なら各路線に分け、各道路・各路線の交通量（配分交通量）を推計します。

発生・集中交通量は、社会経済的前提条件をもとに、成長率法、原単位法、関数モデル法などにより推計します。例えば、私事目的の交通の発生は人口に比例すると考えると、現在の人口1人あたり発生トリップ数（ある目的を持って起点から移動する数）に、将来の推計人口を乗じて将来の発生交通量を推計することができます。

表8·2　OD表

O＼D	1	…	j	…	n	発生交通量
1	X_{11}	…	X_{1j}	…	X_{1n}	$\sum_j X_{1j}$
⋮						⋮
i	⋮	…	X_{ij}	…	⋮	$\sum_j X_{ij}$
⋮						⋮
n	X_{n1}	…	X_{nj}	…	X_{nn}	$\sum_j X_{nj}$
集中交通量	$\sum_i X_{j1}$	…	$\sum_i X_{ij}$	…	$\sum_i X_{in}$	$\sum_{i,j} X_{ij}$

　分布交通量は、通常、現在パターン法、確率モデル法、重力モデル法のいずれかで推計します。現在パターン法は、交通需要実態調査で得られた現在の OD 表における各分布交通量の発生交通量や集中交通量に対する比率に、将来の発生交通量や集中交通量の推計値を乗じて推計するものです。確率モデル法は、出発地からの近づきやすさに基づく目的地の選択確率を考慮して推計するものです。重力モデル法は、万有引力の法則を参考に、起点・終点の人口、起点終点間の距離などから分布交通量を直接推計するものです。

　分担交通量の推計には、通常、ロジットモデルが用いられます。ロジットモデルは、ダニエル・マックファーデンというアメリカの計量経済学者が提案した S 字型曲線で（4.1）、（4.2）式で表されます。

$$P_i = \frac{\exp(V_i)}{\sum_j \exp(V_j)} \tag{4.1}$$

$$V_i = \alpha + \sum_k \beta_k x_{ki} \tag{4.2}$$

　ここで、P は選択確率、V は部分効用、x は部分効用の説明要因（所要時間や費用など）を示す変数です。部分効用というのは、その選択をすることによって相対的にどれだけ嬉しいかということです。選択肢 i の選択確率が、選択肢 i の部分効用と他のすべての選択肢の部分効用を用いてこのように表現できるというものです。自動車と鉄道の手段選択を考えると、それぞれの部分効用 V は、例えば、（4.3）、（4.4）式のように、所要時間と所要費用の関数で表すことができます。この式に将来の所要時間・費用を代入し、さらにこれらを（4.1）式に代入すると、自動車、鉄道それぞれの将来の選択確率を推計することができます（α、β は定数）。

$$V_{自動車} = \alpha + \beta_1 所要時間_{自動車} + \beta_2 所要費用_{自動車} \tag{4.3}$$

$$V_{鉄道} = \beta_1 所要時間_{鉄道} + \beta_2 所要費用_{鉄道} \tag{4.4}$$

　配分交通量の推計には、自動車交通の場合、分割配分法、均衡配分法のいずれかを用います。分割配分法は、各 OD 間の自動車交通量を複数段階に分割し、段階ごとに交通量と速度の関係を考慮して速度を更新しながら最短経路探索を行い配分する方法です。均衡配分法は、ある OD について、「すべての人

8章　都市交通計画

137

が完全な情報を持っているとの仮定の下では、各経路の一般化費用（ガソリン代などの所要費用に、所要時間の貨幣換算値を加えたもの）は同じになる」という仮定に基づいて、配分する方法です。従来は、分割配分法が多く用いられていましたが、恣意性の問題が指摘されていて、近年では均衡配分法の

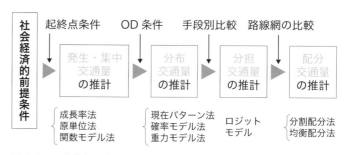

図8·3　4段階交通需要推計法

方が望ましいとされています。4段階交通需要推計法の流れを図8·3に示します。

3 都市交通施設の計画

1 都市内道路

①都市内道路の分類

　都市内道路には、大きく分けて、自動車専用道路、一般道路の2つがあります。一般道路は、幹線道路、区画道路、その他（歩行者専用道路、自転車専用道路など）に分類できます。さらに幹線道路は、主要幹線道路、幹線道路、補助幹線道路に分けることができます。また、日本の都市計画では、交通広場も道路の一部として都市計画決定されるため、道路とみなされています。交通広場は、自動車や歩行者などが鉄道、バスなどの公共交通手段に円滑にアクセスできるように、鉄道駅、バスターミナルなどに接続して設置される空間です。このうち、鉄道駅に接続する交通広場が駅前広場です。都市内道路の分類を表8·3に示します。

②道路ネットワークの計画

　都市内の道路ネットワークのうち、自動車専用道路と幹線道路は、基本的には、その都市の地理的条件、既存の道路ネットワーク、都市機能や人口の分布を踏まえて、将来の交通需要を円滑に処理できるように計画します。交通需要を円滑に処理できるというのは、道路交通渋滞を回避できるということです。例えば、都心部の渋滞に対しては、通過交通を排除するため、都心部を通過しないバイパスや環状道路を計画することが有効です。幹線道路ネットワークの基本型としては、図8·4に示すように、放射型、放射環状型、格子型（グリッド型）、梯子型（ラダー型）があります。

　道路ネットワークの計画に際しては、都市鉄道やバスなどの公共交通手段との整合を図ることも求められます。また、より広域的なネットワーク、例えば都市間を結ぶ高速道路との接続、高速鉄道駅や空港へアクセスにも配慮する必要があります。

　環境・安全への配慮も重要です。環境と交通安全に配

表8·3　都市内道路の分類

自動車専用道路	都市高速道路 その他	
一般道路	幹線道路	主要幹線道路 幹線道路 補助幹線道路
	区画道路	
	その他	歩行者専用道路 自転車専用道路 その他
交通広場	駅前広場 その他	

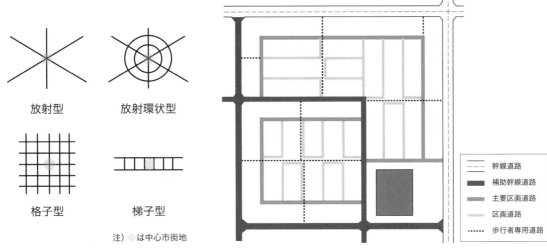

図8·4　幹線道路ネットワークの基本型　　　　図8·5　道路の段階的構成の例

慮した都市内道路とするためには、道路を段階的構成にすることが有効です。道路の段階的構成とは、例えば図8·5のように、幹線道路、補助幹線道路、主要区画道路、区画道路、歩行者専用道路を明確に区分してメリハリのある配置とすることです。

　これによって、自動車は幹線道路を障害なく走行することができ、同時に通過交通から居住者の安全性・快適性を守ることができます。また、歩行者系街路を整備して歩車分離を図ることや、自転車道を整備することも、都市環境・交通安全の向上に寄与します。

③道路の設計

　各道路の車線数は、将来の交通需要の推計結果に基づいて決定することになります。車線・歩道・路肩・中央帯の幅員、線形・勾配、路面構造、道路同士の交差・接続の仕方等については、日本では、道路法に基づく政令である道路構造令で道路種類別に定められています。

　道路構造令では、道路は自動車専用道路か否か、都市部か地方部かによって1種から4種に区分され、さらに各種ごとに計画交通量に基づき1級から5級などに分類されています。都市内の幹線道路については、主要幹線道路と幹線道路は、4種1級、補助幹線道路は4種2級を適用することが標準とされています。

　図8·6は、4種1級と4種2級の道路の標準断面を図示したものです。4種1級では1車線あたりの幅員は3.25mに定められているので、2車線道路の車道幅員は6.5mとなります。また、幅員0.5m以上の路肩、歩行者交通量に応じた幅員の歩道を設置することになっています。4車線以上の場合には、幅員1m以上の中央分離帯を設置する必要があります。

2　歩行者系街路

　歩行者系街路には、空間的に歩行者と自動車を完全に分離するものと歩行者と自動車を共存させるものがあります。

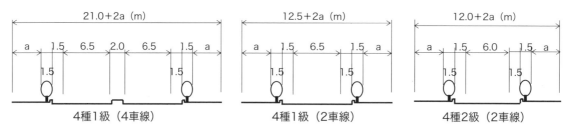

図8·6　4種1級と4種2級の道路の標準断面（例）

注）a（歩道幅員）は歩行者交通量に応じて設定

　空間的に完全分離する歩行者系街路には、立体的（上下）に分離するものと平面的に分離するものがあります。立体的に歩車分離を図った歩行者専用空間はペデストリアン・デッキと呼ばれます。また、平面的に歩車分離を図った歩行者専用道路をモールと言います。モールのうち、歩行者以外に公共交通に限って進入を許すモールをトランジットモールと呼びます。一方、時間的に歩車分離を図る、つまり休日の昼間などに時間を限定して自動車用の道路空間を歩行者専用とする空間は、歩行者天国と呼ばれます。歩行者専用空間の計画に際しては、計画する地区内の歩行者の動線を踏まえて、歩行者専用空間のネットワーク化を図ることが重要です。これによって、歩行者は、地区内で自動車交通と交わることなく、安全・快適に移動することができます。

　歩車を共存させる歩行者系街路には、オランダで始まったボンエルフ（図8·7）があります。ボンエルフは、道路上に意図的に、ハンプ、シケイン、狭さくを設置するものです。ハンプは蒲鉾状に盛り上がった減速を促す構造物です。シケインはカーブ、狭さくは花壇などにより幅員を狭くした区間です。蒲鉾状のハンプを実際には設置せずに、道路上にハンプのイメージ（立体的に見える模様）を描いたものは、イメージハンプと呼ばれます。これらによって、自動車にスピードを落としてもらい、歩行者の交通安全を図ることができます。ボンエルフは、通常、住宅地などで、歩車の完全分離を図るのがスペース的に難しい場合に導入されます。

③ 自転車走行空間・駐輪場・サイクルポート

　自転車は、健康増進に役立ち、環境負荷のない都市交通手段として、世界で近年再び注目されています。都市内での自転車の利用には、通勤・通学、買い物、観光などでの移動手段として用いられる場合と、趣味としてのサイクリングなど自転車利用自体が目的となっている場合があります。前者については、移動手段が自動車から自転車に転換することによって、自動車走行台数が減少することに加え、道路交通渋滞緩和による自動車の走行速度の向上により、環境汚染物質や地球温暖化の原因となるCO_2の排出削減につながります。自転車は、従来、坂道が多い都市では利用者が限られていましたが、電動アシスト付き自転車の普及によってそのような都市でも利用が広がりつつあります。

　日本では、自転車は道路交通法で軽車両に位置づけられ、自転車道や自転車歩行者道を除き原則車道（路肩など）を走行することになっています。しかし、実際には自転車利用者が自動車に対して危険を感じることなどから歩道走行が常態化しています。歩道上や歩道のない区画道路では歩行者優先が守られて

図8・7　ボンエルフの例（左：狭さく（仙台市宮城野区）、右：イメージハンプ（千葉県習志野市））

いないケースが多く、無謀な高速走行も散見されます。このため、歩行者が事故リスクを感じて歩行快適性が妨げられるだけでなく、実際に自転車の対歩行者の交通事故も増加しています。このような問題に対処するためには、自転車マナーの向上、そのための啓蒙・教育が不可欠です。ただし、抜本的に解決するためには、自転車専用の走行空間を整備して、自転車交通を自動車、歩行者と分離することが有効です。

　日本の自転車専用走行空間には、自転車道、自転車専用通行帯、自転車歩行者道があります。自転車道は自転車専用の道路で、河川堤防などで主に自転車利用自体が目的の交通に対して整備されるサイクリングロードと、幹線道路において歩道と車道の間に設置されるものがあります。幹線道路における自転車道は、歩道や車道との間に縁石、ガードレール等を設置して、車道・歩道と明確に区分します。道路構造令では、「自転車道の幅員は2.0m以上とする」と定められています。自転車専用通行帯（自転車レーン）は、路肩などを自転車専用の走行空間として定めるものです。専用通行帯の幅員は、道路交通法施行令において1.5m以上（やむを得ない場合1m以上）とすることとされています。自転車歩行者道は広幅員（歩行者が多い道路では4.0m以上、その他の道路では3.0m以上）の歩道で、自転車が走行することが認められたものです。自転車歩行者道では、自転車が通行すべき空間を定めることができます。自転車専用通行帯や自転車歩行者道における自転車の通行空間は、交通標識、ライン、舗装の色の区別などにより利用者に明示する必要があります。この他、自転車走行空間の整備形態として、路肩内や車道の左端に自転車の走行位置を示す矢羽根型ピクトグラム等を表示し、自転車と自動車を混在通行とする道路があります。図8・8に、自転車道、自転車専用通行帯、混在通行道路のイメージを示します。

　また、違法駐輪（放置自転車）が全国の都市で問題になっています。違法駐輪は、歩道が塞がれることによる歩行環境悪化、交通事故リスクの増加、景観の悪化を招きます。違法駐輪を防止するためには、需要に対応した利用しやすい駐輪場の整備、放置自転車対策（取り締まり、撤去など）、駐輪マナーの啓蒙を総合的に実施する必要があります。駐輪場には、道路上を利用したものと道路以外のスペースを利用した路外駐輪場があります。路外駐輪場には、平面型のものと立体型（建物型、地下型）のものがあります。広幅員の歩道上でスペースに余裕がある場合には、歩道の一部を駐輪スペースに活用することができます。

　自転車をレンタルして複数の拠点（サイクルポート）で返却可能なシステムをシェアサイクルと言います。シェアサイクルは、都市内の二次交通手段（複数の交通手段を利用する場合の2種類目の交通手

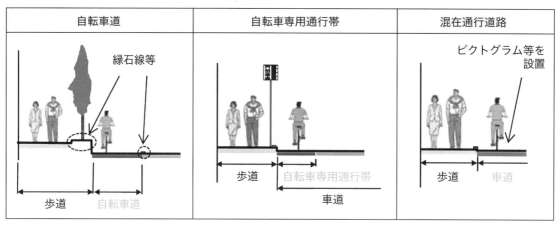

図8·8　自転車走行空間のイメージ
(出典：国土交通省道路局・警察庁交通局『安全で快適な自転車利用環境創出ガイドライン』(2016年7月) を一部改変)

段。例えば、鉄道を利用した後の駅からの交通手段など) として、世界的に普及が進んでいます。シェアサイクルの利便性を高め利用者を増加させるためには、鉄道駅などの公共交通の乗降場所や駐車場の近辺、商業施設、公園、観光施設など都市内の訪問先として需要の多い場所にサイクルポートを計画的に配置する必要があります。

4 駐車場・駐車区画

　駐車スペースが不足すると、駐車できない自動車利用者が不便なだけでなく、駐車場待ちの車を発端とする渋滞が発生する場合があります。駐車場不足を回避するため、各地区において駐車需要を満たすように駐車場等を計画する必要があります。ただし、都心部で駐車場を過度に整備すると、自動車による都心部への来訪者が増加し、その結果渋滞が発生することがあります。このため、都心部における駐車場等の計画に際しては、都心部の道路容量に配慮し、渋滞を招かない駐車容量とすることが求められます。都心部の渋滞を回避するため、駐車場をあえて都心部の外縁に設置し、都心内の移動には徒歩の他、公共交通やシェアサイクルを利用してもらうという方法もあります。また、郊外の鉄道駅で自動車から乗り換えて鉄道で都心部に来てもらえるよう、鉄道駅付近に駐車場を整備することも有効です。この方式をパークアンドライドといいます。なお、駐車場不足が地域的に偏在し、同じ地区内に満車の駐車場と空車のある駐車場があるような場合には、カーナビ等により、空車のある駐車場に誘導することが有効です。

　駐車場・駐車区画 (保管のための車庫を除く) には、一般公共用のものと特定の利用者のための専用駐車場があります。都市交通施設としての駐車場は前者です。一般公共用の駐車場には、路上駐車場と路外駐車場があります。日本における路上駐車場には、道路交通法に基づく時間制限駐車区画 (パーキングメータ、パーキングチケット)、駐車場法に基づく路上駐車場、その他の路上駐車区画があります。路外駐車場には、届出駐車場、附置義務駐車場、都市計画駐車場、その他の路外駐車場があります。届出駐車場は、都市計画区域内において、駐車部分の面積が $500\,\mathrm{m}^2$ 以上の有料駐車場で、都道府県知事

表8・4 日本における駐車場・駐車区画の分類・根拠法

分類		駐車場・駐車区画名	根拠法
一般公共用	路上	時間制限駐車区画	道路交通法
		路上駐車場	駐車場法
		その他の路上駐車区画	なし
	路外	届出駐車場	駐車場法
		附置義務駐車場	駐車場法
		都市計画駐車場	都市計画法
		その他の路外駐車場	なし
特定の利用者用		専用駐車場	なし
		附置義務駐車場	駐車場法

(政令指定都市の場合は市長)に届け出ることが駐車場法で定められています。附置義務駐車場は、一定規模以上の建築物を新増築する際に設置することが条例により義務付けられているものです。都市計画駐車場は、都市計画法で都市施設として定められたもので、必要な位置に適正な規模で永続的に確保されるものとされています。日本における駐車場・駐車区画の分類・根拠法を表8・4に示します。

都市計画駐車場や駐車場法に基づく路上駐車場は、原則として、都市計画上の地域地区の1つである駐車場整備地区において、市町村が作成する駐車場整備計画の中で計画されます。具体的には、各地区の駐車需要、その他の駐車場・駐車区画の駐車容量に基づいて、地区別に整備が必要な容量が算出され、土地条件を踏まえて配置が決定されます。

5 交通結節点

①駅前広場

駅前広場は、鉄道駅に面して設置される広場で、鉄道と二次交通の乗り継ぎ場所としての交通結節機能を有しています。二次交通としては、LRTやバスなどの公共交通、タクシー、自家用車、自転車、徒歩などが想定されます。これらの二次交通と便利で快適で安全な乗り継ぎができるように計画する必要があります。

駅前広場は、都市の広場機能としての側面も有しています。都市の広場として、待ち合わせやイベントに利用される他、人々の憩い、交流の場となるため、これらの場としての計画も必要になります。また、都市の玄関施設とみなされることが多いため、整備にあたっては、風格のある景観を形成することが求められます。

駅前広場の計画面積は、交通結節機能のための面積と広場機能のための面積を合算して算出することができます。交通結節機能のための面積は、鉄道駅の乗降客数、二次交通の手段別利用人数の推計値に基づいて算出される、バス・タクシーなどの乗降スペース・滞留スペース、自家用車の送迎用乗降スペース・駐車スペース、車道部分、円滑な交通処理に必要な交通島の面積の和になります。広場機能のための面積は、広場利用者数の推計値に基づいて算出される必要面積に、景観形成のためのシンボル施設、樹木・芝生等の必要面積を加味して設定します。シンボル施設や樹木・芝生等は、交通島を利用して設置することもできます。大都市の駅前などで地価が高く土地面積が限られる場合には、駅前広場をペデストリアン・デッキとして、立体的に整備することも効果的です。

②バスターミナル

バスターミナルは、バスと他の交通手段や、バス同士を乗り継ぐための施設です。日本では、自動車ターミナル法において、「乗合バスの旅客の乗降のため、乗合バス車両を2両以上停留させることを目的

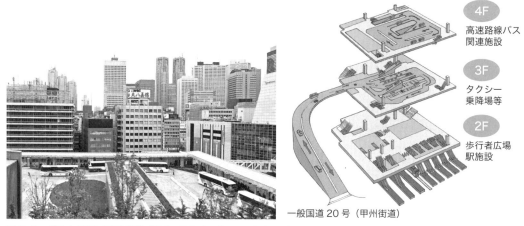

4F 高速路線バス関連施設

3F タクシー乗降場等

2F 歩行者広場駅施設

一般国道 20 号（甲州街道）

図 8・9　バスタ新宿（東京都渋谷区）（出典（図面）：国土交通省関東地方整備局東京国道事務所資料）

とした施設で、道路の路面や駅前広場などの一般交通の用に供する場所以外の場所に同停留施設を持つもの」と定義されています。都市内バス、都市間バス、観光バスの種類別のバスターミナルの他、これら複数の種類のバスが利用する複合ターミナルがあります。また、特定のバス事業者が設置する専用バスターミナル、複数のバス会社が利用する一般バスターミナルに区分することもできます。

　バスターミナルの位置は、多くのバス路線が集中する場所を基本とし、鉄道など他の交通手段との接続などの利用者の利便性、道路網、土地条件を考慮して決定します。バスターミナルの規模（発着バースの数）は、ピーク時のターミナル利用台数の推計値に基づいて算定することができます。バスターミナルに商業施設を併設し立体的に整備されるケースも多く見られます。

　図 8・9 に、2016 年に JR 新宿駅南口に開業した高速バスターミナル「バスタ新宿」の概要と様子を示します。バスタ新宿は、JR の線路上に設けられた人工地盤上に整備されたものです。元々、1 階が鉄道のホーム、2 階が改札でしたが、加えて 2 階に歩行者広場、3 階にタクシー乗り場、4 階に高速バスターミナルを整備し、便利で快適な施設となっています。

③トラックターミナル

　物資の輸送には、通常、都市間は大型トラック、鉄道、海運または航空、都市内は小型トラックが用いられます。これらの間で積み替えを行うための結節機能を有する施設がトラックターミナルです。図 8・10 にトラックターミナルのイメージ図を示します。日本のトラックターミナルには、都市計画上の地域地区の 1 つである流通業務地区内に設置されるもの、複数の運輸事業者が共同で設置するもの、特定の事業者が個別に設置するものがあります。

　トラックターミナルは、都市間交通との接続が容易な場所に設置することが合理的です。一方、騒音や排気ガスなどを生じさせるため、住宅地から離れた場所を選択する必要があります。このため、高速道路のインターチェンジ周辺や、鉄道貨物駅、港湾、空港の施設内やそれらの周辺に配置されるケースが多くなっています。

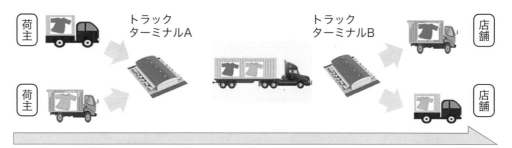

図8·10　トラックターミナルのイメージ
(出典：国土交通省総合政策局物流政策課「トラックターミナルとは？」https://www.mlit.go.jp/common/001240570.pdf)

4 日本の交通施設整備制度

1 連続立体交差事業

連続立体交差事業は、都市部において、道路と交差する鉄道の一定区間を高架化または地下化した後、その区間の踏切を一斉に撤去する事業です。これによって、開かずの踏切の解消、渋滞の緩和、踏切事故の解消を図ることができます。また、線路による地域分断が解消され、線路を挟んだ一体的なまちづくりができるようになります。

連続立体交差事業は、地方公共団体（都道府県、市町村）が道路整備の一環として、都市計画事業として実施するものです。制度の歴史は古く、事業の費用負担方法などを定める最初の規定は戦前の1940年の内鉄協定（内務省と国鉄の間で締結された協定）に遡ります。国鉄分割民営化後の1992年には、「都市における道路と鉄道の連続立体交差化に関する協定および同細目協定」に基づき実施されるようになりました。現在では、名称変更された「都市における道路と鉄道との連続立体交差化に関する要綱および同細目要綱」に基づき、地方公共団体と鉄道事業者が費用負担を分担して実施されています。

2 立体道路制度

立体道路制度は、「道路の区域を立体的に定め、それ以外の空間利用を可能にすることで、道路の上下空間での建築を可能にし、道路と建築物等との一体的整備を実現する制度」[8]です。これによって、幹線道路等の整備促進と土地の高度利用を図ることができます。

この制度は、1989年に道路法等の改正により創設されました。当初は、対象となる道路が自動車専用道路または特定高架道路に限られていました。2018年に都市計画法、建築基準法が改正され、現在では、都市計画法の地区計画で重複利用区域（建物の敷地として併せて利用すべき区域）が設定されたすべての道路で制度が適用できるようになっています。

立体道路制度に基づく道路の立体的区域のイメージを図8·11に示します。

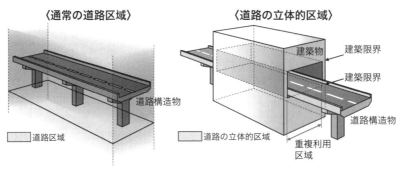

〈通常の道路区域〉　　　　　〈道路の立体的区域〉

道路構造物

建築物

建築限界

建築限界

道路構造物

道路区域

道路の立体的区域

重複利用区域

図8·11　立体道路制度に基づく道路の立体的区域のイメージ
(出典：国土交通省道路局『立体道路制度について』2019 年 3 月)

計画事例 1　姫路駅周辺の連続立体交差事業と駅前広場・トランジットモールの整備

①計画の背景

　JR 姫路駅北口から世界遺産の姫路城を直線的に結ぶ大手前通りは、1955 年に戦災復興事業で幅員 50 m に拡張され、無電柱化が実現されました。しかし 1970 年代になると、姫路駅周辺では、国鉄の線路による南北の地域分断、開かずの踏切、踏切や自動車交通量の増加に伴う道路交通渋滞が問題視されるようになりました。6 車線道路の大手前通りも、姫路駅を利用するバス、タクシー、一般車両に加え、線路の南北を行き来する通過交通も混入していて、大変混雑していました。

　また、姫路駅前では、バス乗り場、タクシー乗り場が分散していて、歩行者と一般車両の動線とが交錯しやすい状況でした。このような歩行者の快適性・安全性、公共交通へのアクセス利便性の問題も一因となり、姫路市では、年々まちなかの歩行者数が減少し賑わいが低下していました。

②計画策定の経緯と実現内容

　姫路市は、1973 年に国鉄高架化基本構想を立ち上げ、これと合わせて姫路駅を中心とする 3 つの環状道路を形成する幹線道路網整備の計画を発表しました。1987 年の国鉄分割民営化後、鉄道高架化は、JR 連続立体交差事業として実施されることになりました。

　1988 年、鉄道高架化を見据えて、姫路市は姫路駅周辺地区整備計画（CASTY21）を策定し、この中で姫路駅北駅前広場の構想が盛り込まれました。しかしその後 2008 年に姫路市が発表した姫路駅北駅前広場の整備計画案は、憩い・交流の場（広場機能）が不十分な計画だったため、市民の支持を得ることができませんでした。このため、行政と地元関係者（市民団体、商店街連合会、交通事業者等）で構成される姫路駅北駅前広場整備推進会議が組織され、官民が協働して計画を練り直すことになりました。その結果、2009 年に基本コンセプト「城を望み時を感じて人が交流するおもてなし広場」と広場のレイアウトが決定されました。

　2009 年に開かれた市民フォーラムでは、大手前通りのトランジットモール化が初めて提案されました。2011 年には、JR 連続立体交差事業が完了し、3 環状道路も併せて開通しました。この結果、線路を南北に横断する幹線道路が 6 本増加し、大手前通りの交通量が減少しました（図 8·12）。このため、大手前通りの駅寄りの約 160 m の区間では車線を往復 2 車線に減らすとともに、歩道幅を合計約 18 m から

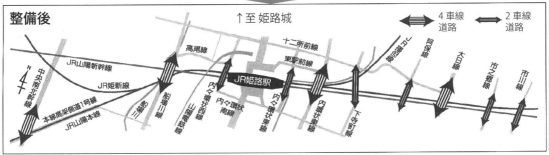

図8·12　姫路駅付近の連続立体交差事業 <small>(出典：兵庫県資料[9]を一部改変)</small>

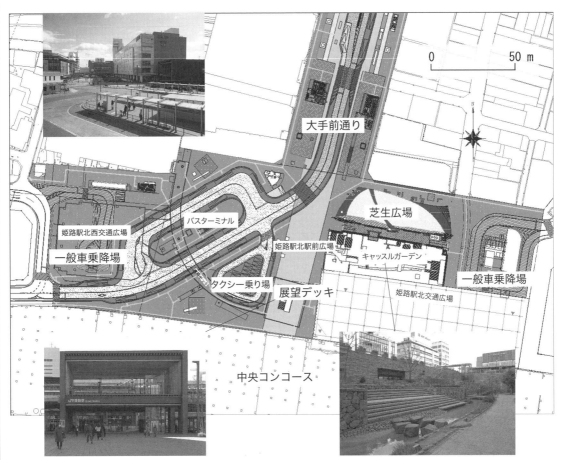

図8·13　姫路駅北駅前広場のレイアウト <small>(出典（図面）：姫路市資料[13]を一部改変。写真は筆者撮影)</small>

x

8章　都市交通計画

147

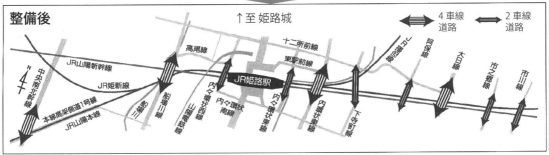

図8·12　姫路駅付近の連続立体交差事業 (出典：兵庫県資料[9]を一部改変)

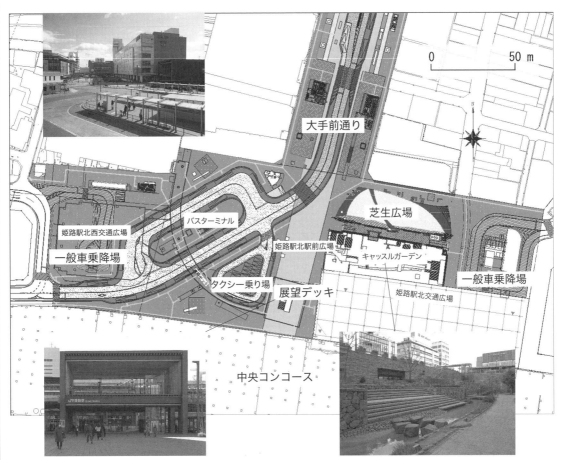

図8·13　姫路駅北駅前広場のレイアウト (出典（図面）：姫路市資料[13]を一部改変。写真は筆者撮影)

約34mに拡張する再整備が行われることになりました。2012年からは、駅前整備工事期間中の工事車両の通行や安全性も考慮して、一般車両の進入を規制するトランジットモール化の社会実験が実施されました。

　姫路駅北駅前広場は2015年3月に完成しました（図8・13）。駅の中央コンコースと直結する展望デッキからつながる連絡デッキ、地上、地下広場の3層構造となっています。駅前広場の面積は、従来の約6400m^{2}から約1万6100m^{2}になり、約2.5倍に増加しました[10]。展望デッキからは、姫路城を一望することができ、市民や観光客の憩い・交流の場となっています。バス・タクシーの待機場は駅前広場から離れた線路の高架下に配置され、乗り場は広場西側に集約されています。また、一般車両の乗降場も広場東側の新駅ビルの1階などに集約されています。このため、広場中央は、歩行者にとって安全な通行空間として確保されています。

　2015年4月からは、社会実験が実施された大手前通りの区間において、トランジットモール化が本格実施されることになりました。また2016年7月からは、シェアサイクルも本格運用が始まっています。

③計画の効果

　姫路駅北駅前広場の整備、大手前通りのトランジットモール化により、駅周辺の歩行・環境空間の比率は整備前の26％から67％に増加しました。姫路駅前など中心市街地主要7地点の歩行者・自転車交通量（車椅子を含む）は、2011年の6.5万人から2015年には7.3万人に増加[12]しており、まちなかの賑わいも回復しつつあります。また、公共交通（鉄道、バス）の乗車人員も2016年度には2009年度と比較して約1割増加[10]するなど着実に増加しています。

計画事例2　高松市中心部における自転車走行空間・環境の整備

　香川県高松市は、地形が平坦で、年間降水量が少なく温暖な気候に恵まれていることから、元々自転車利用の多い都市です。2000年時点の通勤・通学時の交通手段としての自転車分担率は27％となっており、全国平均の15％を大きく上回っていました。また、全国に先駆けてレンタサイクルを導入し、多くの観光客に利用されてきました。

　2002年、高松市は道路交通渋滞の緩和、地球環境問題への貢献、都市の活性化などを目的として、「高松市自転車利用環境整備基本計画」を策定し、都市交通手段の1つに自転車を位置付け、自転車利用を一層促進する方向性を打ち出しました。さらに、市中心部を対象に、自転車交通量等を考慮して整備路線を抽出し、自転車道ネットワークとして示した「高松市自転車利用環境総合整備計画」を策定しました。この計画に基づいて、自転車道ネットワークの整備が徐々に進められてきました。

　2007年には、自転車有識者で構成される「香川の自転車利用を考える懇談会」が、自転車をめぐる現状と課題を踏まえたまちの将来像と、具体的な取組み内容を提言しています[15]。自転車をめぐる課題としては、「自転車・歩行者空間が不十分」「自転車事故の増加」「自転車利用のマナーが悪い」などが挙げられています。まちの将来像としては、「安全・快適な歩行者・自転車空間が確保されたまち」「自転車が使いやすいまち」「自転車利用マナーNo.1のまち」の3つの柱が掲げられています。また、具体的な取組み内容として、歩行者・自転車の安全・快適な空間の確保、商店街の自転車対策による魅力向上、路上駐輪

の対策、ルール・マナーの徹底、さらなる自転車利用の促進、重点対策地区の設定が示されています。

この提言を踏まえて、香川県による「自転車を利用した香川の新しい都市づくりを進める協議会」、また協議会の下に「高松地区委員会」が設置されました。同地区委員会は、2008年に「高松地区における自転車を利用した都市づくり計画」[16]を公表しています。この計画では、2008

図8·14 高松市自転車ネットワーク計画（2008年改訂）の整備状況（2021年1月末時点）（出典：高松市資料[18]を一部改変）

〜2015年度の8年間を計画期間として、駐輪場の整備および情報提供、商店街における自転車と歩行者の分離、ことでん（高松琴平電気鉄道）志度線におけるサイクルトレインの実施、レンタサイクルの利便性向上等の各種施策・事業が示されています。

また、同地区委員会の安全空間確保部会は、「高松市中心部における自転車ネットワーク整備方針」[17]を策定し、「高松市自転車利用環境総合整備計画」のネットワークの一部見直し、およびネットワーク上の各路線の整備手法を示しています。ここでの整備手法は、車道空間における整備、自転車歩行者道空間における整備に大別されます。車道空間における整備の手法には、自転車道の整備、自転車レーンの整備の2つがあります。自転車道の整備は、車線数の減少や幅員構成の見直しを伴うものです。自転車レーンの整備は、幅員構成はそのままで、車道外側の路肩部分をカラー化し、自転車レーンとするものです。自転車歩行者道空間における整備には、構造分離、視覚的分離、自転車歩行者道の整備の3つがあります。このうち、構造分離と視覚的分離は、現状の自転車歩行者道において、植樹帯を縮小することにより、自転車走行空間を確保するものです。構造分離では、縁石、柵、ポール等により、歩行空間と自転車走行空間を物理的に分離します。視覚的分離では、道路標示、舗装の色・材質、誘導標識等により自転車・歩行者の通行位置を明示します。

図8·14に高松市自転車ネットワーク計画（2008年改訂）の2021年1月末時点での整備状況、図8·15に市道五番町西宝線における自転車道整備の幅員構成と自転車道の様子を示します。

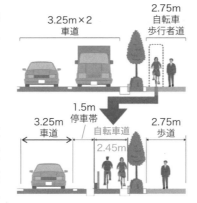

図8·15 市道五番町西宝線における自転車道整備
（出典：国土交通省『平成26年度政策レビュー結果（評価書）自転車交通』2015年3月）

計画事例 3　前橋市におけるシェアサイクルの整備

　前橋市のシェアサイクル cogbe は、2021 年 4 月にサービスを開始しました。4 月から 6 月は実証実験期間で、7 月から本格開始されています。スマートフォンアプリで利用登録をし、キャッシュレスで手軽に利用できます。前橋駅を中心とする約 3km 圏内に 30 のポートが整備され、利用料金は 15 分で 25 円（税込）となっています。ポートの一例を図 8・16 に示します。

　本書執筆時点で前橋市におけるシェアサイクルの評価はこれからですが、中心市街地の賑わいの回復、市民のモビリティの向上効果などが期待されています。

図 8・16　前橋市シェアサイクル cogbe のポートの例

■ 演習問題 8 ■

(1) トランジットモールの国内における整備事例（姫路市のものを除く）を 1 つインターネットで調べ、計画の概要（背景、経緯、計画図面、完成年、整備費用、整備効果など）をまとめてください。

(2) バスターミナルの国内における整備事例を 1 つインターネットで調べ、(1) と同様に計画の概要をまとめてください。

参考文献

1)　森田哲夫・湯沢昭編著『図説 わかる交通計画』学芸出版社、2020

2)　都市計画研究会編『新訂 都市計画』共立出版、2013、pp.123-136

3)　樗木武『都市計画 第 3 版』森北出版、2012、pp.106-133

4)　加藤晃・竹内伝史編著『新・都市計画概論 改訂 2 版』共立出版、2006、pp.147-174

5)　国土交通省道路局「現行道路構造令改正の経緯」(https://www.mlit.go.jp/road/sign/pdf/kouzourei_full.pdf)

6)　国土交通省道路局・警察庁交通局『安全で快適な自転車利用環境創出ガイドライン』2016 年 7 月

7)　国土交通省総合政策局物流政策課「トラックターミナルとは？」(https://www.mlit.go.jp/common/001240570.pdf)

8)　国土交通省道路局『立体道路制度について』2019 年 3 月

9)　兵庫県土木局街路課『継続事業評価 連続立体交差事業 JR 山陽本線等（姫路駅付近）』2008 年 8 月

10)　姫路市「公共交通を中心とした総合交通計画の取り組み」2018 年 2 月(http://www.estfukyu.jp/pdf/2018forum/2018forum_himeji.pdf)

11)　国土交通省「歩行者・公共交通最優先の駅前空間の創出」(https://www.mlit.go.jp/common/001204109.pdf)

12)　国土交通省都市局街路交通施設課『駅まち再構築事例集』2020 年 7 月

13)　姫路市「姫路駅北駅前広場の整備について」(https://www.city.himeji.lg.jp/shisei/0000002164.html、2019 年 6 月 13 日)

14)　「「姫路城 平成の大修理」と「姫路駅北駅前広場整備」(1)」『計画・交通研究会会報』2016 年 11 月、計画・交通研究会、pp.14-18

15)　香川の自転車利用を考える懇談会『香川の自転車利用に関する提言書』2007 年 7 月

16)　自転車を利用した香川の新しい都市づくりを進める協議会高松地区委員会『高松地区における自転車を利用した都市づくり計画　〜人と自転車が笑顔で行き交うサイクル・エコシティ高松〜』2008 年 11 月

17)　自転車を利用した香川の新しい都市づくりを進める協議会高松地区委員会安全空間確保部会『高松市中心部における自転車ネットワーク整備方針』2008 年 11 月

18)　高松市ウェブサイト「高松市自転車ネットワーク計画の令和 3 年 1 月末現在の整備状況」(http://www.city.takamatsu.kagawa.jp/jigyosha/toshikeikaku/keikaku/jitensha/index.files/zentaizu_seibizumi_R0301.pdf)

19)　国土交通省『平成 26 年度政策レビュー結果（評価書）自転車交通』2015 年 3 月

20)　「まえばしシェアサイクル cogbe」ウェブサイト (https://interstreet.jp/maebashi-cogbe/)

9章
公園緑地計画

1　公園緑地の考え方と効用

　森林、樹林地、社寺林、庭、田畑などは、緑地と称され、人々に安らぎや潤いを与えてくれます。都市計画は、欧州の産業革命を契機に居住環境が悪化したことによって、その改善を図るために生まれたとされます。つまり、近代都市計画は、居住環境の改善のため緑地との関係づくりを考えたことにはじまったともいえます。

　産業革命後の欧州では、都市に工業労働者が集中することによって人口が膨れ上がり、煤煙と不衛生な住環境の改善が急務となりました。エベネザー・ハワードは、都市の良さと農村の良さを合わせもった田園都市を構想し、イギリスのウェリンやレッチワースに実現しました（2章-II）。緑が住環境を囲むような都市の構想は、都市生態学（アーバンエコロジー）による理想都市を描いたものでした。また、生物学者であり、植物学者でもあったパトリック・ゲデス（1854 〜 1932）は、人間の生産や生活を大きな生態系の中で捉え直し、アーバンスタディという科学的な調査分析をもとに、生態学的な都市計画に庭園などの緑地を取り入れる考え方を示しました。しかし、世界の森林をはじめとして緑地は、経済活動に伴う都市化の進展とともに、減少の一途を辿っています。今日、地球温暖化に代表される環境問題への関心の高まりの中で、全世界的に緑地を活かした都市づくりが求められています。

　9章では、人々が潤いある都市生活を営む上で欠かすことのできない都市施設の1つである、公園緑地の考え方や計画を解説します。

1　公園緑地の意味

　はじめに、公園緑地という言葉の意味から考えていきます。

　公園とは、主として自然的環境の中で、休息・鑑賞・散策・遊戯・運動といった、レクリエーション機会の場所や、大地震などの災害時における避難の場所に提供されることを目的として設置された公共空地です。緑地とは、主として自然環境のもとで、環境の保全・公害の緩和・災害の防止・景観の向上の用に供することを目的に設置された公共空間です。

　公園と緑地は、緑の公共空地の中で効用を得る点では、同じ性格として共通している部分もあるため、施設の定義上において、明確な区分がなされていません。遊戯や運動など、動的なレクリエーション系の効用を重んじる施設が「公園」ならば、散策や休養といった緑が持つ静的な効用を重んじる施設が「緑地」とされるのが一般的です。一般に「公園緑地」とは「公園及び緑地」を総称する言葉として用いられています。

表9・1　都市公園の効用 （出典：日本公園緑地協会『公園緑地マニュアル（平成29年度版）』をもとに作成）

利用効果	
休養や健康維持の場	気分転換などの休息、森林浴によるリラックス
遊びや育成の場	遊戯やブランコや滑り台などの児童遊具の利用を通じた子供の健全な育成
体力増進と運動の場	フリーマーケットやイベントの開催などのレクリエーション活動、野球やサッカーなど本格的なスポーツ競技の実施や日常の体操など軽運動
余暇活動の場	草花の観賞や観察など自然体験を通じた教養の習得、音楽会や展覧会など文化活動への参加
社会性増進の場	文化祭や夏祭りなど地域の催事やコミュニティ活動、地域の集会など
存在効果	
都市形態規制効果	無秩序な市街化の連坦の防止等、都市の発展形態の規制や誘導
環境衛生的効果	ヒートアイランドの緩和など都市の気温調節、騒音や振動の吸収、防風、防塵、大気汚染の防止、省エネルギー効果
防災効果	大規模地震や火災時の緊急避難地、延焼防止、爆発などの緩衝、ゲリラ豪雨などの洪水調節、災害危険地の保護
心理的効果	緑による精神的健康、美しく潤いのある都市景観、災害等に対する安ど感、郷土に対する愛着意識のかん養
経済的効果	緑があることによる周辺地域の地価上昇、地域の文化や歴史資産と一体となった観光資源等への付加価値、医療費などの軽減
自然環境保全効果	身近な生物の生息環境の保全や自然環境の保全による風致の維持

2　公園緑地の効用

　公園緑地の効用は、一般的に利用効果と存在効果の2つに大別されます。利用効果は、公園緑地を利用することによって、もたらされる効果です。利用効果には、休養や健康維持の場・子どもの健全な遊びや育成の場・体力増進と運動の場・文化活動への参加による余暇活動の場・社会性増進の場としての効果などがあります。存在効果は、公園緑地が存在することにより、都市機能、都市環境といった都市構造上にもたらされる効果です。存在効果には、都市形態規制効果・環境衛生的効果・防災効果・心理的効果・経済的効果・自然環境保全効果などがあります（表9・1）。

2　公園緑地の発展と計画

1　太政官布達による公園の設置[1]

　江戸時代には、現在の市街地に見られる公園のような公共空地が存在しなかったとされます。しかし、江戸時代の明暦の大火（1657年）を機に、火災時の避難場所や密集市街地の類焼を防ぐための火除地という空地が江戸の各所に設けられてきました。また、社寺境内や馬場には、サクラなど鑑賞樹木を植栽し、見世物小屋や射的・茶屋などが出店することによって、庶民が行楽したという記録があります。さらに、明治時代になると、神戸の外国人居留遊園や横浜の山手公園など、公園の前身となる施設が出現してきました。

　1873年、太政官（当時の国政処理機関の最高府）は、府県に対して公園の制定を布達しました（太政官布達第16号）。その概要は、「東京、京都、大阪をはじめとする場所にあって、多くの人々が群集して観賞遊覧の場所としていた古来の景勝地や名所・古跡地など、あるいは従来から特別に除税地の扱いを

図9・1　日比谷公園の設計図
（国立国会図書館蔵）[2]

図9・2　隅田公園開園時の状況（画像提供：土木学会附属土木図書館）[3]

受けてきた社寺境内地や公共用地といった場所は、今回改めて永久にすべての人々の偕楽の目的に供する場所である公園というものに制定されることになりました。このため各府県は、趣旨に合う適地を選択し、景観状況等を細大もらさず調査した上に、図面を添えて大蔵省に伺い出るようにしなさい」というものでした。

　この布達が、営造物公園（国あるいは地方公共団体が景勝地などの土地を接収して誰もが利用できるようにした公園）の始まりとされています。上野公園（東京府）をはじめ、函館公園（北海道）、春日公園（大分県）など、32府県にわたり、81か所の公園が設置されました。

2 市区改正設計と日比谷公園

　1888年には、皇居周辺と下町の一部を対象に、道路の新設や拡張、河川・橋梁・公園の整備を行うことを目的とした東京市区改正条例が公布されました。この市区改正とは、「東京市区の営業、衛生、防火及び通運等について永久の利便を図る」ための改造事業を目的として名付けられたものです。

　市区改正設計により、幕末まで松平肥前守の大名屋敷であり、明治時代に入ってからは陸軍の練兵場であった場所に、日本で最初の洋風近代式公園となる日比谷公園が計画されました。

　日比谷公園は、ドイツ留学から帰国後、日本の造林学・造園学などの基礎を築き上げ、日本各地を代表する公園を設計した本多静六（1866～1952）が計画や設計を担当しています。日比谷公園の設計図には、S字型の大園路、野外音楽堂としての小音楽堂など、ドイツ留学の影響を受けた特徴的なデザインが見られます（図9・1）。

3 関東大震災からの帝都復興と公園計画

　1919年には旧都市計画法と、市街地建築物法（現行の建築基準法の前身）が相次いで公布されました。旧

都市計画法は、東京市区改正設計による道路や公園の計画を引き継ぐとともに、都市計画区域、地域地区、用途地域を取り入れ、また公園などの都市施設を生み出すための市街地開発事業の1つである土地区画整理事業を位置づけました。

　1923年に関東大震災が発生、甚大な被害を受けた東京市は、震災復興再開発事業を計画し、都市の防災強化を図るため、震災特別都市計画を策定して進めていきます。この計画では、特に関東大震災により発生した火災の被害が甚大であったため、火災の延焼を止める防火帯の設置が重要な課題となりました。このため幅員の広い幹線道路の建設を進めることと並び、公園の確保にも重点が置かれました。復興局により、東京市に隅田公園（図9・2）・浜町公園・錦糸公園の震災復興三大公園が整備され、同時に52の小公園が計画されました。

　この震災復興52小公園は、児童数・校庭の広狭・既設公園の配置などを勘案して、耐震強度を高めた小学校に隣接して配置されていることを特徴としており、教材園、運動場補助等の目的も持った地域の防災拠点としての位置づけもありました。震災復興52小公園の1つである元町公園（図9・3）には、モダンなデザインの擁壁や壁泉、太い円柱を持ったパーゴラ、左右対称の2連式滑り台など近代的かつ合理的で特徴を持ったデザインが見られます。

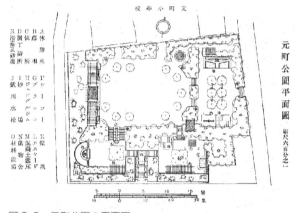

図9・3　元町公園の平面図
（出典：佐藤昌『日本公園発達史』都市計画研究所、1977）

4　戦災復興と都市公園法による公園緑地の整備

　日本は、1945年に第二次世界大戦で敗戦しました。戦災復興都市と称された都市は120市に至り、その被災面積は6万4千haと推定されています。同年には、土地区画整理事業を主とする戦災復興のための特別都市計画法が制定され、戦災復興計画方針に則って公園緑地の方針が決められました。

　この方針では、公園、運動場、公園道路、その他の緑地は、都市の性格や土地利用に応じて系統的に配置されることとなりました。緑地の面積は、市街地面積の10%を目標に整備されることとなりましたが、事業の財源難が生じたことにより、計画が大きく縮小されました。また、戦中戦後の荒廃期には、公園地を農地など他の目的に転用する事例が各都市に頻発しました。戦災復興事業が各地で盛んに行われてきた1951年、内務省は「公園緑地標準」を規定しました。この公園緑地標準は、今日の公園緑地の配置計画の原形となっています。1956年には、公園の基本法となる都市公園法が公布されました。

　都市公園法の公布によって、都市公園の配置と規模、施設に関する技術基準、住民1人あたり公園緑地の標準面積の目標値が規定されました。これによって、公園緑地の整備が進められるとともに、公園緑地の保全方法についても詳細な事項が規定されることになりました。

5 東京緑地計画

　1939年、東京における緑地帯、景園地等を含んだ総合的かつ大規模な緑地計画として東京緑地計画が策定されました。これは、1924年にオランダで行われたアムステルダム国際都市計画会議におけるグリーンベルト構想の影響を受けたものであり、東京50km圏において、約96万2059haの緑地が計画された日本における最初の大規模なグリーンベルト構想です。この構想は第一次首都圏整備計画（1956年）の近郊地帯に引き継がれました。住宅需要の高まりなどによりいずれの計画も実現しませんでしたが、構想自体は1968年の都市計画法の区域区分の考え方に受け継がれることになります。

6 緑の基本計画

　1994年に創設された緑の基本計画は、都市緑地法に基づく緑地の総合的な計画です。住民に最も身近な地方公共団体である市町村が地域の実情に応じた施策を講じるとともに、管理者や住民の協力のもと官民一体となって、緑地の保全および緑化の推進に関する施策や取組みを行うことが位置づけられています。また、都市公園の整備方針、特別緑地保全地区の緑地の保全や、緑化地域における緑化の推進に関する事項など、都市計画制度に基づく施策と、公共公益施設の緑化、緑地協定、住民参加による緑化活動などといった都市計画制度にない施策や取組みを体系的に位置付けています（図9・4）。

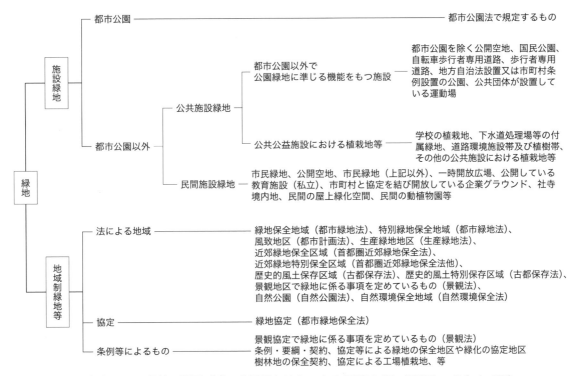

図9・4　緑の基本計画による緑地の分類と施策の位置付け（出典：日本公園緑地協会『緑の基本計画ハンドブック』2001）

[3] 都市公園

[1] 都市公園の整備状況

都市公園は、都市計画法によって位置づけられる都市計画公園または緑地、あるいは国および地方公共団体が都市計画区域内に設置する公園または緑地とされます（都市公園法第2条）。都市公園には、都市における休息やレクリエーション活動などを行う場の提供や、ヒートアイランド現象の緩和等の都市環境の改善、生物多様性の確保等といった役割があります。また地震等災害時における避難地としての機能などもあります。

2019年3月末現在における都市公園等は、11万279か所、面積約12万7321haです。国民1人あたりに換算すると、約10.6m²の面積があります（図9・5）。しかしながら、東京23区を例に世界の主要な都市と公園面積を比較した場合、公園面積の確保水準が高いレベルにあるとはいえません（図9・6）。

[2] 都市公園の種別

都市公園は、徒歩圏内における居住者の利用を想定した身近な公園である住区基幹公園と市町村区域におけるすべての居住者の利用を想定した都市基幹公園、1つの市町村を超えて広域圏の利用を想定した大規模公園、緑地に相当する緩衝緑地等に区分されます（表9・2）。

住区基幹公園には、街区公園、近隣公園、地区公園、特定地区公園といった種別、都市基幹公園には、総合公園と運動公園といった種別があり、国が設置する公営公園を加えると、都市公園法には全部で15種別の都市公園があります。

なお、地域防災計画等に位置づけられている都市公園については、各公園の種別や規模に応じて、災害時の避難場所や、復旧・復興の活動の拠点として整備を図るために防災公園制度があります。災害時

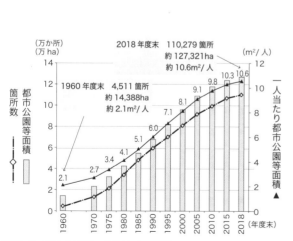

図9・5　都市公園等の現況および推移
（出典：国土交通省ウェブサイト「公園緑地関係データーベース」[7]）

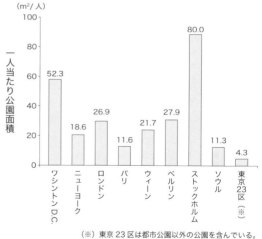

（※）東京23区は都市公園以外の公園を含んでいる。

図9・6　世界主要都市の1人当たり公園面積の現況
（出典：図9・5と同じ）

に、住区基幹公園は主に一次避難地としての役割を担っており、都市基幹公園には、地域防災拠点、広域防災拠点といった地区レベルの避難場所や物流拠点、広域公園には広域的な防災拠点としての防災機能がそれぞれに位置づけられています。

　都市公園は、運動や遊戯などレクリエーション活動の空間となる他に、自然とのふれあいや健康増進、観光や地域間交流といった面でも多様なニーズを満たすことが求められています。加えて災害時には、避難地・避難路となるため、市民の生活に欠かすことができない、多様な機能を有する都市施設です。このため、都市公園を配置する考え方や都市公園内に配置できる施設には、基準や決まりがあります。ここでは、都市公園の配置の基本的な考え方と公園施設について解説します。

表9・2　都市公園の種類 (出典：日本公園緑地協会『公園緑地マニュアル（平成29年度版）』をもとに作成)

種類	種別	内容
住区基幹公園	街区公園	主として街区内に居住する者の利用に供することを目的とする公園で1箇所当たり面積0.25haを標準として配置する。
	近隣公園	主として近隣に居住する者の利用に供することを目的とする公園で1箇所当たり面積2haを標準として配置する。
	地区公園	主として徒歩圏内に居住する者の利用に供することを目的とする公園で1箇所当たり面積4haを標準として配置する。
	特定地区公園	都市計画区域外の一定の町村における農山漁村の生活環境の改善を目的とする特定地区公園（カントリーパーク）は、面積4ha以上を標準として配置する。
都市基幹公園	総合公園	都市住民全般の休息、観賞、散歩、遊戯、運動等総合的な利用に供することを目的とする公園で都市規模に応じ1箇所当たり面積10～50haを標準として配置する。
	運動公園	都市住民全般の主として運動の用に供することを目的とする公園で都市規模に応じ1箇所当たり面積15～75haを標準として配置する。
大規模公園	広域公園	主として一の市町村の区域を超える広域のレクリエーション需要を充足することを目的とする公園で、地方生活圏等広域的なブロック単位ごとに1箇所当たり面積50ha以上を標準として配置する。
	レクリエーション都市	大都市その他の都市圏域から発生する多様かつ選択性に富んだ広域レクリエーション需要を充足することを目的とし、総合的な都市計画に基づき、自然環境の良好な地域を主体に、大規模な公園を核として各種のレクリエーション施設が配置される一団の地域であり、大都市圏その他の都市圏域から容易に到達可能な場所に、全体規模1,000haを標準として配置する。
国営公園		一の都府県の区域を超えるような広域的な利用に供することを目的として国が設置する大規模な公園にあっては、1箇所当たり面積おおむね300ha以上として配置する。国家的な記念事業等として設置するものにあっては、その設置目的にふさわしい内容を有するように配置する。
緩衝緑地等	特殊公園	風致公園、墓園等の特殊な公園で、その目的に則し配置する。
	緩衝緑地	大気汚染、騒音、振動、悪臭等の公害防止、緩和若しくはコンビナート地帯等の災害の防止を図ることを目的とする緑地で、公害、災害発生源地域と住居地域、商業地域等とを分離遮断することが必要な位置について公害、災害の状況に応じ配置する。
	都市緑地	主として都市の自然的環境の保全並びに改善、都市の景観の向上を図るために設けられている緑地であり、1箇所当たり面積0.1ha以上を標準として配置する。但し、既成市街地等において良好な樹林地等がある場合あるいは植樹により都市に緑を増加又は回復させ都市環境の改善を図るために緑地を設ける場合にあってはその規模を0.05ha以上とする。（都市計画決定を行わずに借地により整備し都市公園として配置するものを含む）
	都市林	主として動植物の生息地又は生育地である樹林地等の保護を目的とする都市公園であり、都市の良好な自然的環境を形成することを目的として配置する。
	広場公園	主として市街地の中心部における休息又は観賞の用に供することを目的として配置する。
	緑道	災害時における避難路の確保、都市生活の安全性及び快適性の確保等を図ることを目的として、近隣住区又は近隣住区相互を連絡するように設けられる植樹帯及び歩行者路又は自転車路を主体とする緑地。

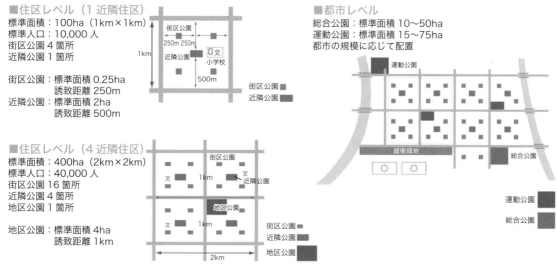

■住区レベル（1近隣住区）
標準面積：100ha（1km×1km）
標準人口：10,000人
街区公園 4箇所
近隣公園 1箇所

街区公園：標準面積 0.25ha
　　　　　誘致距離 250m
近隣公園：標準面積 2ha
　　　　　誘致距離 500m

■住区レベル（4近隣住区）
標準面積：400ha（2km×2km）
標準人口：40,000人
街区公園 16箇所
近隣公園 4箇所
地区公園 1箇所

地区公園：標準面積 4ha
　　　　　誘致距離 1km

■都市レベル
総合公園：標準面積 10～50ha
運動公園：標準面積 15～75ha
都市の規模に応じて配置

図9·7　都市公園の配置基準（1近隣住区は小学校単位のコミュニティ）
(出典：日本公園緑地協会『公園緑地マニュアル（平成29年度版）』をもとに作成)

3 都市公園の配置

　都市公園の設置にあたっては、その機能が十分に発揮されるよう、都市公園の体系を考慮して適切な位置に適切な規模を系統的・合理的に配置することが必要です。そのため、都市公園の配置および規模には、標準となる基準が定められています。

　また、緑の基本計画には、「都市公園の整備の方針」が示されており、都市公園の配置および規模の標準となる基準を踏まえ、市町村が地域の状況に応じて、自主的に策定する計画に即した都市公園の整備を行うことができます。なお、計画を策定する際には、自然地の分布、土地利用、交通系統等の現況および計画を考えながら、自主的な計画を決めていくことが望ましいとしています。参考として、地方公共団体の設置する都市公園については図9·7のような基本的な考え方があります。

4 公園施設

表9·3　都市公園施設の概要（都市公園法施行令をもとに作成）

施設区分	代表的な施設
園路広場	園路及び広場
修景施設	植栽、花壇、噴水その他政令で定めるもの
休養施設	休憩所、ベンチその他政令で定めるもの
遊戯施設	ぶらんこ、すべり台、砂場その他政令で定めるもの
運動施設	野球場、陸上競技場、水泳プールその他政令で定めるもの
教養施設	植物園、動物園、野外劇場その他政令で定めるもの
便益施設	売店、駐車場、便所その他政令で定めるもの
管理施設	門、さく、管理事務所その他政令で定めるもの
その他	都市公園の効用を全うする施設で政令で定めるもの

　都市公園内に設置できるものは、都市公園の効用を全うする公園施設に限定されています。公園施設は、園路広場、修景施設、休養施設、遊戯施設、運動施設、教養施設、便益施設、管理施設、その他の施設に分類されます（表9·3）。都市公園の整備にあたっては、ユニバーサルデザインの考え方に基づき、施設の整備および管理に取り組むことが重要で

す。その際には、段差等の物理的なバリアだけでなく、利用案内等の情報面にバリアが生じないよう、ハード・ソフト両面から高齢者、障害者等を含むすべての人々の利用に配慮する必要があります。

なお、公園施設と異なるものであり、都市公園の効用とは関係ないものの、他に土地がないために公園利用を阻害しない範囲で都市公園に設置が認められる施設または公園内のイベント時などに一時的に置くような工作物・物件等を占用物件といいます。

4 公園緑地の新しい制度

1 防災公園制度

都市の防災機能の向上により安全で安心できる都市づくりを図るために、地震災害時の復旧・復興拠点や復旧のための生活物資等の中継基地等となる防災拠点、あるいは周辺地区からの避難者を収容し、市街地火災等から避難者の生命を保護する避難地等として機能する、地域防災計画等に位置づけられる都市公園等を防災公園と称しています（図9・8、図9・9）。

防災公園制度は1978年の長期計画（第二次都市公園等整備五箇年計画）において発足し、その後も長期計画の柱として位置づけられてきましたが、特に1995年に発生した阪神・淡路大震災において防災公園の重要性が再認識されました。

2004年に発生した新潟県中越地震では、都市公園が地域の避難場所や防災活動拠点として活用されるとともに、自衛隊等による被災市町村への物資の配送等の支援活動拠点となるなど、復旧・復興の拠点としての防災・減災機能を発揮しました。

2 官民連携による公園づくり

2017年の都市公園法の改正では、老朽化が進む都市公園の再整備を背景として、民間事業者が公園の

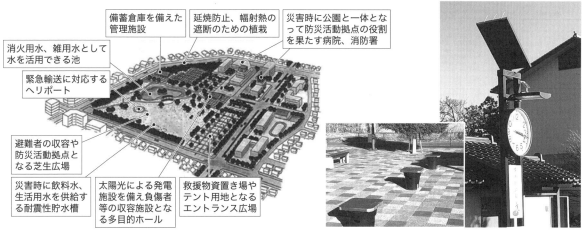

備蓄倉庫を備えた管理施設

延焼防止、幅射熱の遮断のための植栽

災害時に公園と一体となって防災活動拠点の役割を果たす病院、消防署

消火用水、雑用水として水を活用できる池

緊急輸送に対応するヘリポート

避難者の収容や防災活動拠点となる芝生広場

災害時に飲料水、生活用水を供給する耐震性貯水槽

太陽光による発電施設を備え負傷者等の収容施設となる多目的ホール

救援物資置き場やテント用地となるエントランス広場

図9・8　防災公園の整備イメージ
（出典：国土交通省ウェブサイト「防災公園の整備」[8]）

図9・9　防災も兼ねた公園施設
（かまど型ベンチ・太陽光照明灯）

図9・10　日比谷公園のヒビヤガーデン
（Park-PFI によるイベントの実施事例）

図9・11　敷島公園（前橋市）のスターバックス
（Park-PFI によるカフェの設置事例）

整備や運営に参画しやすい制度設計が行われました。また、地域との関係性が強い都市公園は、再整備にあたり、地域との合意形成を如何に構築していくかが課題となっています。都市公園の整備や管理における官民連携の代表的な3つの手法を解説します。

　1つ目は、公共施設等の建設、維持管理、運営等を民間の資金、経営能力および技術能力を活用して行う PFI（Private Finance Initiative）です。日本では、1999 年に PFI 法（民間資金等の活用による公共施設等の促進に関する法律）が制定されました。PFI が導入されることによって、国や地方公共団体の事業コストの削減やより質の高いサービスの提供が可能となるため、イベントの実施や新たな施設整備、施設改修等を予定している公園に活用されています。

　2つ目は、2003 年の地方自治法改正により創設された、指定管理者制度です。指定管理者制度は、地方公共団体が指定する者に公の施設の管理を行ってもらう制度です。今日では、多くの都市公園において指定管理者制度の導入が図られています。指定管理者のもとで創意工夫がされ、公園の利用サービスの向上と活性化につながることが期待されています。

　3つ目は、2017 年の都市公園法改正により創出された公募設置管理制度（Park-PFI）です。これは、飲食店、売店等の公園利用者の利便の向上に資する公募対象公園施設と、その周りの園路や広場など一般の公園利用者が利用できる特定公園施設の整備・改修などを当該施設から生じる収益を活用して一体的に行う事業者を公募によって選定する制度です。都市公園に民間の優良な投資を誘導し、公園管理者の財政負担を軽減しつつ、都市公園の質の向上、公園利用者の利便の向上を図ることを目的としています（図9・10、図9・11）。

3 立体都市公園制度

　密集する市街地の中心部では、土地の有効利用を図りつつ、他の施設と都市公園とを一体的に整備することによって効率的に都市公園の整備を行うことや、都市公園と他の施設による立体的土地利用を図っていくことが望ましい場合もあります。

　立体都市公園制度は、都市公園の下部空間に都市公園法の制限が及ばないようにすることを可能とし、

当該空間の利用の柔軟化を図ったものであり、2004年の都市公園法の改正によって創設された制度です[5]。公園管理者は、地域の状況を勘案し、適正かつ合理的な土地利用を図るため必要がある場合には、既存の都市公園の地下や建物の屋上、人工地盤上といった区域の空間について、都市公園の区域を立体的に定めることができます。

⑤ グリーンインフラ

世界各国で地球温暖化や生物多様性といった地球規模の環境問題への改善策としてグリーンインフラに関する取組みが注目されています[10]。

グリーンインフラとは、自然が有する多様な機能や仕組みを活用したインフラストラクチャーや土地利用のことです。日本が抱えている人口減少に伴う未利用地の増加やインフラ老朽化などの社会的課題を解決し、持続的な地域を創出する取組みとして期待されています。

公園緑地を含む社会資本整備に関する上位計画である国土形成計画や、社会資本整備に係る長期計画である社会資本整備重点計画[10]をはじめ、大規模自然災害に備えた国土全域の強靭な国づくりを目的とした国土強靭化計画[11]にもグリーンインフラの必要性が示されています。

■1 ポートランドにおける取組み

グリーンインフラは、アメリカで発案された社会資本整備の手法です。自然環境が持っている多様な機能をインフラ整備に活用するという考え方を基本に、欧米を中心に取組みが進められており、その目的や対象が様々であるのも特徴の1つです。近年では、世界各地において、ヒートアイランド現象の激化や都市型集中豪雨など、自然災害が頻発しています。このことも踏まえて、海外では緑を使ったグリーンインフラ技術に注目して災害対策を進めている事例も見られます。

例えば、グレーインフラと称されるコンクリート堤防は雨が降った時にしか機能しない土木技術ですが、グリーンインフラとして植栽や土壌のもつ自然の仕組みを利用することで、雨水の貯留や浸透、流出抑制、汚染物質の除去、地下水涵養などを行うことができ、洪水対策など多くの便益を得ることができます。

アメリカのポートランド市は、1990年代からグリーンインフラを進めてきた都市です。林業で発展してきたポートランドは、1930年代以降の工業化やモータリゼーションの進展とともにウィラメット川沿いに多くの製鉄工場や造船所が建てられ、工場からの排水などによって川の汚染が深刻となりました。

1993年には、合流式下水道からオーバーフローする下水量の制限を求めて連邦政府からポートランド市に対して訴訟が起こされ、このような環境悪化を危惧したポートランド市は、グリーンインフラ施策による豪雨対策と健全な流域圏の整備促進に力を注ぎました。

ポートランドのプロジェクトの1つ「Tabor to the River」は、ウィラメット川東部に雨水浸透のためのグリーンストリートを整備する計画です。グリーンストリートの目的は、雨水流出量の抑制、雨水流出速度の低減、水質の向上であり、道路や歩行者空間に植栽空間を設けるとともに、植樹帯の縁石の一部に切り込みを入れて、雨水を一時的に貯留・浸透させ、浄化して下水に流します（図9・12）。ポート

図9·12　グリーンストリート

図9·13　ターナーズスプリングスパーク

ランド市には、グリーンストリートが街の至るところに創出されており、グリーンインフラ施策の中心となっています。

　パール地区は、かつて小川と湿地帯がある自然豊かな場所でしたが、ポートランド市の工業化に伴い、鉄道ヤードや倉庫へと街の様相が変わってきました。この過程において、かつて存在していた小川や湿地帯は暗渠化されました。パール地区の再開発事業では、かつての地区の歴史や風景を見直すことになり、人が集まる場所として再び小川や湿地などの自然を復元する取組みが行われることになりました。ターナーズスプリングスパーク（図9·13）は、パール地区再開発事業によって設置されたビオトープです。調整池の右に見えるフェンス状の柱は、鉄道ヤードとして使用された当時を思わせるようなデザインが施されています。

2 日本における取組み

　日本では、2010年に生物多様性条約第10回締結会議（COP10）が行われ、3年後の2013年にグリーンインフラの概念が本格的に日本に導入されました。日本の国土の将来像を示す国土形成計画や、第四次社会資本整備重点計画では、「国土の適切な管理」「安全・安心で持続可能な国土」「人口減少・高齢化等に対応した持続可能な地域社会の形成」という3つの課題が掲げられ、その対応の1つの手段としてグリーンインフラの取組みが盛り込まれました。

　成熟社会を迎えている今日の日本では、経済成長の追求のみではなく、自然豊かで良好な環境で健康に暮らすことができる社会を求めるような価値観のパラダイムシフトが起きています。また、自然災害に脆弱で、人口減少・少子高齢化に伴う土地利用の変化も想定される中、要素技術、空間配置、相互関係のいずれの面からも、人工構造物とグリーンインフラの双方の特性を組み合わせていくことが重要と考えられます（図9·14）。

　人工構造物とグリーンインフラの双方の特性を組み合わせた我が国における事例として、柏の葉スマートシティプロジェクトと六本木ヒルズの取組みを紹介します。

　柏の葉スマートシティプロジェクトは、スマートシティの実現を目的とした、環境配慮型のまちづく

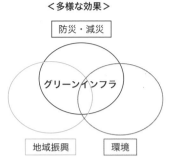

<社会的課題>
〇安全・安心で持続可能な国土
〇国土の適切な管理
〇生活の質の向上
〇人口減少・高齢化に対応した
持続可能な社会の形成

<自然環境が有する機能>
・良好な景観形成
・生物の生息・生育の場の提供
・浸水対策（浸透等）
・健康、レクリエーション等文化提供
・外力減衰、緩衝
・ヒートアイランド対策等

<多様な効果>
防災・減災
グリーンインフラ
地域振興
環境

図 9・14　グリーンインフラの取組みイメージ
(出典：国土交通省ウェブサイト「グリーンインフラポータルサイト【導入編】なぜ、今グリーンインフラなのか」[12] をもとに作成)

りを行う取組みです。この取組みは、2006 年に東京大学、千葉大学、柏市、三井不動産などで構成するまちづくり団体である UDCK（柏の葉アーバンデザインセンター）が設立され、柏の葉国際キャンパス構想を発表したことを契機にスタートしました。2014 年には、住宅、商業施設が集積するゲートスクエアのオープンを機に、グリーンストリートの設置など

ポートランドのまちづくりを取り入れたほか、市民の声を反映させるためのコミュニティワークショップを実施し、「環境と共生する都市づくり」「質の高い都市空間のデザイン」など、8 つの目標を掲げて取り組んでいます（図 9・15）。

六本木ヒルズは、緑化施設整備計画制度という国の制度を活用することによって、道路空間の上に人工地盤を築き、さらに人工地盤に屋上緑化を整備した、複合的な商業施設になっています。六本木ヒルズの屋上緑化は、都市部におけるヒートアイランド現象を緩和するほか、緑の重量を制震に利用するグリーンマスダンパーを採用しているところが特徴です。屋上緑化のエリアのうち「66 プラザ」には、グリーンマスダンパーの構成要素でもある、ケヤキやクスなどの高木が植栽されており、屋上空間であることを感じさせないような濃厚な緑を有する緑化空間が創出されています（図 9・16）。

6　公園緑地の計画と設計

　公園緑地の計画・設計の手順は、上位計画である「緑の基本計画」などに基づいた公園整備の企画が立案されて、計画、設計、施工の流れで進められるのが一般的です。計画には、基本構想、基本計画の各段階があり、設計には、基本設計、実施設計の各段階があります。計画や設計の各々の段階において仕上

図 9・15　グリーンストリート（柏の葉公園、柏市）

図 9・16　人工地盤の屋上緑化（六本木ヒルズ）

げる図書に、計画の意図・設計の意図をしっかり表現していくことが、良質な空間づくりに重要です。

　ここでは、基本計画、基本設計、実施設計の各段階に一般的に要求される内容について解説します。

①基本計画

　公園緑地の計画・設計における第一歩は、公園の骨格を決定する基本計画（表9・4）です。基本計画では、基本構想時における公園緑地の性格・役割を踏まえて、計画予定地と周辺地域の現況把握や分析を行い、コンセプト、計画方針を設定して、周辺および全体の空間構成、動線計画、施設規模、配置計画をまとめていきます。

②基本設計

　基本設計では、基本計画に基づき、諸施設の規模、位置、デザインを設定し、実施設計の指標となる概略設計を行います（表9・5）。基本計画が主に空間のあり様をデザインしていくのに対して、基本設計では、個々の施設も含めた公園の具体的なデザインを行っていきます。平面計画図や鳥瞰図・透視図を用いることによってデザイン・イメージの共有化を図っていきます。

③実施設計

　実施設計では、基本設計に基づき、施工するために必要な、より詳細で具体的な図書を作成していきます（表9・6）。工事指示書となる設計図書は、仕様書ならびに図面（各種平面図、断面図、詳細図など）と、それに基づく工種別数量内訳書によって構成されます。

④公園づくりワークショップ

　身近な公園（街区公園や近隣公園）では、ワークショップによる、計画や設計の検討が増えています。ワークショップは、参加する人が意見やアイデアを出し合い、お互いの考え方を学びながら計画案の検討などを行う活動であり、住民と計画者・設計者・行政との協働によって公園プランをつくっていくの

表9・4　基本計画の内容

現況把握・敷地分析	公園計画方針の設定に必要なデータと主要な条件を収集、確認する。
コンセプト・計画方針の設定	基本構想での公園緑地の性格・役割を受け、現況把握や敷地分析を総合し、公園緑地のコンセプトを設定する。
空間構成	設定された計画方針に従い、どのような空間を確保し、どのような施設などを整備、配置していくのかの検討を行い、計画地をゾーニングする。
主要施設の配置計画	設定したゾーニングに基づいて、求められる機能を備えた主要施設の配置を検討する。敷地条件、各施設間のバランス、管理運営方法、景観などを考慮して施設の規模、位置を設定する。
事業費と管理運営方針	おおむねの工事費と設計を含めた整備工程を決定する。
基本計画説明書	ビジュアルに表現する各種の基本計画や、計画策定に至るまでのプロセスを整理し、第三者にわかりやすく解説するよう図書をまとめる。

表9・5　基本設計の内容

与条件の検討	現地調査、文献調査、聞き取り調査などを通じて、前提条件のうち、変更すべき項目、精度を上げるべき項目などに整理し、内容を検討する。
ランドフォーム・植栽の検討	基本計画で概略のランドフォームが決定されるが、より具体的に大地の造形として練り上げていくのが基本となる。
諸施設の検討	計画される施設の位置、規模、意匠などを機能、利用、管理、美観、安全性、経済性、耐久性、更新性など全ての面において適切になるよう決定する。
基本設計図書	公園全体の基本的な各種設計と、構成する施設などデザインを示し、設計意図をまとめ、概算工事費までを算出する。
鳥瞰図・透視図	計画に基づき、全体及び主要な部分について立体図として仕上げる。

表 9·6　実施設計の内容

実施設計図	工事を実施するために以下の内容などを図面としてまとめる。 ①事業施工場所（位置図） ②施工箇所現況及び撤去物 ③施設等の配置 ④施設、工種別の構造、形状 ⑤施工法、仮設等 ⑥施設別（単位あたり）使用材料数量 ⑦工事件名、作成年月日、作成者等
工事仕様書	工事を施工するうえで必要な技術的要求、工事内容を説明した書類をまとめる。
数量計算書	平面図の施工数量や構造物の使用数量をまとめ、工事費の算出のもととなる計算書を作成する。
工事費・工期の算出	まとめられた実施設計図、工事仕様書、数量計算書に基づき、歩掛などを参考に最適な工事費の積算と工期を算出する。

が特徴です。住民の意向を反映しつつ、決定すべき事項とランドフォームや植栽などの空間の基盤をしっかり整理し、役割を明確化しながらワークショップを進めることが必要です。

　大阪府八尾市では、新規に約 3700 m² の街区公園を整備するにあたり、「わたしたちの公園」として身近に感じてもらえるよう、地域の意見を聞きながら計画策定を進めるべく、2017 年に 4 回のワークショップを開催しました [13]。ワークショップの結果は、その都度、ニューズレターとして広報されます。この公園は、2019 年に開園しました。あわせて、地域で話し合った公園利用のルールが策定され、一定の条件を満たせば、「ボール遊び」「花火」「ペットの散歩」を楽しむことができます。

計画事例 1　広瀬川河畔緑地の再整備（前橋市）

①計画の背景

　広瀬川河畔緑地は、1918 年に前橋北部耕地整理事業に伴う路上公園（旧道路法の工作物）として整備され、1948 年より前橋市戦災復興特別都市計画事業により公園道路（戦災復興計画基本指針における緑地の種別）として整備された歴史のある河川沿いの緑地です。前橋市は、「水と緑のまちをつくる条例」を制定し、1975 年より都市公園法上の緑道として整備が行われました（延長 1.2 km、供用面積 1.3 ha）。

　広瀬川河畔緑地は、前橋市の中心市街地を東西に流れる広瀬川河畔の帯状の両岸の緑地を総称するものであり、緑地内には、歩行者・自転車専用道、鑑賞池、小川、あずまやがあります。前橋ゆかりの詩人である萩原朔太郎もこの情景を詩にしており、前橋市を代表する風景として多くの市民に親しまれています（図 9·17、図 9·18）。

②丁寧なフィードバックによる検討

　整備から 30 余年が経ち、休憩施設をはじめとした施設の老朽化や樹木の生長による繁茂、歩道の幅が狭いといった問題から、市民が集う場所としての改良が要求されていました。この課題に対応するために前橋市は、広瀬川河畔緑地再整備検討委員会を 24 名で組織（学識経験者 3 名、商工関係者 5 名、肢体障害関係 1 名、まちづくり団体 2 名、町内会 7 名、公園愛護団体 6 名）し、中心市街地における広瀬川河畔緑地（厩橋から久留万橋の約 750 m）の再整備のあり方を検討することになりました。委員会は 2007 年 7 月から 4 か年で合計 8 回実施されました。整備の内容については、事後評価を行い、次回の整備に反映していくという特徴がありました。

長い歴史を有する広瀬川河畔緑地においては、初めの委員会において、「改善に向けた期待感」と「雰囲気の損失への危機感」という考え方の相違（ジレンマ）がありました。また、3度の再整備の評価においては、1回目に「機能に優れるが雰囲気はどうか」、2回目に「調和に優れるがデザインはどうか」、3回目に「新しいデザインも良いが歴史や伝統の美に欠ける」といったジレンマが、各々の段階で見られました。

　委員は、初めの委員会で出されたジレンマを主体的に受け入れ、「ソフト面を含めた哲学の樹立」を方向性としながら車椅子走行体験など現地調査も行い、コンセプトを作成していきました。また、各々の再整備における評価で生じたジレンマでは、歴史ある空間の履歴を検証しながらコンセプトへフィードバックして、整備の方向性を明確化していきました。さらに、緑地内のトイレは、委員自らがデザインを作成することで、委員会を活性化しながら、かつ円滑な意思決定を図ることができました。

図9・17　広瀬川河畔緑地の計画策定箇所
（出典：『前橋市緑の基本計画』2018年3月）

図9・18　広瀬川河畔緑地の再整備の状況

計画事例2　東ふれあい公園の設計（前橋市）

①計画の背景

　前橋市の西南に位置する東地区は、市街化区域内にありながら、土地区画整理事業が限定的な区域設定で施行されたために民間による小規模の開発事業がスプロール的に行われました。このため、公園緑地など、まとまったオープンスペースを確保することが困難な状況が続きました。

　東ふれあい公園は、東地区の交通拠点であるJR新前橋駅から約500m南側にあり、1950年代に前橋都市計画公園として近隣公園（面積約1.0ha）に位置づけられ、整備される計画でしたが、計画されてから60年間が経過しても事業が実施できない状況でした。

　ディベロッパーの住宅開発用地として当該公園用地を含めた周辺の土地売買が進められる中、前橋市は2013年に「公有地の拡大の推進に関する法律」により、すでに建て替えが必要であった公民館（東公民館）の移転用地の取得と合わせて当該公園用地の一部を取得しました。

これにより、地区のコミュニティ拠点である東公民館は、東ふれあい公園の西側に隣接して 2015 年に移転新築されることになりました。JR 新前橋駅に至近の立地を踏まえて一次避難地となる防災公園として公園整備が決定、2014 〜 2015 年に残る公園用地を取得して、2016 〜 2017 年の 2 か年で公園整備が行われました。

図 9・19　東ふれあい公園イメージパース
(出典：前橋市『平成 27 年度（仮称）東公園イメージパース作成業務』)

②計画策定の経緯

「東地区地域づくり協議会」は、東地区における支え合いや、自主・自立性の強化を図りながら、だれもが安全に安心して暮らせる地域づくりを進めることを目的とする住民の代表者でつくる組織です。

公園計画は、東地区地域づくり協議会と 2014 年から 2 か年かけた話し合いを行いながら進めていきました。この話し合いでは、実際の公園のイメージを共有するため、前橋市が東地区地域づくり協議会の有志とともに公園見学の研修会などを行いました。実際に、現実の公園を見ることによって、公園の大きさや利用実態、公園整備後の管理が重要といったイメージを共有することができました。

公園の施設計画は、公園の年間利用スケジュールをイメージしながらつくっていきました。これまでの住民参加の計画づくりは、公園施設の要望（例えば遊具を沢山といった）に偏りがちになるという経験もありました。年間の利用スケジュールをつくることで、子どもから高齢者の目までイメージしながら施設計画をつくることができました。この協議会での公園計画づくりは、住民でつくる「東ふれあい公園愛護会（事務局：東公民館）」の設置につながりました。現在でも月に 1 度、住民が清掃や除草に参加しながら管理運営がされています。

施設は、西側に公民館、中央にエントランスゾーン、東側に全体面積の約 3 分の 2 を占める多目的な芝生広場という 3 つのゾーンで構成されています（図 9・19）。芝生広場の北側には、ストレッチや筋力トレーニングができる 3 種類の健康器具があり、芝生広場の東側には、滑り台など児童遊具エリアがあります。公園東南側が公園の正面入口であり、パーゴラやオムツ替えもある多目的トイレ、水飲み場があります。公園の外周を散歩できるように遊歩道が整備されており、南側にバスケットボールやフットサルなどを楽しめる舗装広場があります。

③開園後の状況

2018 年 4 月に東ふれあい公園は開園しました。平日は、遊具や芝生で小さい子どもが遊び、早朝には、公園の遊歩道で散歩をする人が多く見られます。休日は、家族連れでにぎわっており地元の人気スポットになっています。芝生広場は、利用申請が必要ですが、個人利用はもちろん、芝生を傷めないといった条件を満たせば、団体の利用も可能としています。団体利用としては、グランドゴルフや地区のお祭りといった各種イベントで利用されています。

■ 演習問題9 ■

（1）いくつかの都市の緑の基本計画をインターネットで検索して調べるとともに、該当都市を1例選んで緑の基本計画の内容を説明してください。

（2）これからの公園の計画や管理運営を行う上で配慮すべき事項として、下記の内容をインターネット等で調べてください。また、少子高齢社会の進行、環境問題の深刻化、自然災害の激化などを背景とした、これらの今後のあり方について考察してください。

❶緑被率

❷官民連携による公園緑地の有効活用

❸防災公園制度

（3）海外におけるグリーンインフラの導入事例をインターネット等で調べ、その概要を整理してください。また、日本にグリーンインフラを導入する上で考慮しなければならない課題と、課題を解決するための方法について考察してください。

（4）あなたが通学する大学・学校の近くにある代表的な都市公園を選び、写真を撮影し調査してください。

❶該当の都市公園の良いところを3つ挙げて、写真を用い説明してください。

❷該当の都市公園の悪いところを3つ挙げて、写真を用い説明した上で、その改善策について提案してください。

参考文献

1) 日本公園百年史刊行会『日本公園百年史（総論・各論）』第一法規出版、1983
2) 東京市市史編纂係『東京案内 上巻』裳華房、1907（国立国会図書館ウェブサイト「写真の中の明治・大正」https://www.ndl.go.jp/scenery/map/hibiyakoen_map.html より取得）
3) 土木学会附属土木図書館 デジタルアーカイブス 土木貴重写真コレクション「隅田公園本所側」(http://library.jsce.or.jp/Image_DB/shinsai/kanto/kouen/si1017.html)
4) 佐藤昌『日本公園発達史』都市計画研究所、1977
5) 日本公園緑地協会『公園緑地マニュアル（平成29年度版）』2017
6) 日本公園緑地協会『緑の基本計画ハンドブック』2001
7) 国土交通省ウェブサイト「公園緑地関係データーベース」(https://www.mlit.go.jp/crd/park/joho/database/index.html)
8) 国土交通省ウェブサイト「防災公園の整備」(https://www.mlit.go.jp/crd/park/shisaku/ko_shisaku/kobetsu/index.html)
9) グリーンインフラ研究会『決定版！グリーンインフラ』日経BP社、2017
10) 国土交通省「第5次社会資本整備重点計画」2021年5月閣議決定（https://www.mlit.go.jp/sogoseisaku/point/content/001406599.pdf)
11) 内閣府「国土強靱化年次計画2021」(http://www.cas.go.jp/jp/seisaku/kokudo_kyoujinka/pdf/nenjikeikaku2021_02.pdf)
12) 国土交通省ウェブサイト「グリーンインフラポータルサイト【導入編】なぜ、今グリーンインフラなのか」(https://www.mlit.go.jp/sogoseisaku/environment/sosei_environment_fr_000143.html)
13) 藤井英二郎・松崎喬編『造園実務必携』朝倉書店、2018
14) 八尾市ウェブサイト「ワークショップによる住民参画型の公園づくりについて」2020（https://www.city.yao.osaka.jp/0000040524.html)

10章
地区計画

1　地区計画の考え方　─地区の都市計画─

1　地区計画とは

同じ市町村であっても、地区によって住む人々や住環境は大きく異なります。そのため、現状の課題や将来懸念される問題も地区によって大きく異なります（図10·1）。

ところで、まちづくりに関する法律には、大きく分けて、「都市」といった少し大きなスケールのまちづくりに資する都市計画法と、建築物に関する基準を定めた建築基準法があります。しかしながら、これらは最低限守るべき内容を定めたものであることから、地区で生じる様々な問題に完全に対応できるわけではありません。

そこで、地区における現状の課題や将来の不安を解消すべく、住民と市町村とが連携しながら、道路や公園、建築物等についてその地区独自のルールを定めることができるように、1980年に地区計画制度が創設されました。

2　地区計画を定めることができる地区と地区計画の内容

地区計画制度の創設当初は、「市街化区域又は非線引き都市計画区域内の用途地域が定められている区域」に適用が限定されていました。しかしながら、その後、市街化調整区域内（1992年）や非線引き都市計画区域（2000年）においても適用が可能となり、現在では、以下に該当する地区において地区計画

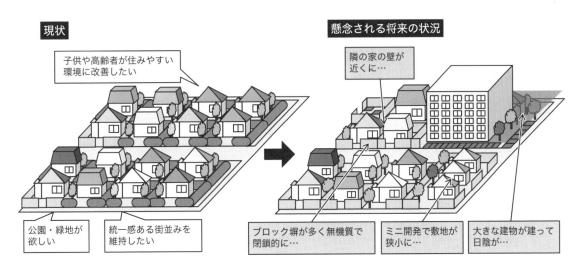

図10·1　地区の現状と将来懸念される問題（全国地区計画推進協議会『地区計画パンフレット2014年度版（概要編）』を参考に作成）

地区計画の目標
目指すべき地区の将来の姿（目標）を決定します。

地区施設の配置や規模
身近な道路、公園などの配置や規模を定めることができます。

区域の整備、開発及び保全に関する方針
地区計画の目標を実現するための方針を決定します。

建築物等に関する事項
■建築物等の用途の制限 　地区内に相応しくない建物の立地を防ぐことができます。 ■建築物の容積率の最高限度又は最低限度 　周囲に調和した土地の有効利用を進めることができます。 ■建築物の建蔽率の最高限度 　十分なスペースの庭や広場の確保ができます。 ■建築物の敷地面積又は建築面積の最低限度 　ミニ開発の防止や共同化等による土地の高度利用ができます。 ■壁面の位置の制限 　道路や隣地への圧迫感を緩和することができます。 ■壁面後退区域における工作物の設置の制限 　良好な景観とゆとりある外部空間をつくることができます。 ■建築物等の高さの最高限度又は最低限度 　統一感のある景観の形成や土地の高度利用を促進できます。 ■建築物等の形態又は色彩その他の意匠の制限 　建物の色や形などの調和を図ることができます。 ■建築物の緑化率の最低限度 　敷地内において植栽、花壇、樹木などの緑化を推進できます。 ■垣又は柵の構造の制限 　垣や柵の材料や形を決めることができます。

地区整備計画
地区計画区域の全部または一部に、道路、公園などの配置や建築物等に関する制限などを詳細に決定します。

土地の利用に関する事項
現存する樹木地、草地などの良い環境の維持ができます。

図10・2　地区計画の構成
（全国地区計画推進協議会『地区計画パンフレット
2014年度版（概要編）』を参考に作成）

を定めることができるようになっています。

　①用途地域内

　②用途地域外で次のいずれかに該当する区域

　　イ）計画的開発（予定）区域（開発整備型）

　　ロ）不良街区環境形成の恐れのある区域（スプロール防止型）

　　ハ）優れた街区環境が形成されている区域（環境保全型）

また、地区計画は、以下の3つから構成されます（図10・2）。

①目指すべき地区の将来像（地区計画の目標）

②地区計画の目標を実現するための方針（区域の整備、開発及び保全に関する方針）

③道路や公園等の配置や建築物の用途の制限等の具体的な計画（地区整備計画）

　地区整備計画では、地区計画の方針に基づいて、地区計画の区域の全部または一部の区域について、まちづくりの内容を詳細に定めます。具体的には、「地区施設の配置や規模」「建築物等に関する事項」「土地の利用に関する事項」の3つの事項の中から、地区の特徴を勘案して必要な事項を1つ以上選択し、きめ細やかなルールを定めます（図10・3）。なお、地区整備計画の区域をさらに複数の区域に細分化し、1つの事項について異なる内容を定めることもできます。

　「地区施設の配置や規模」では、主として地区住民等が利用する身近な道路、公園、広場などを地区施

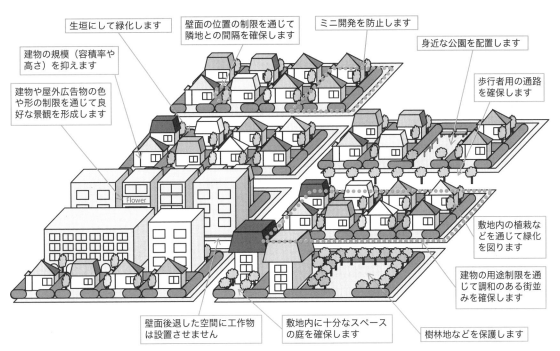

生垣にして緑化します

壁面の位置の制限を通じて隣地との間隔を確保します

ミニ開発を防止します

建物の規模（容積率や高さ）を抑えます

身近な公園を配置します

建物や屋外広告物の色や形の制限を通じて良好な景観を形成します

歩行者用の通路を確保します

敷地内の植栽などを通じて緑化を図ります

建物の用途制限を通じて調和のある街並みを確保します

壁面後退した空間に工作物は設置させません

敷地内に十分なスペースの庭を確保します

樹林地などを保護します

図 10·3　地区計画でできること（全国地区計画推進協議会『地区計画パンフレット 2014 年度版（概要編）』を参考に作成）

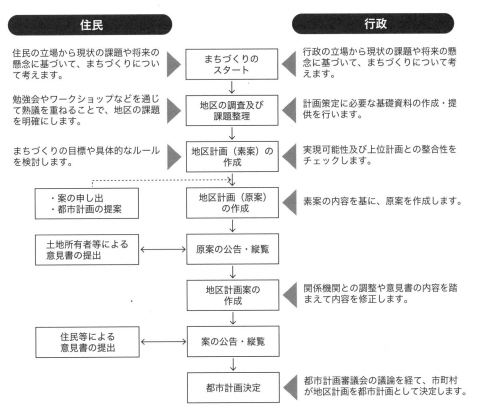

住民		行政

住民の立場から現状の課題や将来の懸念に基づいて、まちづくりについて考えます。
→ **まちづくりのスタート** ←
行政の立場から現状の課題や将来の懸念に基づいて、まちづくりについて考えます。

勉強会やワークショップなどを通じて熟議を重ねることで、地区の課題を明確にします。
→ **地区の調査及び課題整理** ←
計画策定に必要な基礎資料の作成・提供を行います。

まちづくりの目標や具体的なルールを検討します。
→ **地区計画（素案）の作成** ←
実現可能性及び上位計画との整合性をチェックします。

・案の申し出
・都市計画の提案
→ **地区計画（原案）の作成** ←
素案の内容を基に、原案を作成します。

土地所有者等による意見書の提出
↔ **原案の公告・縦覧**

→ **地区計画案の作成** ←
関係機関との調整や意見書の内容を踏まえて内容を修正します。

住民等による意見書の提出
↔ **案の公告・縦覧**

→ **都市計画決定** ←
都市計画審議会の議論を経て、市町村が地区計画を都市計画として決定します。

図 10·4　地区計画の手続き（全国地区計画推進協議会『地区計画パンフレット 2014 年度版（概要編）』を参考に作成）

設として定めて必要な公共空間を確保することができます。「建築物等に関する事項」では、建築物の用途や高さなど、10個の観点から建築物の建て方の詳細なルールを定めることができます。「土地の利用に関する事項」では、緑地（現存する樹林地、草地など）の保全などを定めることができます（例えば、特定の樹種や樹高の樹木の伐採を規制するなど）。

つまり、地区整備計画によって、地区の特徴を熟慮した上で地区内における開発・建築行為等を規制・誘導し、目指すべき地区の将来像の実現を図ることになります。

3 地区計画の手続き

地区計画は、図10・4に示す大きく8つの手続きを経て策定されます。

地区計画は、「良好な住環境を守りたい」「困っている問題を解決したい」など、地区の現状や将来に対して地区住民が問題意識を持つことによってスタートします。そして、地区の実情に応じた計画を策定するために、住民が主体となって、勉強会、見学会、アンケート調査などを実施し、現在および将来想定し得る地区課題を整理するとともに、地区の目指すべき将来像について話し合い、地区計画の素案をつくります。続いて、様々な角度から必要に応じて素案を修正し、地区計画の原案をつくります。最後に、案の公告・縦覧、意見書の提出、都市計画審議会の議論など、いくつかの手続きを経て、市町村が地区計画を都市計画として決定します。

2 地区計画等の種類と策定実績

1 地区計画等の種類

地区計画制度が創設された1980年以降の社会経済状況等の変化（大規模な低・未利用地や遊休地の増加等）に合わせて、地区計画には様々なバリエーションが誕生してきました。

現在では、地区計画等には図10・5のような種類があります。なお、地区の特徴に従い、地区計画等は特例的な活用と併用することができます（表10・1）。

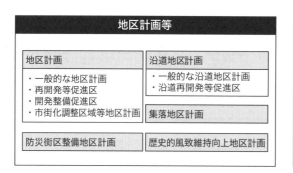

図10・5　地区計画等の種類と特例的な活用（和歌山市『地区計画パンフレット』を参考に作成）

表 10・1　特例的な活用の地区計画等への適用関係（和歌山市『地区計画パンフレット』を参考に作成）

		誘導容積型	容積適正配分型	高度利用型	用途別容積型	街並み誘導型	立体道路制度
地区計画	一般的な地区計画	○	○	○	○	○	○
	再開発等促進区	○	×	×	×	○	○
	開発整備促進区	○	×	×	×	○	○
	市街化調整区域等地区計画	○	×	×	×	○	×
防災街区整備地区計画		○	○	×	○	○	×
沿道地区計画	一般的な沿道地区計画	○	○	○	○	○	×
	沿道再開発等促進区	○	×	×	○	○	×
集落地区計画		×	×	×	×	×	×
歴史的風致維持向上地区計画		×	×	×	×	○	×

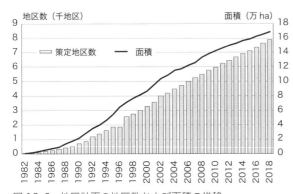

図 10・6　地区計画の地区数および面積の推移
（都市計画協会『都市計画年報』および国土交通省『都市計画現況調査』を
もとに作成）

図 10・7　地区計画の 1 地区当たりの面積の推移
（都市計画協会『都市計画年報』および国土交通省『都市計画現況調査』
をもとに作成）

表 10・2　地区計画等の策定状況
（2019 年 3 月 31 日現在）
（出典：国土交通省『都市計画現況調査（2019 年調査結果）』）

地区計画等の種類	地区数 （地区）	面積 （ha）
地区計画	7889	168742.1
防災街区整備地区計画	36	2078.7
沿道地区計画	49	646.1
集落地区計画	15	591.4
歴史的風致維持向上地区計画	2	4.3

表 10・3　地区計画の策定状況（東京都）
（2020 年 3 月 31 日現在）
（出典：東京都『東京都における地区計画決定状況』）

種類	地区数	面積（ha）
一般型	746	12826.0
誘導容積型	56	1879.4
容積適正配分型	2	105.9
高度利用型	0	0.0
用途別容積型	3	62.9
街並み誘導型	43	1409.7
立体道路制度	2	138.7
誘導容積 + 街並み誘導	7	155.1
誘導容積 + 容積適正	1	69.3
高度利用 + 街並み誘導	17	640.1
用途別容積 + 街並み誘導	13	187.3
容積適正 + 用途別容積 + 街並み誘導	0	0.0
誘導容積 + 街並み誘導 + 立体道路制度	1	2.3
合計	891	17476.7

2 地区計画等の策定実績

地区計画制度が創設されて以降、地区計画（地区計画等の一種類としての地区計画）を策定する地区の数およびその面積は年々増加の一途をたどり、2018年度（2019年3月31日現在）では、全国で7889地区（804市町村）、面積16万8742.1haとなっています（図10・6）。その一方で、1地区当たりの面積は減少傾向にあり、21.39ha/地区に至っています（図10・7）。なお、国土に対する地区計画が適用されている割合は約0.4%（可住地面積に対しては約1.6%）であり、国土全体で見た場合、それほど大きな割合ではありません。しかしながら、地区計画の策定地区数および地区面積は、防災街区整備地区計画や沿道地区計画等の他の地区計画に比べて非常に大きな値になっています（表10・2）。

3 地区計画の内容

1 一般的な地区計画

一般的な地区計画とは、地区計画の基本形となるもので、建築物の建築形態や公共施設の配置等から見て、地区の特性に相応しい良好な環境の街区を整備し、および保全するための制度です。この制度では、原則的に既存の都市計画の規制を緩和することはできませんが、地区計画で規制を強化することで、より積極的に良好な環境を形成・保全しようとする場合に適しています。2020年3月31日現在の東京都における地区計画策定状況を見ると、都市計画法に基づく地区計画を策定している地区の約84%（地区面積は全体の約73%）が一般的な地区計画になります（表10・3）。

一般的な地区計画の具体例については、計画事例1（p.180）を参照してください。

2 再開発等促進区

大規模な低・未利用地区（工場や鉄道操車場、港湾施設の跡地等）における土地利用転換の推進を通じて、良好な地域社会の形成と土地の高度利用、都市機能の増進に寄与することを目的として、建築物と公共施設の一体的整備の計画や用途および容積率の緩和等を行うための制度です（1988年創設、都市計画法第12条の6）（図10・8）。再開発等促進区が指定されるケースとして、老朽化した住宅団地の建て替えを行うケースや木造住宅が密集している市街地の再開発を行うケース等が挙げられます。

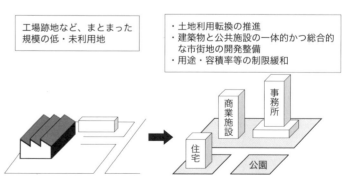

図10・8　再開発等促進区（国土交通省『土地利用計画制度』を参考に作成）

3 開発整備促進区

第二種住居地域、準住居地域もしくは工業地域が定められている土地の区域または用途地域が定められていない土地の区域（市街化調整区域を除く）において、大規模な集客施設の整備に

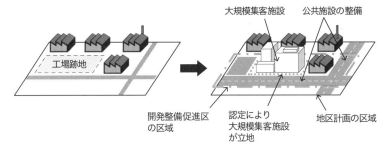

図 10・9　開発整備促進区（国土交通省『土地利用計画制度』を参考に作成）

による商業やその他業務の利便性の向上を目指し、一体的かつ総合的な市街地開発整備を行うための制度です（2006 年創設、都市計画法第 12 条の 5）。例えば、大規模ショッピングセンターの誘導と道路などの公共施設の一体的な開発整備により工業地域内の工場跡地等の遊休地の有効活用を図る必要性の高い地域等での適用が考えられます（図 10・9）。

4 市街化調整区域等地区計画

市街化調整区域では、無秩序な開発や土地利用の混乱、さらには、少子高齢化の進行などによる地域活力の低下、都市的生活ニーズへの対応の遅れなどの様々な問題を抱えています。そこで、それらの問題解決に向けて、市街化調整区域の性格を変えない範囲で、地区の特性に相応しい良好な環境の維持形成を図る必要がある場合に活用される制度が市街化調整区域等地区計画です（1992 年創設、都市計画法第 12 条の 5）。例えば長崎市では、ネットワーク型コンパクトシティの実現に向けて、物理的制約上、市街化区域内では確保が難しい工業系企業立地用地を市街化調整区域に確保することにより、市内における居住およ

図 10・10　市街化調整区域等地区計画
（静岡市『市街化調整区域における地区計画のイメージ』を参考に作成）

び都市機能を誘導しやすい環境の整備と工業系企業の立地促進を両立し、定住人口増加に資する雇用環境の創出を図っています。これは図 10・10 の「大規模開発の緩和による工業団地の整備」に該当します。

4 地区計画における特例制度

1 誘導容積型地区計画

適正な配置および規模の公共施設（道路など）が整備されていない地区において、暫定容積率（公共

施設が未整備な状況での
容積率）と目標容積率（公
共施設の整備を見込んだ
目標とする容積率）を設定
することで、公共施設の整
備とともに適正かつ合理
的な土地利用の促進を図
る制度です（1992年創設、
都市計画法第12条の6）。
幹線道路やその他公共施
設の整備とともに土地の

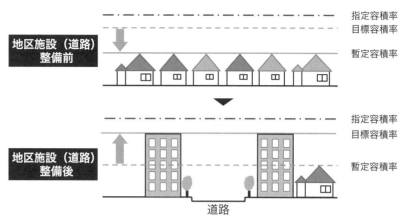

図10・11　誘導容積型地区計画（和歌山市『地区計画パンフレット』を参考に作成）

有効利用を図る必要がある、未整備な幹線道路の沿道地域等での適用が考えられます（図10・11）。

2 容積適正配分型地区計画

　既成市街地や、誘導容積
型地区計画を通じて適正な
配置および規模の公共施設
を備えた地区において、住
宅供給の促進や都市機能の
増進等のため高度利用を図
りたい区域と、良好な景観
や街並み保全等のため指定

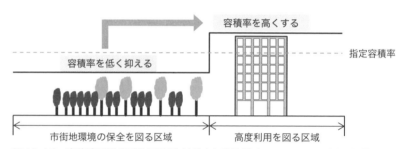

図10・12　容積適正配分型地区計画（和歌山市『地区計画パンフレット』を参考に作成）

容積率未満で整備したい区域が共存することがあります。そこで、後者の区域の余剰容積率を前者の区
域に上乗せすることで、地区特性に応じた良好な市街地環境の形成と合理的な土地利用の促進を図る制
度が容積適正配分型地区計画です（1992年創設、都市計画法第12条の7）（図10・12）。

3 高度利用型地区計画

　適正な配置および規模の公共施
設を備えた地区において、建築物の
建築形態（壁面の位置の制限等）の
規制強化を通じて敷地内に空き地
などの空間を確保する代価として、
高度利用（容積率の最高限度の緩
和）を図る制度です（2002年創設、

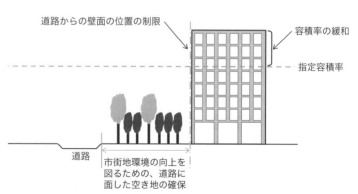

図10・13　高度利用型地区計画（和歌山市『地区計画パンフレット』を参考に作成）

都市計画法第12条の8）（図10·13）。細分化された土地利用に起因する不健全な土地利用状況にあり、都市環境の改善や災害防止のために高度利用を図る必要がある区域等での適用が考えられます。

４ 用途別容積型地区計画

　住宅を含む建築物に関して、住宅用途の床面積の割合に基づいて指定容積率の最高限度を緩和することにより、住宅立地の誘導と適正な用途配分の実現を図る制度です（1990年創設、都市計画法第12条の9）（図10·

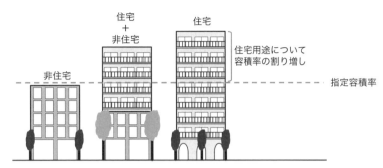

図10·14　用途別容積型地区計画（和歌山市『地区計画パンフレット』を参考に作成）

14）。業務用途の建築物が多く、また、人口減少が激しいために地域コミュニティの欠如が懸念される都心部や、居住環境の向上と良質な住宅供給の促進を必要とする住宅市街地（例えば、老朽化した木造共同住宅等が密集している住宅市街地）などでの適用が考えられます。

５ 街並み誘導型地区計画

　地区の特性を勘案して、建築物の高さの最高限度や道路からの壁面位置の制限、工作物の設置の制限などについて必要な規制を定めることで、道路からの斜線制限や前面道路幅員による容積率制限を緩和し、土地の有効利用と統一的な街並み誘導を

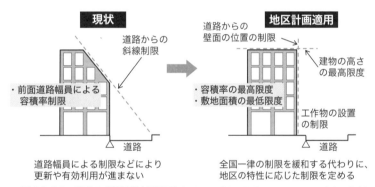

図10·15　街並み誘導型地区計画（和歌山市『地区計画パンフレット』を参考に作成）

図る制度です（1995年創設、都市計画法第12条の10）（図10·15）。木造密集市街地等における建築物の更新が停滞している地区や、道路幅員による容積率制限により土地の有効利用が進まない都心部の地区などでの適用が考えられます。

　なお、立体道路制度については8章で解説しています。

⑤ その他の地区計画

１ 防災街区整備地区計画

　「密集市街地における防災街区の整備の促進に関する法律（密集法）」に基づく制度であり、防災上必

要な道路等の公共施設の整備やその沿道の建築物の耐火構造化（耐火建築物の誘導）を図り、地区の防災機能の確保（延焼防止機能や一時避難路等の確保）と土地の合理的かつ健全な利用を図るこ

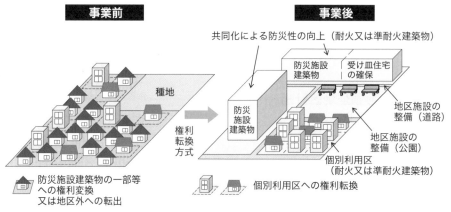

図 10・16　防災街区整備事業
(国土交通省ウェブサイト「防災街区整備事業」〈https://www.toshiseibi.metro.tokyo.lg.jp/bosai/sokushin/seibijigyo.html〉を参考に作成)

とを目的としています（1997 年創設、都市計画法第 12 条の 4）。防災街区整備地区計画が定められた区域内では、防災街区整備事業が実施できます（図 10・16）。なお、耐火建築物とは、通常の火災が終了するまでの間、建築物の倒壊および延焼を防止するために必要な構造を有する建築物であり、準耐火建築物とは、通常の火災による延焼を抑制するために必要な構造を有する建築物のことを指します。防災街区整備地区計画の具体例については、計画事例 3（p.183）を参照してください。

2 沿道地区計画

「幹線道路の沿道の整備に関する法律（沿道法）」に基づく制度であり、幹線道路沿道の区域において、道路交通騒音に起因する諸問題の防止と沿道の適正かつ合理的な土地利用の促進を図ることを目

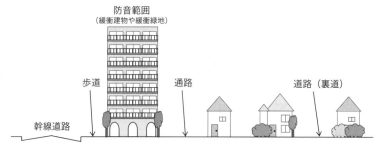

図 10・17　沿道地区計画 （和歌山市『地区計画パンフレット』を参考に作成）

的としています（1980 年創設、都市計画法第 13 条の 17）。具体的には、幹線道路沿道に緩衝建築物や緩衝緑地を設けることで、その後背地への騒音の防止を図ります（図 10・17）。

3 集落地区計画

　都市計画法と集落地域整備法に基づく制度であり、市街化調整区域および非線引き都市計画区域と農業振興地域が重複する区域において、営農条件（農業を継続するための環境）と調和のとれた住環境の確保、および適正な土地利用を図ることを目的としています（1987 年創設、都市計画法第 13 条の 18）（図 10・18）。市街化調整区域内では、一般的に住宅を建設することは制限されていますが、集落地区計画・地区整備計画を遵守することで、一般の専用住宅等の建築が認められます。また、必要に応じて、市街化調整区域での土地区画整理事業の実施が可能になります。

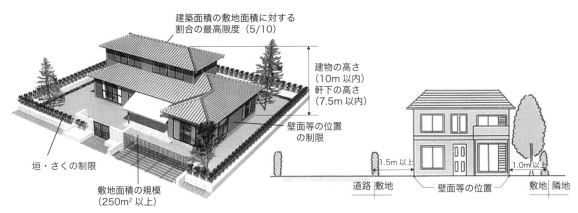

図 10・18　集落地区計画における制限の例
(出典：鳥取県日吉津村ウェブサイト「快適な住宅地区を目指して！集落地区整備計画」https://www.hiezu.jp/list/sougouseisaku/g134/w150/p649/y168/)

4 歴史的風致維持向上地区計画

　地域における歴史的風致の維持及び向上に関する法律（歴史まちづくり法）に基づく制度であり、城や神社、仏閣などの歴史的価値の高い建造物を利活用することによって、その保全の促進並びにその地域の歴史的風致の維持及び向上と土地の合理

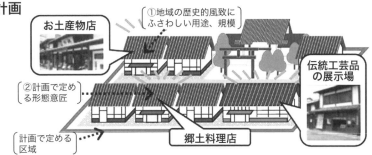

図 10・19　歴史的風致維持向上地区計画
(出典：国土交通省『「歴史的風致維持向上計画」策定に向けた手引き〜事例からみる計画策定の意義・効果〜』(2020) の図を一部修正)

的かつ健全な利用を図ることを目的としています（2008 年創設、都市計画法第 13 条の 16）。なお、歴史的風致とは、「地域におけるその固有の歴史及び伝統を反映した人々の活動とその活動が行われる歴史上価値の高い建造物及びその周辺の市街地とが一体となって形成してきた良好な市街地の環境」のことを指し、建造物（ハード）と人々の活動（ソフト）の両面を勘案した概念です。歴史的風致維持向上地区計画で定められた区域内では、用途地域による制限にかかわらず、①地域の歴史的風致に相応しい用途、規模、②形態意匠に関する事項を満たすことで、建築物の建築が可能になります（図 10・19）。

6 建築協定

　冒頭で述べたように、都市計画法や建築基準法などは守るべき最低限のルールであることから、地区の特性に基づいた魅力的な住環境づくりや、商店街や工業地としての利便性向上を実現する上で不十分な場合もあり得ます。

　そこで、土地所有者等の全員の合意によって、建築基準法等で定められた最低限の基準よりさらに厳しい基準を設け、住民自らが運営していくことによって、地域の特性を生かした良好なまちの実現に寄与する制度が「建築協定」であり、1950 年に制定された建築基準法の中に創設されました。

表 10·4　地区計画と建築協定の比較

	地区計画	建築協定
根拠法	都市計画法	建築基準法
特徴	内容は都市計画図書で規定。 公的な都市計画として位置づけ。	内容は協定書で規定。 私的契約として位置づけ。
決定主体	市町村	区域内住民（土地所有者及び借地権者）
成立要件	区域内の土地所有者及び借地権者の同意（必ずしも全員の同意が必要とは限らない）	協定者（区域内の土地所有者及び借地権者）全員の合意が必要
手続き	説明会等を開催し住民の合意形成を図った上で、市町村が都市計画決定を行う。	区域内の住民同士で建築協定書を作成し、特定行政庁の許可を受ける。
決定事項	地区施設、建築物（用途、容積率、建蔽率、敷地の最低面積、壁面の位置、高さ、形態・意匠、垣・柵）、工作物、緑地保全など	建築物（用途、容積率、建蔽率、敷地の最低面積、壁面の位置、高さ、形態・意匠、構造、設備、垣・柵）など
運営主体	市町村	協定者が構成する委員会（運営委員会）等
効力の範囲	区域内の土地所有者及び借地権者	協定者全員
適用期限	なし	建築協定書で定める

　建築協定には、大きく分けて合意協定（住民発意型協定）と一人協定があります。合意協定は、住民同士の合意により締結する協定であり、既成市街地等においてよく見られます。一方で、一人協定とは、住宅地の開発事業者（ディベロッパー）等が単独で分譲前にあらかじめ締結する協定です。一人協定で認可された地区では、その協定があることを前提に宅地売買契約を結ぶことになります。よって、分譲地のイメージ等の維持・向上に加えて、建築トラブルの未然防止にもなります。

　建築協定は、地区の特色を勘案し、地区の目指すべき将来像の実現に向けて、きめ細かなルールを定めるという点では、地区計画と非常によく似た制度と言えます。しかしながら、表 10·4 で示すようないくつかの相違点も存在します。例えば、建築協定は、地区計画とは異なり、土地所有者および借地権者の全員合意による私的契約（住民が自主的に協定内容を定め、全員の合意によって締結した私法）という性質上、協定内容に反対する住民の区画に協定内容を強いることはできません。また、建築協定では、地区内の道路や公園等の地区施設についてはルールを定めることができませんが、地区計画と比較して、建築物等についてより細かな基準を定めることができます。

　したがって、地区計画と建築協定の両制度の選択（併用も含む）に際しては、市町村や住民が両制度のメリット・デメリットを認識した上で、地区の目指すべき将来像の実現に適した地区独自のルールを検討していくプロセスが重要と言えます。

計画事例 1　一般的な地区計画（千葉県白井市）

　一般的な地区計画の事例を紹介します（表 10·5、図 10·20）。この地区は、新住宅市街地開発法（7 章）に基づき、住宅・都市整備公団（現：都市再生機構）、千葉県企業庁により整備・分譲された千葉ニュータウンにあります。地区計画は「地区の都市計画」であり、将来にわたり良好な居住環境の維持・保全を図ることを目標とし、土地利用の方針、建築物等の整備の方針が定められています。そして、地区整備計画では、建築物等の用途の制限、建築物の敷地面積の最低限度、壁面の位置の制限、垣またはさくの構造の制限が具体的に示されています。

この事例は、住宅地区の地区計画としては標準的な内容です。一方、特徴的な点は、ニュータウンや住宅団地の地区計画が、入居前に開発者（都市再生機構や民間ディベロッパー等）により立案されることが多いのに対し、入居後に住民主導で地区計画を策定した点です。自治会に地区計画部会を設立し、住民意向のアンケート調査を実施し、建築物等の用途の制限や、敷地面積の最低限度を 170m² にすることなどを検討し、住民の大方の合意を得ました。その後も防犯部会、イベント部会が設置されるなど、活発なコミュニティ活動が行われている地区です。

図 10·20　地区計画の区域設定の例
（出典：白井市『大山口一丁目地区　地区計画の手引き』）

10章　地区計画

表 10·5　地区計画の内容の例

名称			大山口１丁目地区地区計画
位置			白井市大山口１丁目及び２丁目の一部の区域
面積			約 5.2ha
地区計画の目標			当該地区は、北総開発鉄道西白井駅より西方約 0.6 〜 0.8 キロメートルに位置し、新住宅市街地開発法により整備された千葉ニュータウン内の住宅地で、道路及び下水道等の公共基盤施設は概ね整備が完成し、現在は良好な居住環境を有する住宅地が形成されている。 このため、地区計画により今後ともこの良好な居住環境の維持・保全を図ることを目標とする。
区域の整備、開発及び保全に関する方針			1. 土地利用の方針 低層住宅地として良好な居住環境の維持・保全が図られるよう、一定の敷地規模を有する良好な住宅地を維持し、良好でゆとりある住宅地の形成を図る。 2. 建築物等の整備の方針 良好な居住環境や住宅地としての街区景観の維持・保全が図られるよう、建築物等の用途の制限、建築物の敷地面積の最低限度、壁面の位置の制限、垣又はさくの構造について定める。
地区整備計画	建築物等に関する事項	地区の区分　地区の名称	低層住宅地区
		地区の面積	約 5.2ha
		建築物等の用途の制限	次の各号に掲げる建築物は、建築してはならない。 1. 長屋住宅、共同住宅、寄宿舎、下宿 2. 公衆浴場
		建築物の敷地面積の最低限度	170m² ただし、市長が公益上必要な建築物で用途上又は構造上やむを得ないと認めて許可したものについては、この限りではない。
		壁面の位置の制限	道路境界線及び隣地境界線から建築物の外壁又はこれに代わる柱の面までの後退距離は 1m 以上とする。 ただし、出窓及び次に掲げるものついてはこの限りではない。 1. 別棟の物置で高さ 2.5m 以下かつ床面積 6.6m² 以下であるもの。 2. 別棟の自動車車庫で高さが 3m 以下のもの。
		垣又はさくの構造の制限	道路境界に面する側の垣又はさくの構造は、生け垣又は透視可能なさくとする。 ただし、生け垣又はさくの基礎で宅地盤面から 0.6m 以下のもの、あるいは門柱、門の袖等にあってはこの限りでない。

181

市街化調整区域等地区計画（新潟県長岡市山本地区）

①計画の背景

新潟県長岡市は、1995年の29万3千人をピークに人口が減少に転じ、2040年には約21万8千人（高齢化率が37.4%）になると見込まれており、人口減少、高齢化の進行が市の課題の1つでした。そこで、都市計画マスタープランにおいて、住居系土地利用の方針として、農村集落の集落活力の維持・再生に向けて、都市整備の面からも適切な支援を行うことを明記しています。そのような中、長岡市山本

図10.21　長岡市山本地区の地区計画図
（出典：長岡市ウェブサイト「地区計画制度」のうち「山本地区」https://www.city.nagaoka.niigata.jp/kurashi/cate07/seido/file/ng_chiku3202.pdf）

地区では、20年間で900人ほどの人口が減少し、高齢化率が30%を超え、地域活動（祭礼等の伝統行事や自主防災活動等）の維持が困難な状況に陥っていました。さらに、地区内にある2つの小学校の児童数が20年間で約60%減少し、一方の小学校では2002年に複式学級制が導入されました。このように、当該地区では、地域の活力を維持するために、定住人口の確保が喫緊の課題となっていました。

②計画策定の経緯と内容

そこで、2010〜2011年度に計4回にわたる「地域活性化についての勉強会」が行われた後、「山本地区集落活性化プロジェクト」が発足し、2012年12月に「山本地区の明日を創る地域づくり計画書」が策定されました。当該計画書において、1）四季を通じたイベントを企画・実施し、新たな住民の積極的な参加を促し、地域が一体となったコミュニティの醸成につなげる、2）若年層の参加をより高めるため、新たな住民と既存の住民との交流を通じ、組織の活性化と新たなリーダー育成に努める、ことを目標として掲げました。そして、これらの目標を達成すべく、「1）集落内の一体化を図るための幅員6mの区画道路の配置と2）コミュニティ活動のための公園の配置」が地区施設の整備方針として地区計画書に記されています（計画図は図10.21）。

③計画策定後の状況

計画策定後は、新たな住民の孤立を防ぐため、地域マップの作成・配布や既存住宅地と組み合わせた班編成等の工夫がなされました。その結果、コミュニティ活動の活性化や子育て世代の増加（図10.22、図10.23）、定住人口の確保（図10.24）が実現しました。その一方で、市街化区域からの転入者が多いことから、市街地における人口の低密度化につながる懸念も少なからず残されています。

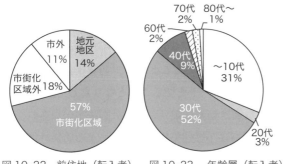

図 10・22　前住地（転入者）　図 10・23　年齢層（転入者）
（図 10・22 ～ 10・24 の出典：東北発コンパクトシティプロジェクトチーム会議資料）

図 10・24　長岡市山本地区の人口推移

計画事例 3　防災街区整備地区計画
（大阪府岸和田市東岸和田駅東地区）

①計画の背景

　大阪府岸和田市東岸和田駅東地区は、JR 阪和線東岸和田駅の東側に位置し、府道岸和田港塔原線と府道大阪泉南線に囲まれた商業地域です。岸和田市山手の玄関口として位置づけられるものの、道路や駅前広場等の都市基盤が未整備のまま、無秩序に市街地が形成されてきた経緯があります。また、木造老朽住宅が密集し、未接道や不整形な土地を理由に有効利用がなされ

図 10・25　事業後の空中写真
（出典：『平成 22 年 10 月 東岸和田駅東地区防災街区整備事業組合 "人がいき、地域が輝くまち" うまれました』に筆者加筆）

ていない土地もあり、生活基盤の整備や健全な土地利用がなされていませんでした。それゆえ、当該地区において再開発を推進することにより、都市基盤の整備に加えて、駅前に相応しい商業や都市交流ゾーンを形成することが求められていました。

②計画策定の経緯と内容

　そこで、1988 年頃に、駅前の店主や地主を中心に、まちの活性化や駅前整備を目的とした「東岸和田駅前市街地再開発準備組合」が設立され、1993 年には、「第一種市街地再開発事業」の都市計画決定を受けま

図 10・26　B 街区

した。しかしながら、バブル経済の崩壊により、1994年にそれまで出店協議を続けてきた百貨店が出店を辞退することになり、その後の核テナントの誘致活動も難航し、長期間に亘る事業の停滞を招きました。そのような中、2005年には民間ディベロッパーから事業提案を受けましたが、都市計画の内容と新たな提案の内容に乖離があり、再開発事業としての実施が困難を極めたことから、「防災街区整備事業準備組合」へと名称を変更し、防災街区整備事業として新たなスタートを切ることとなりました。そして、2006年8月には、「特定防災街区整備地区」および「防災街区整備事業」の都市計画決定がなされたことで、1) 道路、駅前広場、防災公園等の都市基盤の整備並びに不燃建築物群の整備による防災性能の高いまちづくり、2) 買い物や通院、行政サービス、文化交流機能が揃った子どもから高齢者までの多様な世代の人々が便利で安全、安心な住まいや暮らしができるまちづくり、の実現に向けて事業を進めることが可能になりました（図10·25）。

　計画策定後は、各街区の整備（図10·26）に加えて、道路、防災公園、電線共同溝の整備が進められ、2010年10月にまちびらき式が開催されました。

■ 演習問題10 ■

(1) 本章で学んだ様々な地区計画の中から1つを選んで、適用している具体的な事例について調べてください。

(2) あなたが住んでいる地区の現状の課題や将来懸念される問題を勘案し、計画事例1などを参照しながら地区計画をつくってください。

参考文献
1) 伊藤雅春・小林郁雄・澤田雅浩・野澤千絵・真野洋介・山本俊哉編著『都市計画とまちづくりがわかる本　第二版』彰国社、2017
2) 三村浩史『第二版　地域共生の都市計画』学芸出版社、2005
3) 日本都市計画学会編『実務者のための新・都市計画マニュアルI【土地利用編】4 地区計画』丸善、2002

11 章
景観計画

1　景観と構成要素

　閑静な住宅地に居住するあなたの隣地に、突然高層のマンションが計画されることにより、地域のシンボルであったランドマークの山を見ることができなくなったらどうでしょうか？　1999 年、JR 国立駅南口からの閑静な大学通り沿いにマンションの建設が行われました（図 11・1）。マンション建設に伴う居住環境の悪化を心配したマンション建設に反対する周辺住民たちは、事業者に対して、マンションの一部撤去と、慰謝料等の支払いを求めるための訴訟を行いました。これが 2004 年の景観法の成立にも影響を与えた国立マンション訴訟（2006 年 3 月最高裁判決）です。11 章では、人々が質の高い都市生活を営む上で重要な「景観」の意味と考え方や計画について解説します。

1　国立（くにたち）マンション訴訟

　国立マンション訴訟は、裁判で景観が扱われた特異な事例であり、訴訟の経過や判決がマスメディアで大きく取り上げられました。訴訟では、以下の 2 つが争点になりました。1 つ目は、大学通りの景観が東京都による「新東京百景」に選出された優れた街路景観であることを踏まえ、景観利益が法律上で保護される利益に該当するかというものでした。判決では、景観に近接する地域内の居住者が景観利益を有していることが認められました。しかしながら、建設されたマンションは、建築基準法等の法令基準を満たしており、適法に建築された建物であるとされました。

　2 つ目は、建築工事着手後に、国立市が地区計画による建築物の制限に関する条例により、本件マンション建設地に建築できる建物の高さをイチョウ並木と概ね同じ高さの 20m 以下に制限したことでした。これについて判決では、「その態様や程度の面で社会的に容認された行為としての相当性を欠くこと

図 11・1　国立市大学通りの歩行空間と建設されたマンション（宮﨑友裕氏（前橋工科大学大学院）撮影）

といった刑罰法規や行政法規の規制に違反する」わけでないため、今回のケースは、「景観利益」を違法に侵害する行為には当たらないとされました。結果、建設反対を求めた住民の訴えは棄却されました。

2 景観の考え方

「景観」は、日常生活において風景や景色の意味で用いられる言葉です。植物学者である三好学（1862～1939）が、ドイツ語のLandschaftを訳語にあてたのが景観という語のはじまりであるとされています。

「景観とは人間をとりまく環境の眺めにほかならない」[1]と中村（1977）が述べるとおり、眺めは、外的環境、外的環境から網膜が受け取った刺激、刺激に脈絡を見出す人の主観的なシステムの3者の関係によって成り立っています。このため、景観が成立するためには、物理的なものの眺め（＝景）があり、これに対して人間が感じること（＝観）が必要です。良好な「景観」とは、単に「きれいな物理的眺め」ではなく、見る人が「良好と感じる眺め」となっていることが必要です。例えるならば、自然の優れた眺望の中にいかに華麗なデザインの建築物があったとしても、見る人が自然の眺望を望んでいるのであれば、該当する建築物が、良好な自然の景観を阻害する要因になる可能性もあります。すなわち、景観は、眺めと見る側の受け取りといった相互の関係で成り立っているといえます。

3 景観の構成要素

景観の構成要素は、①自然的環境要素（気候、風土、地形、植生、水面等）、②人工的環境要素（土地利用、都市施設、建築物）、③社会的環境要素（歴史、文化、生活、経済等）の3つの大きな要素に分類することができます。都市景観とは、これら3つの要素が互いに長い歴史を積むことによってつくり出された景観であるといえます。

①自然的環境要素（図11・2、図11・3）

日本は、山や川、森などの自然が豊かです。山は、深く日本人の精神文化や生活文化に入りこんでおり、身近にあって印象深く眺められます。山は単なる「地形の盛り上がり」ではなく、その地形構造と形姿によって、古来より神の降り立ち住む場、あるいは神そのもの、死んだ父母と逢えるところなどと

図11・2　自然的環境要素（群馬県・赤城山）
（出典：前橋市『前橋市景観計画』2009）

図11・3　自然的環境要素（群馬県・赤城山の不動大滝）
（出典：図11・2と同じ）

いった意味とともに解釈されてきました。川は、大地に降った雨が地表水として流れる空間です。このような自然の作用でつくり出される河川の形は特徴的な景観を生み出しており、流れと地形によって渓谷河川、扇状地河川、移動帯河川といった分類がされます。

②人工的環境要素（図11・4）

都市においては、自然的環境要素を除くと、主に景観を構成している要素として様々な建築物の群があります。このような建築物においては、デザイン的観点から景観を捉えた場合、現状の建築物をどう評価するのか、景観を構成するものとして良いか悪いか、新築する場合には周囲の景観に調和するものかといったことが問題になります。また、個別の建築物だけでなく、地域景観自体の

図11・4　人工的環境要素（群馬会館）(出典：図11・2と同じ)

デザインへの影響という観点もあります。特に地域の景観全体の統一、調和が図られているのかといったことに注意が必要です。例えば、建築物の高さや色彩、電線を地中化するかといったことが問題となります。

③社会的環境要素（図11・5、図11・6）

景観は、地域の文化と歴史の集積物であり、地域の独自性やアイデンティティを構成するものです。しかし特に景観の文化や歴史性が強調される場合、文化や歴史の保存という意味合いも含まれます。個別の建造物等を文化財として保存、保護するという観点は古くから存在していましたが、歴史的な町並みとして地域一帯を保全していくという動きは、1970年代頃から徐々に行われるようになりました。

特に目に映るものとしての景観という側面のみでなく、周辺の環境と一体をなして歴史的風致を形成している価値の高い町並みは、文化財保護法によって指定される「伝統的建造物群」として保存されます。

図11・5　社会的環境要素（古民家）(出典：図11・2と同じ)

図11・6　社会的環境要素（棚田）(出典：図11・2と同じ)

2 景観の捉え方とデザイン

景観把握モデルは、視野に入ってくる要素の関係性を把握するためのモデルです。景観把握モデルを構成する視点、視点場、視対象の3つの要素について解説を行います。

1 距離による見え方の違いによる景観の分類

視点を固定させて、視対象の見え方の変化を区別しながら景観を捉えてみると、「近景・中景・遠景」の3つに区別することができます（図11·7）。「近景・中景・遠景」は、単純な距離的な区別ではなく、景観の見え方の違いにより区別されています。近景は、視対象の意匠や素材、表面の仕上げまでを理解することができるような状況や、構成要素の動

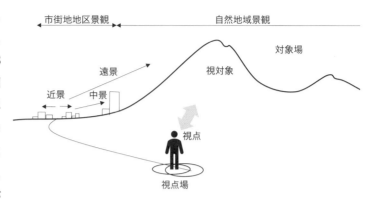

図 11·7　景観の距離的な概念

きなどを理解することができる程度の景観です。例として、木々の葉の茂り具合や桜の咲き具合まで確かめられる状態や、建物であれば建物の外装の種類まで理解できる状態です（図11·8）。中景は、視対象自体の明暗や色彩の違いを認識することができ、視対象自体の形態や意匠、動きや構成要素の配置等を理解できる程度の景観です（図11·9）。例として重なり合う山々の山肌の違いや植生の違いによる色彩の違い、複数の建物の壁面、屋根の形態や色等により構成された町並み等が該当します。遠景は、視対象と背景が一体となって見える景観で、視対象と背景とのコントラストや視対象のアウトラインによって構成される景観です。したがって、施設の配置や規模、形態といった要素が重要となります。例として、遠く離れた山並みや海に浮かぶ島影の景観があります。

図 11·8　近景（市街地地区景観）

図 11·9　中景（自然地域景観）

2 視点場と眺望

「視点」は景観を見る人であり、「視点場」は視点である人が位置する場所です。視点場は、展望台のように固定したものもあれば、車両等の移動するものもあります。固定した視点場からの眺望には広がりを持つ眺望（パノラマ）や、強い方向性を持つ眺望（ヴィスタ）があり、移動する視点場からの眺望

には連続して変化する眺め（**シークエンス**）の特徴があります。眺望には上から下へ「見下ろす」眺めと、下から上へ「見上げる」眺めがあります。一般的に「見下ろす」眺めには、眺める範囲の境界が不明瞭で区切ることが難しいという特徴があり、空間の広がりを強く認識することができます。「見上げる」眺めでは、背景となる空と対象物により明瞭な眺める範囲の境界が認識され、区切られた空間や眺望の中で対象物を強く認識します。また、「見上げる」角度が大きくなると圧迫感を感じることもあります。

3 都市のイメージ

　アメリカの都市計画家**ケヴィン・リンチ**（1918〜1984）は、1960年に『**都市のイメージ**』を出版しました。これは、都市の形態を人がどのように感じているかについて、アンケート調査をした結果について分析を行いまとめたものです。

　リンチは、人々が周辺環境に対して抱くイメージを、アイデンティティ（そのものであること・役割）、ストラクチャー（構造・空間的関係）、ミーニング（意味・象徴）という3つの成分で捉えました。また、都市の物理的な特性に注目することによって、都市の形態を、①パス（道・通り）、②エッジ（縁・境界）、③ディストリクト（地域・特徴ある領域）、④ノード（結節点・パスの集合）、⑤**ランドマーク**（目印・焦点）の5つのエレメントに分類しました（図11・10）。

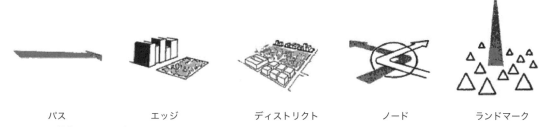

パス　　　　　エッジ　　　　ディストリクト　　　ノード　　　　ランドマーク

図11・10　都市のイメージ（出典：ケヴィン・リンチ著、丹下健三・富田玲子訳『都市のイメージ　新装版』岩波書店、2007）

4 土木構造物のデザイン

　道路や河川といった土木構造物のデザインは、長寿命、高い公共性、環境の形成力といった施設が備えるべき要件を満たしつつ、美しい形にまとめあげることが必要です[3]。

　道路のデザインでは、道路本体（幅員や高さ・構造等）の美しさだけに限らず、沿道の地域や自然と調和することも考え、眺望としての美しさに配慮することが求められます。地域の道路特性に合わせたテーマ設定、周辺の景観との調和、周辺の植物や生態系への配慮、歩道と車道の高さや幅の比（プロポーション）、道路構成とのバランス性などを考慮してデザインしていくことが必要です。

　河川のデザインでは、川が持つ魅力である多様性と統一性を生かしながら、水の流れをきれいに見せることを考え、川の空間を分節化して、沿川の特徴を生かすことが必要です。道路と同様に、川のデザインの領域を川の範囲に閉じ込めることなく、沿川の土地利用、道路や建築と一体的にデザインしていくことが求められます。

3 景観まちづくり

1 景観関連法規

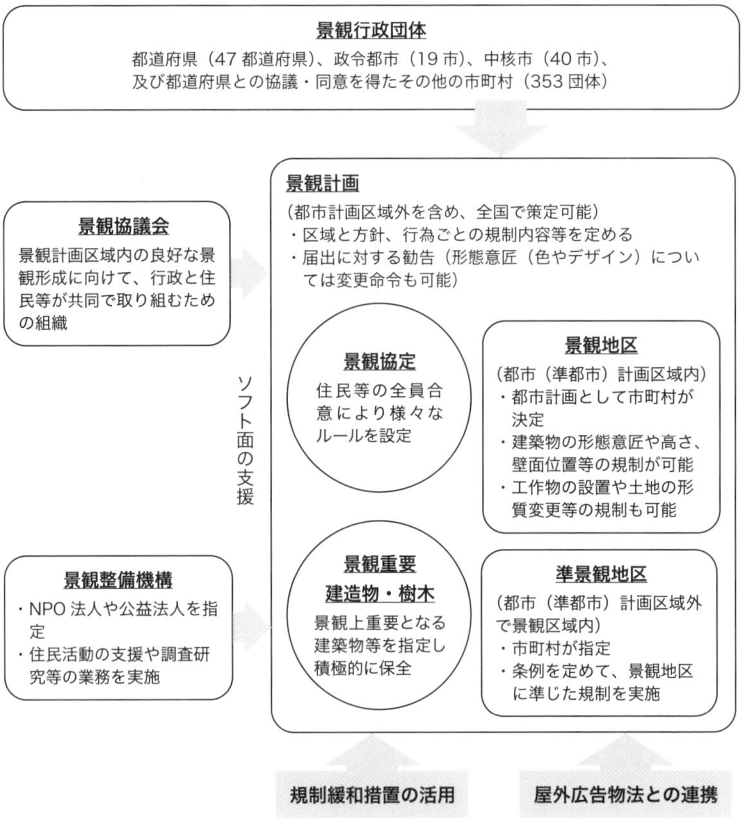

　景観法は、我が国の都市、農山漁村等における良好な景観の形成を促進するために、景観計画の策定やその他の施策を総合的に行うことを定めた法律です。美しく風格のある国土の形成や、潤いのある豊かな生活環境の創造、個性的で活力ある地域社会の実現を図ることによって、生活の向上と経済、地域社会の健全な発展に寄与することを目的としています。景観法は、都市景観を直接的に規制する法律ではなく、景観行政団体が景観に関する計画や条例をつくることによって、実質的に規制や誘導を行う仕組みとなっています。なお、都市緑地法、屋外広告物法とともに景観緑三法と称されています。

景観行政団体
都道府県（47 都道府県）、政令都市（19 市）、中核市（40 市）、及び都道府県との協議・同意を得たその他の市町村（353 団体）

景観協議会
景観計画区域内の良好な景観形成に向けて、行政と住民等が共同で取り組むための組織

景観整備機構
・NPO 法人や公益法人を指定
・住民活動の支援や調査研究等の業務を実施

ソフト面の支援

景観計画
（都市計画区域外を含め、全国で策定可能）
・区域と方針、行為ごとの規制内容等を定める
・届出に対する勧告（形態意匠（色やデザイン）については変更命令も可能）

景観協定
住民等の全員合意により様々なルールを設定

景観重要建造物・樹木
景観上重要となる建築物等を指定し積極的に保全

景観地区
（都市（準都市）計画区域内）
・都市計画として市町村が決定
・建築物の形態意匠や高さ、壁面位置等の規制が可能
・工作物の設置や土地の形質変更等の規制も可能

準景観地区
（都市（準都市）計画区域外で景観区域内）
・市町村が指定
・条例を定めて、景観地区に準じた規制を実施

規制緩和措置の活用　　屋外広告物法との連携

図 11・11　景観法の仕組み（出典：国土交通省「景観法の概要」[5])

　景観行政団体とは、景観法に基づいて景観計画を定めることができる主体です。政令指定都市、中核都市は、景観行政団体です。これ以外の市町村は、都道府県との協議・同意により景観行政団体となるか、あるいは都道府県が景観行政団体となります（図 11・11）。

　景観計画区域は、都市計画区域を超えて、山間部や農村部を含めて指定することができます。景観計画区域では、景観行政団体が景観に関するまちづくりを進める基本的な計画として、景観形成上重要な公共施設の保全や整備の方針、景観形成に関わる基準等をまとめた景観計画を策定することができます。景観計画を策定することによって、開発などの行為に対して規制や勧告を行うことができます。また、景観計画には、棚田などの保全や耕作放棄対策といった農山漁村における良好な景観形成を図るためのツールも含まれます（図 11・12）。

　景観計画に基づく届出や勧告による景観まちづくりよりも、より積極的に景観形成を進めようとする場合に市町村は、「景観地区」を都市計画に定めることができます。景観地区は、建築物の①形態・意匠の制限、②高さの最高限度および最低限度、③壁面の位置の制限、④敷地面積の最低限度を定めることができます。「景観地区」には①を必ず定める必要がありますが、②〜④についてはまちづくりの課題に応じて定めることができる仕組みとなっています。

2 形態・意匠の誘導と規制

　近年では、景観に対する関心の高まりを踏まえて、良好な景観の創出や保全のため、地域の特性に応じたガイドラインや条例をつくり形態・意匠の誘導や規制を行う自治体が多く見られます。経済性が優先され、伝統と調和のある町並みや特有の自然景観との調和を損なうことがないよう、オフィスビル、百貨店や商業ビルなどが景観の誘導や規制の対象となるケースも多く見られます。また、景観地区に指定されると、各々の建築行為について、建物の色彩やデザインなどが形態・意匠に関するルールに適合しているか否か、市町村長から「認定」を得る必要があります。景観を守る目的は、生活環境を快適にすること、観光資源として景観を活用することの2つに大きく分けることができます。いずれの目的でも、良好な景観を創出するために特に配慮する必要性があるのが、形態・意匠の誘導と規制です。

　東京都は、2007年に施行された「東京都景観計画」に基づいて、「美しく風格のある東京の再生」および「東京らしい景観の形成」を目指しています。「東京らしい」を省みた時、東京都には、様々な「らしさ」が地域ごとに存在しています。例えば、23区における首都としての形態・意匠を「東京らしさ」とするならば、奥多摩のような自然豊かな姿に配慮した形態・意匠も「東京らしさ」と捉えることができます。このように東京都は、都内を5つのゾーンに分け、ゾーン別の形態・意匠の実態を捉えて特性に合った景観形成を目指しています。その他の形態・意匠の具体的な取組み事例として、東京都中央区銀座の取組みと、江戸時代からの古き町並みの良さを継承して景観資源に活かした埼玉県川越市の2つの事例をもとに形態・意匠の誘導規制を考えます。

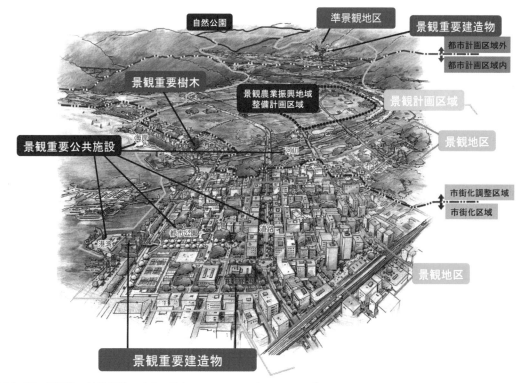

図 11・12　景観法の対象地域のイメージ（出典：国土交通省「景観法の概要」[5]）

3 景観まちづくりの事例

①東京都中央区銀座

図11・13　銀座の景観

　1872年の大火の後に不燃化を目的とした煉瓦街が建設された銀座は、日本でもいち早く景観まちづくりに取り組んだまちです。1919年に銀座通りの沿道店主を会員とする銀座通連合会が設立され、1977年には地区計画「銀座のルール」を中央区の条例に定めることによって、建物の容積率や高さの制限、壁面後退が規定されました。また、1984年に地元商店街が主体となり「銀座は創造性ひかる伝統の街」「銀座は品位と完成たかい文化の街」「銀座は国際性あふれる街」の3条で構成される「銀座憲章」をつくりました。

　「間口は小さいが一流の専門店が連なる、街並みの賑わいと温かさを楽しむ町」という銀座らしさが、大規模開発による超高層ビル群が建設されることによって閉鎖的空間となり、損なわれることを憂慮した地元店主は、1998年には建物の最高高さを56mに制限するよう中央区に申し入れを行うことにより、「銀座のルール」を改正しました。このように、「銀座のルール」は、時代の変化にも取り残されないよう常に先進的な銀座を保つため、必要により更新できるものとなっています。

　2004年には、銀座としての価値を高め維持するために商店主が主体となって銀座デザイン会議が発足しました。2006年には、建物の容積率や高さの制限といった数値のみでコントロールすることが難しい、建物の形態・意匠といったデザインを協議する場として「銀座デザイン協議会」が設置されました。「銀座デザイン協議会」は、一定規模以上の開発計画および工作物について、銀座の街にふさわしいかどうかを開発業者と協議する組織であり、デザインの専門家も加わった組織体制となっています。2008年には、銀座デザイン会議で作成した「銀座デザインルール[6]」が発行されました。「銀座デザインルール」には、地元の愛着と誇りのもとになる銀座らしさが謳われており、常に自分たちの街をこれからどうするか、銀座らしさとは何かということを話し合いながら、銀座らしさの精神を引き継ぐことによって、協議型の景観まちづくりが進められています。

②埼玉県川越市一番街

　川越市は、市の全域を景観計画区域とした上で、景観計画区域を「都市景観誘導地域」と「都市景観形成地域」の2つに分けて指定しています。「都市景観形成地域」では、歴史的町並みが残る旧城下町や現在の中心である駅周辺など川越市の特色を表す地域に加えて、今後の川越市の都市景観を創出していく地域を指定しており、地域の都市景観の特性を考慮しながら住民と行政が協働することによって、きめ細やかな都市景観の形成を図っていることが特徴です。

　一番街商店街は、JR川越駅から北2kmの位置にあり、川越市のシンボル「時の鐘」がある風情ある町並みの商店街です。1893年の川越大火の被災によって耐火性能に優れた土蔵が見直され、蔵造りの店が建築され、明治末期に蔵造りの町並みが形成されました。1983年には、住民主体のまちづくりや商店街活性化による景観保存を目指し、「川越蔵の会」が設立され、1987年に発足した「町並み委員会」のもと

クリストファー・アレグザンダー（1936〜）のパタン・ランゲージをヒントとした「町づくり規範」が策定されました。「町づくり規範」によって、蔵造りのたたずまいを生かしながらも新しい建築物も調和している

図 11・14　川越市の蔵造りの建物と商店街

町並みが形成されてきました（図 11・14）。

　1989 年に川越市都市景観条例が制定され、1999 年には川越市の一番街商店街を中心とした面積 7.9 ha が伝統的建造物群保存地区として指定されるなど、一番街商店街の活動は、蔵の会の動きと合わせて様々な波及効果を生み、歴史文化遺産を活かした景観まちづくりが進められています。

4 景観の整備効果

　景観の形成や景観の配慮に取り組む意義や必要性については、未だ一般の理解が十分に得られていない現状があります。このため、景観まちづくりとしての景観の整備が、地域にもたらす効果について考

表 11・1　景観の整備効果（出典：国土交通省）[7]

分類		効果例
整備された空間に対する認知・印象		・整備した空間の機能向上に対する認知 ・整備した空間の印象の向上 等
意識に与える効果		・親しみ・愛着、誇りの向上／その他 ・地域のシンボル・ランドマークとしての認知、地域らしさの認知 ・景観やまちづくり、環境等に関する意識の高まり（住民、事業担当者） ・住民、行政、設計者、施工者の信頼関係の構築 等
活動に与える効果	住民の日常生活での利用に与える効果	・利用の増加 ・利用の多様化 ・コミュニティの形成 等
	団体活動、維持管理活動に与える効果	・イベントの開催 ・維持管理活動の実施 ・地域活動団体の活動の発展 等
景観整備による波及効果	隣接する空間整備に与える効果	・建物の形態、ファサード、意匠等の変化 ・建築外構の変化 ・公共空間整備の拡張 等
	周辺の空間整備に与える効果	・周辺施設整備との連携 ・視点場の形成 等
周辺の空間に与える効果	良好な景観形成に寄与する制度等の構築	・景観条例、景観計画等の策定 ・景観形成に関する協議会の設置 等
地域経済に与える効果		・地場産業の活性化 ・観光振興 ・民間投資の誘発 等
外部評価の高まり		・外部機関（専門家）からの表彰 ・マスコミ・マスメディア掲載の増加 ・地価の上昇、居住者の増加 等

えてみます。

　景観の整備効果を測る方法としては、一般に地域住民や利用者等を対象としたアンケート調査が用いられています。国土交通省では、アンケート調査に用いられる指標として、「整備された空間に対する認知・印象」「意識に与える効果」「活動に与える効果」「景観整備による波及効果」「周辺の空間に与える効果」「地域経済に与える効果」「外部評価の高まり」の7項目から成る景観の整備効果（表11・1）を示しています。

　国土交通省によるアンケート調査の結果[7]によれば、「活動に与える効果」や「地域経済に与える効果」に分類される効果項目については対象者の発言頻度が低い一方で、「認知・印象」「意識に与える効果」に分類される効果項目については発言頻度が特に高いという知見が示されています。また、人の利用を前提としない施設や、橋梁の構造美などに対する景観整備による効果をどのように評価していくかが今後の課題とされています。

4 屋外広告物と色彩計画

1 屋外広告物

　街路などの公共の景観を考える上で重要なものが屋外広告物です。屋外広告物は、屋外広告物法において「常時又は一定の期間継続して、屋外において公衆に表示されるものであって、看板、立看板、はり紙及びはり札や広告塔、広告板、建物その他の工作物等に掲出され、又は表示されたもの並びにこれらに類するものをいう（第2条）」とされています（図11・15）。

　まちの景観を美しくするためには、まちの中に乱立する屋外広告物を、適切に規制・誘導していく必要があります。都道府県や政令市、中核市は、屋外広告物法に基づき屋外広告物条例を定め、必要な規制を行うことができます。また、景観行政団体である市町村も、都道府県と協議の上、屋外広告物条例を定め、必要な規制を行うことができます。なお、許可等の事務は委任を受けて市町村が行っているケースもあります。

　敷地内の自家広告物（自らの事業所等に店名等を表示）が許可基準を満たしている場合を除いて、屋外広告物を掲出する場合は、屋外広告物を表示する地域の所管に申請し、許可を受ける必要があります。また、屋外広告物の表示・掲出物件の設置を禁止する「禁止地域」に指定されている地域や、広告物の表示等を禁止する「禁止物件」に指定されている物件もあります。さらに、屋外広告物の所有者等には、落下事故等を防止するため定期的な点検を行うなどの安全管理義務があります。

　表示の必要がなくなった場合や許可期間が満了した時は、指定期日以内に除却しなければなりません。これらの規定に違反した場合、広告物

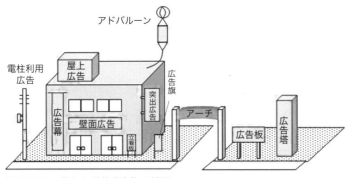

図11・15　様々な屋外広告物の種類
（出典：前橋市ウェブサイト『看板（屋外広告物）の適正管理のお願い』[8]）

の表示者や管理者に除却等の是正が命じられる場合や、罰金刑に処せられることもあります。違反広告物を表示・設置している広告主・広告業者に対して、計画的に文書による是正指導を行い、適正な屋外広告物の表示を推進する自治体もあります。

2 色彩計画

大規模な建築物・工作物は、どのような色彩を用いるかによって、周辺の景観に大きな影響を与えることがあります。一般的には、彩度の低い色や無彩色は落ち着いた印象を与えるのに対して、彩度の高い色は派手でかつ品位が乏しい印象を与えます。自然景観の色彩は、低彩度の色が基調となっています。

色彩に配慮したまちづくりを考える場合、郊外地などにおいては、原則的に低彩度の色彩を主として、落ち着いた周辺の環境に調和したものとし、彩度の高い色を用いることは避けるのが望ましいです。市街地においても低彩度の色彩を基調とすることが望ましいですが、住宅系、商業系、工業系など用途地域によって、色彩への配慮が異なるケースもあります（表11・2）。また、町並みがすでに整えられている計画的な住宅地や商店街では、周辺環境に配慮した色彩を用いて調和させることによって、さらにまとまりのある町並みに誘導することも期待できます。

大規模建築物等の届出の際に、添付図書として立面図への着色や、「マンセル表色系」で色の表示を求める景観行政団体も多く存在しています。「マンセル表色系」は、色彩を正確に伝える方法として広く用いられています。すべての色彩を色相、明度、彩度の「色の三属性」を用いて数値で表すことができるのが特徴です（図11・16）。

色相とは、赤（R）、黄（Y）、緑（G）、青（B）などの色合いです。明度とは、色の明るさの度合いであり、白が最も高く10、黒が最も低く0で表します。彩度は、色の鮮やかさの度合いのことであり、最も低いのが無彩色（彩度0）で、鮮やかさが増すにつれて色相ごとに最高15までの度数で表します（図11・16）。

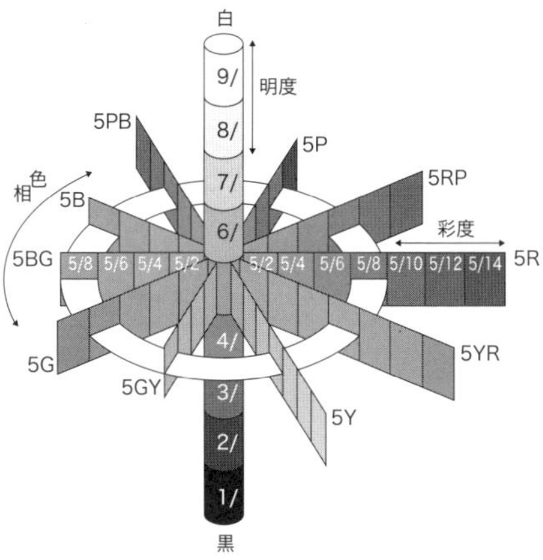

表11・2　用途地域における色彩計画の考え方

用途地域	色彩計画
住宅系地域	生活の場であり、くつろぎの感じられる色彩が求められるため、低彩度や無彩色など落ち着いた色彩が望ましい
商業系地域	商業施設も低彩度を基調とするのが望ましいが、低層部にアソートカラーを用いて歩行者への心理的な圧迫感を軽減したり、テント等にアクセントカラーを用いて彩りを加えることにより賑わいのある雰囲気も演出できる
工業系地域	一般的にグレー等の無彩色、低彩度を基調とするのが望ましいが、親しみが感じられるような温かみのある色彩も良い

■マンセル表色系の仕組み

●有彩色の場合

10YR　　6.5　　/　　2.0

色相=色合い　明度=明るさ　彩度=鮮やかさ
（10ワイアール6.5の2.0）

●無彩色の場合

N　　　4.0

無彩色　　明度=明るさ
（エヌ4.0）

図11・16　色彩の尺度
（出典：高崎市『高崎市景観色彩ガイドライン』[9]）

5 景観づくりへの取組み

1 景観課題の把握

　現状における景観上の課題を把握する目的は、地域の景観の良い点の保全、悪い点の改善、不足している点の補充の３点について洗い出しを行い、これを整理することにあります。この整理により、どこにどのような景観づくりを行う必要性があるかを明らかにできます。

　景観上の課題整理を行う方法の１つに「景観課題図」作成があります。これは、調査により明らかになった景観資源を、保全要素、不足要素、阻害要素に分類して把握して地図に落とし込むことにより、利害関係者などが景観についての課題を共有できるように作成するものです。

2 景観づくりのビジョン

　景観づくりは、「将来の景観を創っていくこと」であり、景観づくりのビジョンを明確化することが必要です。これによって、住民・事業者等、行政が将来の景観を共有することができます。明確な景観づくりのビジョンのもとで、景観づくりの目標・方針を構築する必要があります。景観づくりの目標は、住民に安易に理解され、親しみやすいものとなるようまとめるのが望ましいのです。

　また、方針の検討は、農地・商業地・住宅地等の同質のまとまりを持つ面的な景観資源、道路や河川等の軸を形成する景観資源、重要なランドマークとなる建築物や地域の顔となる駅前等の点的な景観資源などといった景観資源の種類を中心として景観づくりの方針を策定する方法や、地域ごとに景観づくりの方針を策定する方法などが考えられます。

3 建築物に関する配慮

　景観は人の行為によって大きく変化します。人の行為の中で最も町並みに大きな影響を与えるのが建築物の景観です。このため、景観に配慮した建築物を計画する際には、表11・3に掲げる配慮項目を参考にしながら、敷地選定→規模設定→形態検討→意匠検討→素材材質へと検討を進めていくことが効果的です。

表 11・3　景観計画における建築物の配慮事項 (国土交通省『景観計画策定の手引き』[13] をもとに作成)

項目	内　　　　容
敷地選定	どこに建物を設置するかは遠景、中景で重要な構成要素となり、景観の基本を決定する
規模設定	規模設定は、背景となる要素や周囲の要素との比較により意味を持つ。 基本的に遠景、中景で重要な構成要素で周囲や背景と比較して十分大きければ視線が集中する
形態検討	視対象のアウトラインが、周囲や背景と大きく異なった形態である場合、周囲から不調和な景観要素となる
意匠検討	文化や歴史等への認識は形態検討の重要な要素となる。 意匠には、屋根の形状、壁面の構成、広告等の付属物、夜間の照明などが含まれる
素材材質	どのような素材や材料で構成しているのかによっては周囲から不調和な景観要素となる。 材質によって美しさを表現することもあり近景で重要な構成要素となる

㉛ 柴又帝釈天界隈と矢切の渡し
千葉県／松戸市、東京都／葛飾区
音風景の種類●複合

休日はとくに賑わう帝釈天
（写真：萩尾昇）

柴又帝釈天界隈には、昔ながらの商店や参拝客の賑わいがある。江戸川に出ると、川面を渡る手漕ぎの舟の音や、ヒバリ、ユリカモメの声を聞くことができる。

帝釈天界隈とは対照的に静かな矢切の渡し

㉜ 上野のお山の時の鐘
東京都／台東区
音風景の種類●鐘

都会の中心とは思えないほど静かな不忍池

「花の雲、鐘は上野か浅草か」と詠まれたように、上野寛永寺から広く響いた鐘の音。今も毎日、6時、12時、18時に時を告げ、上野・不忍あたりの人々に親しまれている。

精養軒入口の高台にある寛永寺の鐘

㉝ 三宝寺池の鳥と水と樹々の音
東京都／練馬区
音風景の種類●複合

散策路を歩けば、水の音や樹々のざわめきが周りから聞こえる

市街地に囲まれた石神井公園の中にある自然のオアシス。そっと耳を澄ませると、水鳥の羽音、水辺の音、風に揺れる樹々のざわめきなどが聞こえてくる。

集まってきた水鳥たちのさえずりも響く

図 11・17　残したい "日本の音風景 100 選" の一例（出典：環境省 [10]）

4 音景観

　音景観という言葉は、目に見える景観に対して音の景観という意味から生まれた言葉です。ある音源から物理的に伝わる音を、受け手である人が認知し評価することを通じ、環境と人が一体化して生じる風景のことであり、1960 年代末にカナダの作曲家マリー・シェーファー（1933 ～ 2021）が提唱した概念です。

　日本では、1996 年に環境庁が、全国各地の人々が地域のシンボルとして大切にし、将来とも残しておきたいと願っている音の聞こえる環境を、「残したい " 日本の音風景 100 選 "」として選定する事業を行い、音景観の 1 つとしての音風景という用語が一般的に使用されるようになりました。「残したい " 日本の音風景 100 選 "」においては、鳥等の生き物の鳴き声、川や滝の音等の自然現象、鐘の音等生活文化の音等が選定されました（図 11・17）。

5 かおり風景

　近年、生活環境の質の向上を求める傾向はますます強くなり、においもその構成要素として注目されています。環境省では、身近なかおり環境という新しい考え方を取り入れ、悪臭のない快適な環境を積極的に守り育てる行動の喚起にも取り組んでいます。

　かおり風景とは、地域住民や一般の人が訪れたとき心地よいと感じるかおりだけでなく、

表 11・4　かおり風景 100 選の一部抜粋（出典：環境省）[11]

地区	かおり風景
北海道	北見のハッカとハーブ（北海道北見市）
東北	尾上サワラの生け垣（青森県尾上町） 風の松原（秋田県能代市）
関東	偕楽園の寒梅（茨城県水戸市） 草津温泉「湯畑」の湯けむり（群馬県草津町）
北陸・甲信越	飯田りんご並木（長野県飯田市） 輪島の朝市（石川県輪島市）
中部	浜松のうなぎ（静岡県浜松市） 大台ケ原のブナの原生林（三重県宮川村）
関西	比叡山延暦寺の杉と香（滋賀県大津市） 法善寺の線香（大阪府大阪市）
中国・四国	愛媛西宇和島の温州みかん（愛媛県） 白鳥神社のクスノキ（香川県白鳥町）
九州・沖縄	竹富島の海と花のかおり（沖縄県竹富町）

197

その周辺の環境条件（景観、音）や社会条件（文化、歴史、地域住民のとの関わり）なども含めた総合的な環境を表現するものとしています。良好なかおりとその源となる自然や文化（かおり環境）を保全・創出しようとする地域の取組みの支援の一環として、「かおり風景100選」が選定されています（表11・4）。

都市開発による景観づくり（代官山ヒルサイドテラス、みなとみらい21）

①代官山ヒルサイドテラス（東京都渋谷区）

　東京・代官山のヒルサイドテラスは、建築家の槇文彦が、地域とともに都市の景観を創り出した建築群です。朝倉家の所有していた大規模な土地に、時代の要請と条件のもとで代官山の町並みを形成したものです（図11・18）。

　1969年に第1期計画が完成してから、1998年の第7期まで時間を重ねて都市開発が行われたことにより、旧山手通りに沿った高質な町並みがつくられました。1969年に第1期計画で建てられたA棟・B棟には、ケヤキの植えられたコーナー広場、

図11・18　代官山ヒルサイドテラス

スペインのパティオのようなサンクンガーデンと呼ばれるオープンスペース、それらをペデストリアンデッキで結んだ半地下などがあり、1階に店舗やオフィス、上階に住宅がある複合的な要素を取り入れた建築物としています。第2期計画（1973年）のC棟は、プラザを囲む店舗群とプラザ上部の吹き抜けを中心にテラスやルーフガーデンを持つ住宅、第3期計画（1977年）はD棟の賃貸オフィスとE棟の住宅群から成ります。その後4期、5期を経て、第6期計画（1992年）にF・G・H棟が完成、1998年には、ヒルサイドウエストが完成しました。およそ30年間の長い時間をかけて、特定の建築家が連続して設計を手がけることにより、地区レベルにおいて良好な町並み景観が創出されました。

②みなとみらい21（神奈川県横浜市）

　みなとみらい21地区は、旧三菱重工業造船所、旧国鉄貨物ヤード、旧高島埠頭を、埋め立てと土地区画整理事業により開発した、ウォーターフロントの都市開発です（図11・19）。横浜市は、中心市街地活性化基本計画において、水と緑のウォーターフロント軸、開港モデル軸を定め、赤レンガ倉庫や港の土木遺産を保全しながらプロムナード整備を進めてきました。この地区は、「みなとみらい21　街づくり基本協定」を締結し、歩行者ネットワークの形成、建物高さの制限や色

図11・19　みなとみらい21地区

彩ルールを定めることによって、より一体的となる市街地整備を行っています。

　都市開発にあたって、横浜市は大規模な建築物のコントロールに積極的に介入することにより、より良い景観づくりを推進してきました。ランドマークタワー、クイーンズスクエア、インターコンチネンタルへ至るスカイラインは、協定で示された高さ方針のもと、複数の事業者間調整によって特徴ある地区の景観を形成しました。官民の積極的な連携による総合的な都市デザインのコントロールによって、商業・業務・居住・文化等の多様な機能の混在した建築群が生まれ、賑わいを創出する原動力にもなっています。

計画事例 2　　屋外広告物の是正指導計画（前橋市）

①計画の背景

　屋外広告物の適正化は、良好な都市の景観形成を進める上で重要な要素の1つとなります。しかしながら、自動車交通量の多い幹線道路沿いにおいては、交差点付近などを中心として、無許可に掲出された屋外広告物や管理が不適切な屋外広告物も多く見られることがあります。都市の景観を美しくするためには、屋外広告物が乱立しないよう適切な表示・設置に向けて規制・誘導をしていくことが必要です。

　このため、前橋市では、このような屋外広告物の適切な掲出を促すために、2012年度より「前橋市違反広告物是正指導計画」を策定して、市内の主要路線において違反広告物の是正を進めています。

②計画による指導と効果

　「前橋市違反広告物是正指導計画」に基づき、幹線道路沿いにある無許可で掲出された屋外広告物の実態調査を行った上で、無許可で掲出された屋外広告物の広告主を対象に文書通知による是正指導を行いました。計画策定後の取組みの効果として、遮蔽されていた幹線道路からの山とスカイラインの眺望が確保されました（図11・20）。屋外広告物の適正化は、市民にとって良好な生活環境を営む上で重要な意味があると認識されるよう、より啓発普及していくことが必要です。

図 11・20　違反屋外広告物の是正指導の状況（出典：前橋市ウェブサイト「違反広告物の是正指導を行っています」[12]）

計画事例 3 海外の景観計画事例（ポートランド）

アーバンデザインによる景観創出

　アーバンデザインは、都心設計の概念として、都心を構成する建築群などの群集や形態を重視して、都市の環境と都市空間、市街地などを計画設計することを意味します。アメリカのポートランド市は、アーバンデザインを活用したまちづくりに取り組んでおり、世界各地から注目されている都市です。

　ポートランドのアーバンデザインは、ネイバーフッド・アソシエーション（近隣住区の組織）との協働によるコミュニティデザインが特徴です。セントラルシティの街区は正方形で1辺の長さが200フィート（約61m）であり、アメリカで最小の街区です。都市の小さなロットの空間をつくることによって、街路空間の性格を印象付け総合的なデザインによる良好な景観づくりを行っています（図11・21）。

　ポートランド市では、セントラルシティ計画エリアをはじめ、多くの場所でコミュニティデザインを採用しています。各計画地区の個性を強めるデザイン要素を用いて地区の意識を高めて発展させています。中でも、建物と歩行者空間との関係性が歩行者ネットワークを良くするために重要視されています。

　また、ファサードの分節化や柱・木の配置によって囲まれ感を創出することで、魅力的な滞留空間となることが期待されています。建物の入口は、町並みの統一性のために街路に面した立面のデザインや歩行者に配慮され、機能的かつ美的な景観をつくっています（図11・22）。ポートランドでは、地区全体における空間としての位置づけと、視認される空間としての街路のデザインという両面で総合的にアーバンデザインが行われています。

図11・21　歩道に突き出したファサード

図11・22　建物の入口は歩行者に配慮

■ 演習問題 11 ■

(1) 近年における景観が取り扱われた問題（住民訴訟）について、新聞やインターネット等を用いて取り上げるとともに、その問題の論点を簡潔にまとめ、現行の景観制度における問題点について記述してください。

(2) 自宅から学校に至る道のりにおいて、景観として問題と思われる屋外広告物や建築物の形態・

意匠についてそれぞれ1つずつ挙げて具体的に記述してください。また、色彩計画の誘導規制の特徴的な自治体の取組み例について、新聞やインターネットを用いて具体的に挙げてその特徴について記述してください。

(3) あなたが通学する大学・学校の最寄り駅から大学・学校までの経路について、徒歩と公共交通利用を想定し、魅力的な景観を写真撮影しながら調査してください。

❶写真撮影された景観が魅力的と感じた理由について、写真を用い説明してください。

❷当該地区において良好な景観形成を図る上で、定められている制度の説明を行うとともに、今後の景観形成の課題について具体的に説明してください。

参考文献

1) 中村良夫ほか著『土木工学大系13 景観論』彰国社、1977
2) 前橋市『前橋市景観計画』2009
3) 篠原修『土木デザイン論』東京大学出版会、2003
4) ケヴィン・リンチ著、丹下健三・富田玲子訳『都市のイメージ 新装版』岩波書店、2007
5) 国土交通省「景観法の概要」2005年9月（https://www.mlit.go.jp/crd/townscape/keikan/pdf/keikanhou-gaiyou050901.pdf）
6) 銀座街づくり会議・銀座デザイン協議会 責任編集『銀座デザインルール 第三版』2021
7) 国土交通省大臣官房技術調査課・公共事業調査室『公共事業における景観整備に関する事後評価の手引き（案）』2009年3月（https://www.mlit.go.jp/tec/kankyou/keikan/pdf/keikan-jigohyouka-honbun.pdf）
8) 前橋市ウェブサイト『看板（屋外広告物）の適正管理のお願い』（https://www.city.maebashi.gunma.jp/sangyo_business/1/2/1/10022.html）
9) 高崎市『高崎市景観色彩ガイドライン』2010年6月（http://www.city.takasaki.gunma.jp/docs/2014011401228/files/color-scape-guidelines.pdf）
10) 環境省『残したい"日本の音風景100選"』（https://www.env.go.jp/air/life/nihon_no_oto/02_2007oto100sen_Pamphlet.pdf）
11) 環境省ウェブサイト「かおり風景100選一覧表」（https://www.env.go.jp/air/kaori/ichiran.htm）
12) 前橋市ウェブサイト「違反広告物の是正指導を行っています」（https://www.city.maebashi.gunma.jp/sangyo_business/1/2/1/10021.html）
13) 国土交通省『景観計画策定の手引き』2019年3月（https://www.mlit.go.jp/common/001284381.pdf）

11章　景観計画

12章
都市防災

1 都市防災の考え方

　災害対策基本法において「災害」とは、「暴風、豪雨、豪雪、洪水、高潮、地震、津波、噴火その他の異常な自然現象又は大規模な火事若しくは爆発その他その及ぼす被害の程度においてこれらに類する政令で定める原因により生ずる被害をいう」とされています。したがって、洪水や火山噴火などの主な自然現象（表12・1）や火災等により人や資産に被害を及ぼす現象が災害とされます。本章では、これら災害のうち都市に被害を及ぼす災害を扱います。

　災害対策基本法で「防災」とは、「災害を未然に防止し、災害が発生した場合における被害の拡大を防ぎ、及び災害の復旧を図ることをいう」とされています。都市では、市民生活や経済活動が行われており、災害時の人的・物的な被害に加え、災害後の都市活動への影響も甚大です。防災計画は、災害時だけではなく、災害が起きる前、災害後を考えて立案しなければなりません[1]。

　自然現象の発生から災害、救助・救援、復旧・復興に至る流れを、水谷[2]は「災害連鎖構造」（図12・1）として整理しました。自然現象を「誘因」として、そこに地形・地盤などの「自然素因」があると災害が発生する可能性があります。そして、災害により「社会素因」としての人間・資産・施設に影響があると一次的被害が発生します。さらに、市民生活や経済活動を支える社会経済システムの二次的被害により災害が波及していきます。具体的な例をあげると、大雨（誘因）が低地（自然素因）に降ると、洪水（災害）が発生し、建物が浸水（一次的被害）し、市民生活が混乱（二次的被害）するのです。

　災害連鎖を断つ方法として、より上位の段階における防災対応策（図12・1の右側）を講じることが有効です。台風の進路を変更するような自然力の制御は難しいかもしれませんが、まず、堤防などの防御施設で洪水の発生を抑制することが考えられます。次に、洪水が発生しても人や建物が被害を受けないような土地利

表 12・1　主な自然現象の種類

気象	雨によるもの	洪水、内水氾濫、斜面崩壊、崖崩れ、地すべり、土石流
	雪などによるもの	降雪、積雪、なだれ、降雹、霜
	風によるもの	暴風、強風、たつ巻、高潮
	雷によるもの	落雷、森林火災
地震・火山	地震によるもの	地盤震動、液状化、斜面崩壊、岩屑なだれ、津波、火災
	火山噴火によるもの	降灰、噴石、火山ガス、溶岩流、火砕流、泥流、山体崩壊

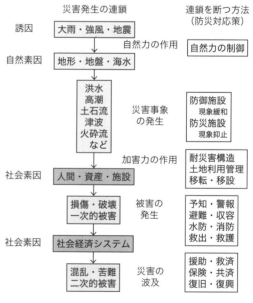

図 12・1　災害連鎖構造に対応させた防災対応策
（出典：水谷武司「防災基礎講座　自然災害をどのようにして防ぐか」[2]）

用にしておくことが有効です。一次的被害が発生してしまったら、災害情報や避難情報を速やかに提供します。そして、二次的被害を抑制するために、救助・救援を行います。なお、「復旧」は建物や施設をもと通りにつくり直すことであり、「復興」は都市生活や経済活動をもとに戻すことを意味します。

[2] 公助・自助・共助とソーシャルキャピタル

[1] 公助・自助・共助

1959年9月に来襲した伊勢湾台風は、最大の勢力を保ちながら東海地方の西を北上し、伊勢湾周辺では風速40km/s以上の暴風となり、記録的な高潮（名古屋港で3.89m）が起こりました。それまでの我が国の防災対策が十分でなかったこともあり、この台風により死者約3000人、全壊住宅約2万3000戸の大きな被害を受けました。

これを受け、1961年に災害対策基本法が制定されました。この法律は、①防災に関する責務の明確化（国、都道府県、市町村等）、②総合的防災行政の整備、③計画的防災行政の整備、④災害対策の推進、⑤激甚災害に対処する財政援助等、⑥災害緊急事態に対する措置を目的としています。同法により、防災対策が充実し、被害は減少していきました。この時代の災害対策は、市町村や消防、都道府県や警察といった公的機関による救助・援助、すなわち「公助」が中心でした。

1960年代の高度経済成長期を迎え、大気汚染、水質汚濁などの公害問題が激化すると、住民による、国、自治体、企業などに対する反公害運動が全国的に広がっていきました。自らの身は自らで守らなければならないという機運が芽生えてきたのです。災害に関しても、公助に加え、まず自分自身の身の安全を守る「自助」が認識され始めました。大地震が発生した際には、公助が届く前に頼りになるのは、自分と家族です。この時代は、市民によるまちづくり活動が始まった時期にも重なります。

1995年1月17日5時46分、淡路島北部、深さ16kmを震源とするマグニチュード7.3の地震が発生しました。この地震は、活断層のずれによる直下型地震であり、神戸市の一部では震度7を記録し、兵庫県南部地震と名付けられました。神戸市を中心とした阪神地域および淡路島北部で、死者・不明者6437名、全壊住家10万4906棟と非常に大きな被害を受けました。これが兵庫県南部地震による阪神・淡路大震災です。発災直後は、自治体、消防、警察の職員とその家族も被災していたため、救助・救援活動の遅れが指摘されました。この大震災により「公助」「自助」の限界と、住民、事業者、学生による救助・救援活動、すなわち「共助」の重要性が認識されました。

阪神・淡路大震災では、発災直後より、全国からボランティアが述べ180万人（1997年12月までの推計）かけつけました。それまではボランティアをやるというのは少し気恥ずかしいような意識もありましたが、大震災からは住民、学生がボランティアに積極的に参加するようになり1995年は後に「ボランティア元年」と言われるようになりました。発災当初のボランティアの活動は、医療、食糧・物資配給、高齢者等の安否確認、避難所運営等でしたが、時間が経つとともに、物資配分、引っ越し・修理、高齢者・障害者のケアなどへと変化していきました。

防災白書の2002年版[3]では、住民・企業が自らを災害から守る「自助」、地域社会が互いを助け合う

表 12·2　公助・自助・共助の役割 [3]

公助	行政として平常時から災害に強い国づくりのための基盤整備の推進、防災・危機管理体制の確立に努めるとともに、「自助」及び「共助」が円滑に行われるよう、情報公開による住民・企業との防災に関する情報の共有と併せて、正しい防災知識を会得する機会の提供等普及・啓発の推進、住宅への耐震診断・改修への支援、防災ボランティアの活動環境整備を推進する必要がある。なお、「公助」は、義務として納められた税金で行われるものであるから、対象となる行為そのものに公共の利益が認められるか、あるいはその状況を放置することにより社会の安定の維持に著しい支障を生じるかを吟味する必要がある。
自助	一人ひとりが「自らの身は自らが守る」ことを基本として、非常持ち出し品の整備、訓練への参加、家具等の転倒防止等日頃からの災害への備えの充実、安全性の高い家具等商品の選択、住宅の耐震化等を進める必要がある。また、企業についても、その従業員と顧客を災害から守ることは基本的な役割であり、計画の策定等防災に対する備えを充実させていく必要がある。
共助	発災時に地域住民が連携して、初期消火、情報の収集伝達、避難誘導等の活動が円滑に行われることが重要であり、地域コミュニティ・自主防災組織への積極的参加が望まれる。防災ボランティアについても、ボランティア団体同士や行政との連携等により、被災地における救援活動において大きな役割を果たすことが期待される。また、企業活動が拡大・複雑化して社会に与える影響が大きくなっていることから、企業が災害時に人員・資材等を地域社会に提供したり、平常と同様の企業活動を営むことにより円滑な地域経済の復旧等の役割を果たすことが期待される。

「共助」、国、地方公共団体等行政による施策「公助」の適切な役割分担に基づき、住民、企業、地域コミュニティ・NPO および行政それぞれが相応しい役割を果たす必要があることが示されました。それぞれの役割は、表 12·2 のとおりであり、公助を中心とした救助・救援の考え方が転換したのです。

2　共助とソーシャルキャピタル

　「共助」を機能させるためには、住民同士による高い防災意識の共有と、人と人の緊密なつながりが重要となります。ロバート・パットナムは著書『孤独なボウリング——米国コミュニティの崩壊と再生』[4] において、かつては多くのアメリカ人がグループでボウリングを楽しんでいましたが、次第に「孤独なボウリング（Bowling alone）」が増加していることを指摘しました。アメリカは、もともとボランティアや慈善活動が盛んな国ですが、ボウリングクラブに限らず多くのコミュニティが衰退に向かっており、共助を機能させるための人と人のつながりが希薄になっていると述べられています。

　このような状況に対し、パットナムは、ソーシャルキャピタルが重要であるとしています。ソーシャルキャピタルは社会関係資本と訳され、ハードの資本に対し、人と人のつながりこそが資本であるとの考えに基づきます。ソーシャルキャピタルによりコミュニティが形成され、災害時には共助を機能させることになります。

　ソーシャルキャピタルは図 12·2 のように、社会的信頼、互酬性の規範、ネットワークの 3 つで構成されます。社会的信頼とは、他者への信頼、知人との相互信頼関係を意味します。互酬性の規範とは、市民活動やボランティア活動で、お互いを助け合うルールを意味します。つまりボランティアに参加するということは、いつかは自分や家族も助けてもらうという期待をもっているのです。ネットワークは、隣近所やコミュニティ活動によるつながりを意味します。これら 3 つの構

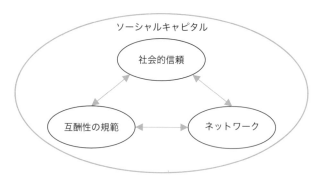

図 12·2　ソーシャルキャピタルの概念

表 12・3　ソーシャルキャピタルの評価指標例

構成要素	分類	評価指標例
社会的信頼	一般的な信頼	・他者への信頼 ・見知らぬ土地での人への信頼
	相互信頼・相互扶助	・近所の人々への期待、信頼 ・友人、知人への期待、信頼 ・職場の同僚への期待、信頼 ・親戚への期待、信頼
互酬性の規範	社会参加	・地縁的な活動への参加状況 ・市民活動、ボランティア活動への参加状況 ・募金活動への賛同
ネットワーク	近隣での付き合い	・隣近所とのつきあいの程度 ・隣近所とつきあっている人数
	社会的な交流	・友人、知人とのつきあいの頻度 ・親戚とのつきあいの頻度 ・スポーツ、趣味、娯楽活動への参加状況

表 12・4　個人属性別のソーシャルキャピタルの傾向 [5]

個人属性	ソーシャルキャピタルの傾向
性別	男性よりも女性に高い傾向
年齢階層	45 ～ 59 歳が低い傾向
職業	自営業やその手伝い、企業の経営者や役員、公務員や教員が高く、学生や主婦なども高い一方、無職は低い傾向
居住年数	居住年数が長いほど高い傾向
同居人数	同居人数が多いほど高い傾向
配偶者	既婚ほど高い傾向
学歴	学歴が高いほど高い傾向
世帯収入	収入が高いほど高い傾向
持ち家	持ち家の人ほど高い傾向

成要素を定量的に計測するときの評価指標例を表 12・3 に示しました。

　内閣府経済社会総合研究所の調査[5] による個人属性別のソーシャルキャピタルの傾向は表 12・4 に示すとおりです。女性、自営業者、企業の経営者や役員、公務員や教員、居住年数の長い人、既婚の人、学歴や収入の高い人など、地域に縁のある人、家族を抱える人、地域への意識の高い人のソーシャルキャピタルが高い傾向にあります。同研究所では、退職者した男性や、NEET（Not in Education, Employment or Training）の増加により予想されるソーシャルキャピタルの低下が今後の課題だとしています。

3 被害想定と地域危険度評価

　災害の発生に備えるための被害や危険度に関する情報について紹介します。ハザードマップ、被害想定、地域危険度のそれぞれの情報の目的を把握したうえで、防災対策について検討する必要があります。

1 ハザードマップ

　ハザードマップとは、自然災害による被害の軽減や防災対策に使用する目的で作成される、災害の予

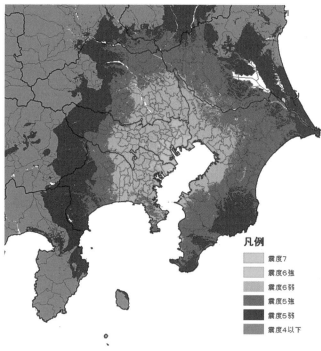

凡例

	震度7
	震度6強
	震度6弱
	震度5強
	震度5弱
	震度4以下

図12·3　震度分布予測（都心南部直下地震）
(出典：首都直下地震モデル検討会[7])

測図です。地震や津波が発生したときの震度、津波浸水などの地点や範囲が示されており、被害に至る前の潜在的な危険度がわかります。

国土交通省の「ハザードマップポータルサイト」[6]には、国や自治体が公開している、洪水、土砂災害、高潮、津波などのハザードマップが集約されています。口絵5はハザードマップポータルサイトを用い、東京近郊の洪水浸水想定区域を表示したものであり、想定されている浸水範囲が水深別に色で示されています。この想定は、雨の範囲や降水量を前提条件としたシミュレーションに基づくため、前提条件が変化すると危険度が変化することに注意が必要です。

首都圏においては首都直下地震対策が進められており、国では東日本大震災を受け、首都直下地震の震度分布予測を公表しました[7]。図12·3は、東京都心の南部を震源と設定したマグニチュード7クラスの地震による震度分布予測です。この他にも、東京湾北部、都心西部、都心東部、相模トラフなどを震源とする震度分布予測も公表されており、いずれも計算の前提条件により危険度が異なることに注意が必要です。

2 被害想定

ハザードマップにより地域別の震度や浸水範囲を把握したら、次に被害の程度を予測します。被害の

表12·5　都心南部直下地震による人的被害の想定[8]

項目		冬・深夜	夏・昼	冬・夕
建物倒壊等による死者 （うち屋内収容物移動・転倒、屋内落下物）		約11000人 （約1100人）	約4400人 （約500人）	約6400人 （約600人）
急傾斜地崩壊による死者		約100人	約30人	約60人
地震火災による死者	風速3m/s	約2100～3800人	約500～900人	約5700～10000人
	風速8m/s	約3800～7000人	約900～1700人	約8900～16000人
ブロック塀・自動販売機の転倒、屋外落下物による死者		約10人	約200人	約500人
死者数合計	風速3m/s	約13000～15000人	約5000～5400人	約13000～17000人
	風速8m/s	約15000～18000人	約5500～6200人	約16000～23000人
負傷者数		約109000～113000人	約87000～90000人	約112000～123000人
揺れによる建物被害に伴う要救助者 （自力脱出困難者）		約72000人	約54000人	約58000人

状況は、季節、気象条件、時間帯によって異なります。例えば、地震による火災では、暖房を使用する冬季、強風時、食事の用意をしている朝夕に被害が大きくなる傾向があります。時間帯によりその地域にいる人口は異なりますし、昼と夜では避難の難易度も異なります。そのため、いくつかのケースに分けて想定被害の予測をします。

国の中央防災会議では、首都直下地震による被害想定[8]を公表しました。この予測では、発災季節・時間帯を「冬・深夜」「夏・昼」「冬・夕」、風速を「3m/s（日平均風速）」「8m/s（日最大風速よりもやや強めの風速）」とするケースを設けました。想定被害は、建物等の被害、人的被害について予測されており、表12・5には人的被害の状況を示しました。最も被害の大きい「冬・夕」の「風速8m/s」の結果をみると、死者数は約1万6000～2万3000人、負傷者数約11万2000～12万3000人、要救助者約5万8000人となっています。この被害想定は、建物の耐震性の強化、家具等の転倒・落下防止対策の強化、出火防止対策の強化を前提に計算しているため、対策が十分でないと被害はより大きくなる可能性があります。この被害想定ではライフライン・交通施設等の被害や、生活への影響についても予測しています。想定されている避難者数（表12・6）によると、断水・停電の影響を受けて発災2週間後に最大で約720万人の避難者が発生するとされています。

表12・6　避難者の想定[8]

		避難者数（人）	内訳	
			避難所	避難所外
1日後	合計	約300万	約180万	約120万
	うち都区部	約150万	約91万	約60万
2週間後	合計	約720万	約290万	約430万
	うち都区部	約330万	約130万	約200万
1カ月後	合計	約400万	約120万	約280万
	うち都区部	約180万	約54万	約130万

3 地域危険度

地域危険度とは、災害に対する相対的な地域別の危険度であり、地域別の防災対策の優先順位を検討するために使用されます。

東京都には、戦後の急速な市街地化により形成された木造住宅密集地域（図12・4）が、JR山手線外周部に広がっています[9]。この地域では、道路や公園等の都市基盤が不十分であるなど、防災上の課題を抱えています。東京都では、1975年から「地震に関する地域危険度測定調査」[10]を公表し、2018年の第8回調査では、建物倒壊危

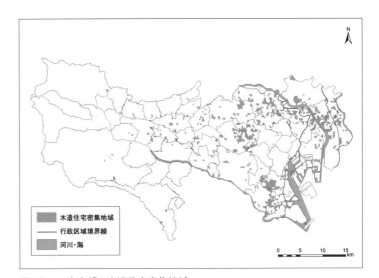

図12・4　東京都の木造住宅密集地域
（出典：東京都「防災都市づくり推進計画の基本方針　概要」https://www.toshiseibi.metro.tokyo.lg.jp/bosai/pdf/bosai4_gaiyo.pdf）

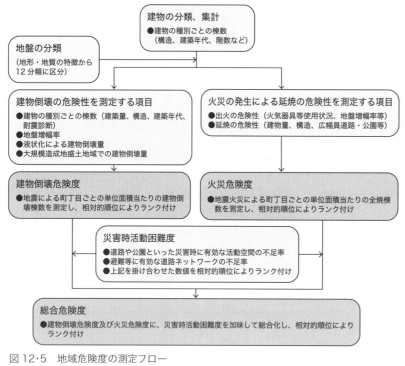

図12・5 地域危険度の測定フロー

(出典:東京都都市整備局 市街地整備部防災都市づくり課『あなたのまちの地域危険度 地震に関する地域危険度測定調査［第8回］』2018年2月)

険度、火災危険度、災害時活動困難度および総合危険度を測定しています（図12・5）。被害想定は特定の地震を想定しているのに対し、地域危険度は、すべての町丁目直下の地盤で同じ強さの揺れが生じた場合の危険性を測定している点が異なります。第8回調査による総合危険度ランクを口絵6に示しました。この結果は、地震災害に対する都民の認識を深め、防災意識の向上に役立てられるほか、震災対策事業を実施する地域を選択する際に活用されています。

4 都市防災計画

1 都市計画による防災

都市計画法において、災害や防災という用語は条文の各所に数多く登場します。つまり、都市計画制度の中で災害や防災は、都市計画全般に関わる問題・課題として扱われています。表12・7に、都市計画法に含まれている主な災害・防災に関する内容を整理しました。

地域地区については、用途地域に上乗せし防火地域・準防火地域、特定防災街区整備地区を定めることにより、延焼防止機能や避難路を確保します。また、都市施設整備（道路・駅前広場、公園・緑地等）と市街地開発事業（土地区画整理事業、市街地再開発事業）により、防災性の高い都市を形成していきます。防災街区整備地区計画では、特定の地区の防災機能を向上します。

2 密集市街地の防災性の向上

国土交通省が公表した調査結果[11]によると、「地震時等に著しく危険な密集市街地」は全国に111地区2219haあり、都道府県別にみると最も多い大阪府には33地区1014ha存在します。この状況を受け、大阪府は「大阪府密集市街地整備方針」[12]を策定しました。具体的な取組みは図12・6に示すとおりであ

表 12・7　都市計画制度における主な災害・防災に関する内容

都市計画の制度		災害・防災に関する内容
地域地区	防火地域、準防火地域	・防火地域、準防火地域は共に「市街地における火災の危険を除去するために定める地域」であり、これら地域内における建築物その他の工作物に関する制限については建築基準法に定められている。 ・防火地域の建築物は、原則として鉄筋コンクリート造などの耐火建築物でなければならない。 ・準防火地域の建築物については、規模別に防火上の規制が行われている。
	特定防災街区整備地区	・特定防災街区整備地区は、防火地域または準防火地域のうち防災街区として整備すべき区域について指定され、延焼遮断効果の高い建物の防災性能や、敷地面積に関する制限を定めるほか、避難路の機能を果たすセットバックした建物の建築を誘導する。
都市施設	交通施設	・「道路」は、避難路としての役割のほか、延焼遮断帯としての効果も期待される。特に4車線以上の道路は延焼遮断の効果が高く、防火地域、準防火地域による耐火建築物の整備と合わせ効果を発揮する。 ・「駅前広場」は、延焼火災の危険から身を守る一時避難場所としての役割が期待される。
	公園、広場、緑地、墓園、その他公共空地	・「公園」や「緑地」には、延焼遮断の効果がある。 ・また、一時避難場所としての役割、災害時の大規模救出・救助活動拠点としての役割が期待されている。
市街地開発事業	土地区画整理事業	・都市基盤が未整備で老朽化した木造建築物が密集している防災上危険な市街地において、道路・公園などの公共施設を整備し、避難・延焼遮断空間を確保する。 ・倒壊・焼失の危険性が高い老朽建築物の更新を促進し、建築物の安全性を向上する。
	市街地再開発事業	・市街地内の老朽木造建築物が密集している地区等において、細分化された敷地の統合、不燃化された共同建築物の建築、公園、広場、街路等の公共施設の整備等を行うことにより、都市における土地の合理的かつ健全な高度利用と都市機能の更新を図る。
地区計画	防災街区整備地区計画	・防災上必要な道路等の公共施設の整備やその沿道の建築物の耐火構造化（耐火建築物の誘導）を図り、地区の防災機能の確保（延焼防止機能や避難路等の確保）と土地の合理的かつ健全な利用を図る。

まちの防災性の向上	地域防災力のさらなる向上	魅力あるまちづくり
●延焼遮断帯の整備 ●延焼危険性の効果的な低減 　・地区内道路等の重点整備 　・老朽建築物の重点除却 ●老朽建築物の除却、建替えの促進、防火規制の強化 ●避難路や公園・防災空地の整備	●まちの危険性の一層の「見える化」 ●地域特性に応じた防災活動への支援強化 ●多様な主体と連携した防災啓発	●まちの将来像の検討・提示 ●道路等の基盤整備、整備を契機としたまちづくり ●民間主体による建替え等が進む環境の整備 　・狭小・接道不良敷地の解消 　・空家・空地の活用、優良宅地形成 　・地籍調査等の推進 　・様々な分野の専門家の連携体制の構築 ●地域ニーズに応じた空地の柔軟な活用による「みどり」の創出

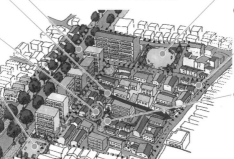

図 12・6　大阪府による取組みの3本柱と具体的な取組み（出典：大阪府『大阪府密集市街地整備方針』2021）

り、「まちの防災性の向上」「地域防災力のさらなる向上」「魅力あるまちづくり」を実現しようとしています。まちの防災性の向上については、「建物の不燃化」「燃え広がらないまち」「避難しやすいまち」により実現するとしています [12]。

　燃え広がらないまちの指標としては「不燃領域率」を用います。国土交通省（旧建設省）の研究 [13] によると、地域内において道路、公園等のオープンスペースや耐火建築物が占める割合である不燃領域率

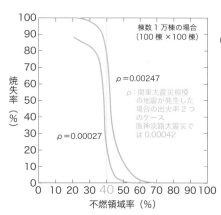

〈国の方式〉
不燃領域率（%）＝空地率＋（1−空地率／100）× 耐火率
空地率（%）＝空地面積／地区面積×100
空地面積＝（短辺もしくは直径 40m 以上で、かつ面積が 1,500m²
以上の水面面積）＋（公園、運動場、学校、一団の施
設等の面積）＋（幅員 6 m 以上の道路面積）
耐火率（%）＝耐火建築の敷地面積／全建築の敷地面積×100

図 12·7　不燃領域率と焼失率の関係
（出典：国土交通省（旧建設省）『建設省総合技術開発
プロジェクト報告書「都市防火対策手法の開発」』(1983) を
もとに作成）

図 12·8　不燃領域率と市街地のイメージ（大阪府資料を著者修正）

が概ね 40％以上の水準に達すると建物の焼失率は急激に低下し、隣接区域への延焼危険性も低下し、70％以上に達すると焼失率がほぼ 0％となることが明らかになりました（図 12·7）。この結果は、阪神・淡路大震災の被害状況により実証され、多くの自治体において不燃領域率を 40％以上にすることが目安となっています。

図 12·8 に不燃領域率と市街地のイメージを示しました。左側は不燃領域率 20％（＝道路等 7％＋耐火建築の敷地 13％）であり災害に脆弱な市街地です。これに対し、右側は、道路拡幅、公園整備を行うとともに耐火建築に建て替えることにより不燃領域率 40％となり、最低限の安全性が確保された市街地を示しています。これは一例ですので、地区の状況に応じ、道路や公園の整備、老朽建物の除去、耐火建築への建て替えを行い、防災性を高めていく必要があります。

３ 避難場所・避難所

　2013 年に災害対策基本法が改正され、市町村長による「指定緊急避難場所」と「指定避難所」の指定制度が施行されました（表 12·8）。指定緊急避難場所は、津波、洪水等、災害による危険が切迫した状況において、住民等の生命の安全の確保を目的として住民等が緊急に避難する場所です。指定避難所は、災害の危険性があり避難した住民等が、災害の危険性がなくなるまで必要な期間滞在し、または災害により自宅へ戻れなくなった住民等が一時的に滞在することを目的とした施設です。

　群馬県前橋市を例にとると、指定緊急避難場所は 75 か所が指定されています。主に公園が指定され、行政による開錠を待つことなく敷地内に避難することができます。指定緊急避難場所は、災害の種別（洪水、崖崩れ・土石流及び地滑り、高潮、地震、津波、大規模な火事、内水氾濫、火山現象）ごとに指定されており、国土地理院のウェブ地図で閲覧することができます（図 12·9）。一方、指定避難所は主に小中学校であり、前橋市には 77 か所が指定されています。この他に、要配慮者を受け入れる避難所として「福祉避難所」106 か所が指定され、災害発生後、必要に応じて開設されます（いずれも 2021 年 4 月 1 日現在）。

　2021 年に国の「避難情報に関するガイドライン」[15] が改定され、警戒レベルが変更されました（図 12·10）。主な変更点は、避難のタイミングを明確にするため、警戒レベル 4 の避難勧告と避難指示（緊急）

表 12・8　指定緊急避難場所と指定避難所 [14]

指定緊急避難場所	指定避難所
災害の危険**から命を守るために緊急的に**避難をする場所 土砂災害、洪水、津波、地震等の**災害種別ごとに指定** （国土地理院のウェブ地図上で公開）	災害の危険があり避難した住民等が、災害の危険がなくなるま**で必要な期間滞在**し、または災害により自宅へ戻れなくなった住民等が**一時的に滞在**することを想定した施設
例：対象とする災害に対し、安全な構造である堅牢な建築物 　　対象とする災害の危険が及ばない学校のグラウンド・駐車 　　場等	例：学校・体育館等の施設 　　公民館等の施設

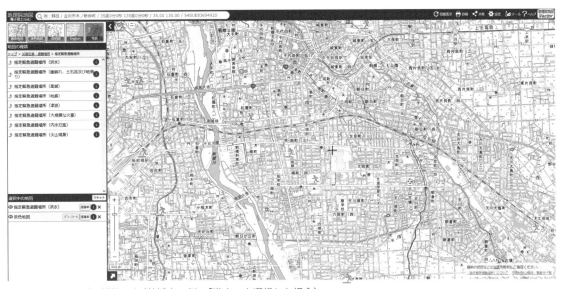

図 12・9　指定緊急避難場所（前橋市の例、「洪水」を選択した場合）
（国土交通省 国土地理院ウェブサイト「指定緊急避難場所データ」[14] より取得し、指定緊急避難場所のアイコンに着色）

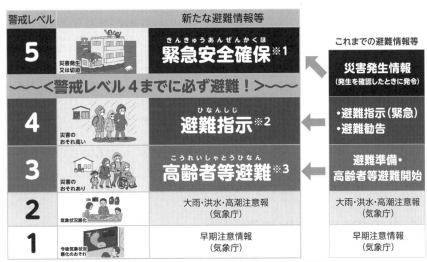

※1 市町村が災害の状況を確実に把握できるものではない等の理由から、警戒レベル5は必ず発令される情報ではありません。
※2 避難指示は、これまでの避難勧告のタイミングで発令されることになります。
※3 警戒レベル3は、高齢者等以外の人も必要に応じ普段の行動を見合わせ始めたり、避難の準備をしたり、危険を感じたら自主的に避難する
　　タイミングです。

図 12・10　警戒レベルの変更（出典：内閣府『避難情報に関するガイドライン』2021）

を「避難指示」に一本化したこと、災害が発生・切迫し警戒レベル4での避難場所等への避難が安全にできない場合に自宅や近隣の建物で緊急的に安全確保するよう促す情報を警戒レベル5「緊急安全確保」として位置づけたこと、早期の避難を促すターゲットを明確にするため、警戒レベル3の名称を「高齢者等避難」に見直したことです。

４ 地域防災計画

災害対策基本法では、国の中央防災会議が作成する「防災基本計画」、指定行政機関・指定公共機関（国の省庁等）が作成する「防災業務計画」、地方公共団体が作成する「地域防災計画」が規定されています。

地域防災計画とは、防災基本計画に基づき、市民の生命、財産を災害から守るための対策を実施することを目的とし、災害にかかわる事務または業務に関し、関係機関および他の地方公共団体の協力を

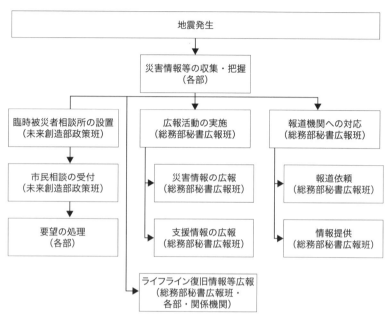

図12・11　前橋市地域防災計画における地震発生時の災害広報・広聴対策（応急対策）の流れ（出典：前橋市防災会議『前橋市地域防災計画』2021）

得て、総合的かつ計画的な対策を定めた計画です。ここでは地震災害時の情報伝達の流れを、前橋市を例に紹介します。

前橋市地域防災計画[16]の地震災害応急対策計画では、地震発生後、県および関係機関との連携協力のもとに、直ちに県防災行政無線や市防災行政無線等を活用し、被害状況の把握及び応急対策の実施のための情報収集・伝達活動を行うとしています。図12・11に示すように、情報不足による混乱の発生を防止するため、関係機関と協力のうえ、あらゆる状況の被災者の多様な生活・居住環境に配慮した情報伝達により、市民に対して正確かつわかりやすい情報を適時・適切に提供するとしています。

5 地域防災の担い手と地域防災力

１ 地域防災の担い手

①消防団

消防団は、消防組織法に基づき設置された市町村の非常備の消防機関です。構成員である消防団員は他の本業を持ちながら、権限と責任を有する非常勤特別職の地方公務員として、「自らの地域は自ら守る」と

いう精神に基づき、消防防災活動を行っています。消防団員は、地域における消防防災のリーダーとして、平常時・非常時を問わずその地域に密着し、住民の安心と安全を守るという重要な役割を担います。

消防団はほとんどの市町村に設置されており、団員数は約82万人（2020年4月1日現在）[17]ですが、年々、団員数の減少と年齢の上昇がみられます。その活動は災害での消火活動や後方支援活動、避難所の運営支援等をはじめ、住宅用火災警報器の設置促進、火災予防の普及啓発、住民に対する防災教育・応急手当指導、1人暮らし高齢者宅への防火訪問等、広範囲にわたり、これまで少なかった女性消防団員の活躍も期待されています。女性消防団員数は1990年の1923人から年々増加し2万7200人（2020年4月1日現在）となり、全消防団員に占める割合は0.2%から増加し3.3%となりました。今後は、若い団員、女性団員を増やすことが課題です。

②自主防災組織

自主防災組織は、災害対策基本法に基づき、地域の住民が自ら防災活動を行うために結成される組織です。多くは、自治会などの活動項目に「防災」の項目を加えたり、自治会に「防災部会」を設けるなどして設立されています。大災害が発生した場合、消防署や消防団だけでは手が回らない状況において、地域でできること（救助、初期消火、要援護者の避難支援など）をすることで、地域の被害を軽減することができます。

全国1741市町村のうちの1688市町村に設立されています（2020年4月1日現在）。自主防災組織の世帯カバー率（活動範囲の世帯数／全世帯数）は、全国で84.3%であり、北海道、青森県、千葉県、沖縄県で低くなっています（表12・9）。また、東京都のカバー率は75.4%ですが、約733万世帯中、約180万世帯がカバーされていません。

活動内容は地域や組織により異なりますが、地元のお祭りでの炊き出しやテント設営、定例の清掃活動での地域の危険箇所の調査や防災資機材の点検、防災に関するチラシ・パンフレットなどの作成・配布などで、無理せず継続的に活動することが求められます。

表 12・9　都道府県別自主防災組織の世帯カバー率（2020年4月1日現在）
（資料：消防庁）[17]

	都道府県	カバー率 (%)
1	兵庫県	97.7
2	高知県	97.1
3	大分県	97.0
4	香川県	96.8
⋮		
44	千葉県	68.9
45	北海道	61.4
46	青森県	55.4
47	沖縄県	33.1

③災害ボランティアセンター

1995年の阪神・淡路大震災を契機に災害ボランティア活動の重要性が認識されるようになりました。当時、全国から駆けつけた180万人はボランティアが初めてという人も多く、被災地ではボランティアの受け入れで混乱が発生しました。また、全国から届く支援物資の整理や被災者への提供作業にも大きな混乱が生じました。その後、1995年7月には、防災基本計画の中に、「防災ボランティア活動の環境整備」および「ボランティアの受入れ」に関する項目が設けられ、同年12月には、災害対策基本法が改正

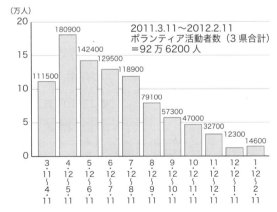

図 12・12　東日本大震災発災後のボランティア活動者数（岩手県、宮城県、福島県の合計）
（出典：全国社会福祉協議会『東日本大震災災害ボランティアセンター報告書』2012）

され、国および地方公共団体が「ボランティアによる防災活動の環境の整備に関する事項」の実施に努めなければならないことが規定されました。

　2011年に発生した東日本大震災の際にはボランティア受け入れの体制が整えられ、被災地に設置された災害ボランティアセンターを拠点に、地元の行政や社会福祉協議会等と協働し、多数のボランティアが活動しました。災害ボランティアセンターは、災害時に設置されるボランティア活動を円滑に進めるための拠点です。災害ボランティアセンターの活動内容は、被災地のニーズ把握、ボランティアの受け入れ、ボランティアの人数調整、資機材の貸し出し、ボランティア活動の実施などです。東日本大震災の際には、岩手県に27、宮城県に39、福島県に38の災害ボランティアセンターが設置されました[18]。この3県のボランティア活動者数は図12・12のとおりであり、発災1か月後の4月12日〜5月11日には1か月で約18万人が活動しました。

2 地域防災力

　消防団員数は年々減少し、年齢が上昇しています。自主防災組織は、熱心に活動している組織もあれば、不活発な組織もあります。共助による災害時の救助・救援活動に備えるためには、地域の防災力を高めていく必要があります。阪神・淡路大震災において生き埋めになった人や閉じ込められた人の救助者をみると（図12・13）、自力34.9%、家族31.9%、友人・隣人28.1%であり、自助や共助の重要性がわかります。

　地域防災力に求められる能力についてはいくつかの評価方法があります。ここでは、梶ら[1]による自主防災組織の能力評価項目を紹介します（表12・10）。自主防災組織に求められる能力を、「情報収集伝達能力」「初期消火能力」「救出・救助能力」「救護・搬送能力」「避難誘導能力」「自活能力」の6つに分けて考えます。そして、「装備度」「人的資源」「技術水準」の3つの面から評価します。装備度については、各能力に応じた装備が整っているかにより評価され、自治体による継続的な支援と組織による維持・管理が重要です。人的資源については、ソーシャルキャピタルに関連する自主防災組織の「連帯」、活動の「指導者」、組織内の「ボランティア」の存在、により評価されます。技術

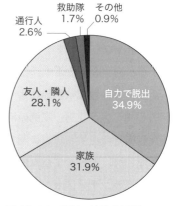

図12・13　阪神・淡路大震災における生き埋めになった人や閉じ込められた人の救助者
（出典：日本火災学会『1995年兵庫県南部地震における火災に関する調査報告書』1996）

表12・10　自主防災組織の能力評価項目[1]

| | 装備度 | | | | | | 人的資源 | | | 技術水準 |
	情報連絡装備	消火装備	救助装備	救護装備	応急復旧装備	備蓄装備	連帯	指導者	ボランティア	技術力
情報収集伝達能力	○						○	○	○	○
初期消火能力	○	○					○	○	○	○
救出・救助能力	○		○				○	○	○	○
救護・搬送能力				○			○	○	○	○
避難誘導能力	○						○	○	○	○
自活能力	○				○	○	○	○	○	

水準については、各能力に対し自主防災組織による訓練等により常に保っていく必要があります。以上のような評価項目により組織の能力を継続的に評価していくことが重要であるとともに、人的資源を育てていくことが共助による地域防災力の向上に寄与します。

この他にも、内閣府が地域防災力の評価手法を検討し[20]、[21]、例えば水害については①警戒監視、②自主避難判断、③情報伝達、④避難誘導、⑤防災体制、⑥危険認知、⑦救助救援、⑧水防活動からなる評価指標を提案し、「水害に対する地域防災力の診断」のシステム[22]を公開しています。

計画事例1　阪神・淡路大震災の復興都市計画（兵庫県神戸市）

1995年1月17日（火）5時46分に発生した阪神・淡路大震災は、日本で初めての近代的な大都市における直下型地震（震源の深さ約14km）であり甚大な被害をもたらしました。震災約1か月後の2月、「阪神・淡路大震災復興の基本方針及び組織に関する法律」等により、「阪神・淡路復興委員会」が設立され、復興対策が推進されることになりました。

ここでは、死者数4571人という最大の被害を受けた神戸市の震災復興土地区画整理事業を中心に解説します。図12・14に示すように、震災復興土地区画整理事業は13地区（市施行11、組合施行2）、約145.2haで実施され、道路（約50km）、駅前広場（JR甲南山手駅、JR鷹取駅）、公園（25公園、約8ha）が整備されました。せせらぎの流れる通り、コミュニティ道路、ポケットパークなど特色のある施設が実現しました。最大の事業である新長田駅地区（約59.6ha）の計画図を図12・15に示します。広幅員の都市計画道路、大規模な都市公園、共同化住宅（共同化による住宅の再建）、受皿住宅（事業により住宅に困窮する従前居住者の賃貸住宅）が整備されました。新長田駅北地区が2011年3月に換地処分を終えたのを最後として、すべての震災復興土地区画整理事業が完了しました。

震災復興土地区画整理事業では、住民主体のまちづくりを基本として、市民・事業者・行政による協働と参画のまちづくりに取り組んできました。居住者や土地・建物の所有者等が構成員となり、住民が自らまちづくりに取り組むための組織として44の「まちづくり協議会」が設立されました。各協議会では、専門家のアドバイスを受けながら住民が主体となって「まちづくり提案」を神戸市へ提出し、市は復興都市計画に反映しました。

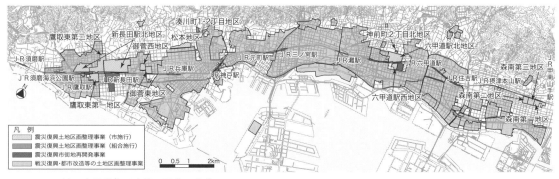

図12・14　神戸市震災復興土地区画整理事業
（出典：神戸市『神戸国際港都建設事業　震災復興土地区画整理事業　協働と参画のまちづくり』(2016) より作成）

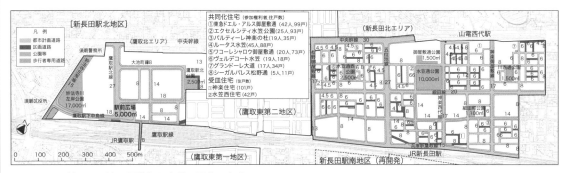

図 12·15　新長田駅地区震災復興土地区画整理事業（出典：図 12·16 と同じ）

東日本大震災の復興都市計画（宮城県石巻市）

　2011 年 3 月 11 日（金）14 時 46 分に発生した、牡鹿半島の東南東約 130km の三陸沖を震央とする東北地方太平洋地震は、日本周辺における観測史上最大規模の地震（マグニチュード 9.0）でした。震源域は南北約 500km、東西約 200km および、青森県、岩手県、宮城県、福島県、茨城県、千葉県 62 市町村の津波による浸水範囲面積の合計は 561km² であり、広域に甚大な被害をもたらした東日本大震災となりました。また、福島第一原子力発電所では、津波により電源を喪失し炉心溶融（メルトダウン）が発生し、大量の放射性物質の漏洩を伴う原子力事故が起こりました。

　被災自治体の中で最大の人的被害（死者 3187 人、行方不明者 415 人）となった宮城県石巻市は、津波の最大高さ 7.3m（鮎川検潮所）、浸水面積 73km²（市域の 13.2%、平野部の約 30%）となりました。

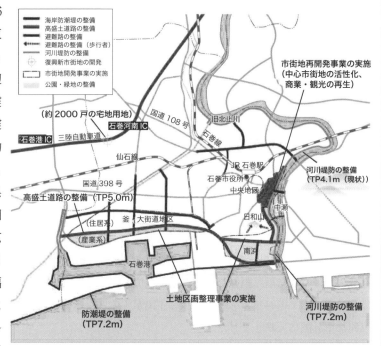

図 12·16　石巻市震災復興基本計画による市街地整備方針（西部市街地）
（出典：石巻市『石巻市震災復興基本計画』[23]）

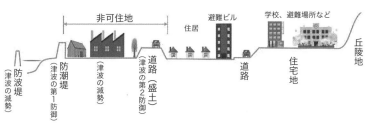

図 12·17　復興計画における市街地整備のイメージ
（出典：石巻市『石巻市震災復興基本計画』[24]）

石巻市は、2011 年 12 月に「石巻市震災復興基本計画」[23] を策定し、復興都市計画を実施しています。

津波被害の大きかった平野部の中心市街地を含むエリアについては、「市街地の安全の確保を第一に、多重防御による災害に強いまちづくり」を目標とし、図12・16の将来構想をかかげました。防潮堤や河川堤防、高盛土道路の多重の整備により、石巻港臨港地区や中心市街地のほか、住宅地の安全の確保を図り、土地区画整理事業等の導入により安全な住宅地を形成するとともに、内陸部に新たな市街地（約2000戸の宅地用地）の整備を推進するとしています。市街地整備のイメージ（図12・17）は、防波堤・防潮堤で津波を減勢し、かつての市街地を非可住地（公園、緑地等）にし、高盛土道路の内側に土地区画整理事業等により避難路、避難ビルとあわせ市街地を整備するものです。内陸の高台には学校、避難場所、新市街地を整備します。

　復興事業は着々と進んでいますが、他県や他地域に避難した人が戻ってこないことなどにより、現在は、少子・高齢化、人口減少が大きな課題となっています。

計画事例 3　都市火災の復興都市計画（新潟県糸魚川市）

　2016年12月22日（木）10時20分頃に発生した「糸魚川市駅北大火」は、翌日16時30分の鎮火まで約30時間にわたる大規模な都市火災となりました。南からの強風にあおられ中心市街地の約4haに延焼し、147棟（全焼120棟、半焼5棟、部分焼22棟）が焼損し、歴史的に貴重な建築物も失われました（図12・18）。負傷者は17人（一般2人、消防団員15人）でした。原因は飲食店からの失火です。

　糸魚川市駅北復興まちづくり計画[25]では、「災害につよいまち」「にぎわいのあるまち」「住み続けられるまち」を方針とし、建築物の不燃化、道路の拡幅、公園や広場の整備をするなど図12・19に示す将来イメージによる復興都市計画が進められています。

図12・18　糸魚川市駅北大火による酒蔵の被害（2017年1月1日撮影）

図12・19　糸魚川市駅北復興まちづくり計画によるまちの将来イメージ

（出典：糸魚川市『糸魚川市駅北復興まちづくり計画～カタイ絆でよみがえる笑顔の街道 糸魚川～』2017）

■ 演習問題 12 ■　本章で紹介できなかった、以下の都市災害や復興計画について、インターネット等で調べてください。

(1) 水害からの復興：「平成 30 年 7 月豪雨（西日本豪雨）」では、西日本を中心に全国的に広い範囲で記録的な大雨となりました。岡山県の被害状況、復旧の取組み、復興計画について整理したうえで、被害の原因、今後の防災対策について考察してください。

(2) 震災からの復興：「平成 28 年熊本地震」では、4 月 14 日、16 日の 2 度にわたり震度 7 の地震が発生し、熊本県に甚大な被害をもたらしました。熊本県の被害状況、復旧の取組み、復興計画について整理したうえで、今後の防災対策について考察してください。

(3) 都市火災：「飯田の大火（長野県、1947 年）」について、被害状況、当時の復興計画について整理してください。そして、復興計画が今日の飯田市に与えた影響について考察してください。(キーワード：土地区画整理事業、防火帯、緑地、街路計画、墓地移転、りんご並木、ロータリー、ラウンドアバウト、山田正男)

参考文献

1)　梶秀樹・塚越功編著『改訂版 都市防災学』学芸出版社、2012
2)　水谷武司「防災基礎講座　自然災害をどのようにして防ぐか」国立研究開発法人 防災科学研究所 自然災害情報室ウェブサイト（https://dil.bosai.go.jp/workshop/04kouza_taiou/01hajimeni.html）
3)　内閣府編『平成 14 年度版 防災白書』2002
4)　ロバート・D・パットナム著、柴内康文訳『孤独なボウリング　米国コミュニティの崩壊と再生』柏書房、2006
5)　内閣府経済社会総合研究所編『コミュニティ機能再生とソーシャル・キャピタルに関する研究調査報告書』2005
6)　国土交通省「ハザードマップポータルサイト」（https://disaportal.gsi.go.jp/）
7)　首都直下地震モデル検討会『首都直下の M7 クラスの地震及び相模トラフ沿いの M8 クラスの地震等の震源断層モデルと震度分布・津波高等に関する報告書』2013
8)　中央防災会議 首都直下地震対策検討ワーキンググループ『首都直下地震の被害想定と対策について（最終報告）』2013
9)　東京都『防災都市づくり推進計画の基本方針 概要」https://www.toshiseibi.metro.tokyo.lg.jp/bosai/pdf/bosai4_gaiyo.pdf
10)　東京都都市整備局 市街地整備部防災都市づくり課『あなたのまちの地域危険度　地震に関する地域危険度測定調査［第 8 回］』2018 年 2 月
11)　国土交通省ウェブサイト「「地震時等に著しく危険な密集市街地」について」2021（https://www.mlit.go.jp/jutakukentiku/house/jutakukentiku_house_tk5_000086.html）
12)　大阪府『大阪府密集市街地整備方針』2021
13)　国土交通省（旧建設省）『建設省総合技術開発プロジェクト報告書「都市防火対策手法の開発」』1983
14)　国土交通省 国土地理院ウェブサイト「指定緊急避難場所データ」（https://www.gsi.go.jp/bousaichiri/hinanbasho.html）
15)　内閣府『避難情報に関するガイドライン』2021
16)　前橋市防災会議『前橋市地域防災計画』2021
17)　消防庁『令和 2 年度版 消防白書』
18)　全国社会福祉協議会『東日本大震災災害ボランティアセンター報告書』2012
19)　日本火災学会『1995 年兵庫県南部地震における火災に関する調査報告書』1996
20)　内閣府『「地域防災力」の評価手法の確立に関する調査報告書』2002
21)　内閣府『「地域防災力」の評価手法の確立に関する調査（水害編）報告書』2003
22)　内閣府ウェブサイト「水害に対する地域防災力の診断（防災情報のページ　みんなで減災）」（http://www.bousai.go.jp/fusuigai/sonota/shindan/index.html）
23)　石巻市『石巻市震災復興基本計画　─最大の被災都市から世界の復興モデル都市石巻を目指して─』2011
24)　同上（「被害状況」「復旧・復興に向けた取組状況」）
25)　糸魚川市『糸魚川市駅北復興まちづくり計画　～カタイ絆でよみがえる笑顔の街道 糸魚川～』2017

13 章
持続可能な都市構造

① 持続可能な都市モデル

1 持続可能な発展

　1970 年代になるとこれまでの大量生産、大量消費に対する限界が指摘されるようになります。1972 年にスイスに本部のあるシンクタンク・ローマクラブは「成長の限界」を発表し、「これまでのように人口増加や環境汚染の傾向が続けば、地球上の成長は 100 年以内に限界に達する」と警鐘をならしました。この報告は世界的に注目され、地球規模の持続性について議論が活性化していきます。

　1987 年に国連の「環境と開発に関する世界委員会」は、「われら共通の未来（Our Common Future）」と題した報告書を出しました。委員長を務めた当時のノルウェー首相の名前からブルントラント報告と呼ばれています。この中で、将来の世代の可能性を損なうことなく、現在の世代の要求も満足させるような開発として持続可能な開発（sustainable development）の重要性が指摘されました。その後、「持続可能な開発」の概念は世界中で広く知られるようになり、EC（欧州共同体）委員会は、「都市環境に関する緑書」（1990）の中で持続可能な開発を具現する都市モデルとして、コンパクトな都市形態を推奨しました。

　ここで重要とされるのは環境、経済、社会の 3 つの要素のバランスです（図 13・1）。この 3 要素は持続可能な発展を支える「トリプル・ボトムライン」とも呼ばれています。持続可能な社会を形成するには、豊かな環境や限りある資源を守り、経済的発展による恩恵を享受しつつ、貧困や教育などの人間の社会的側面を充実させることが重要です。2015 年には、国連は「持続可能な開発のための国際目標」として SDGs（Sustainable Development Goals）を掲げ、17 のグローバル目標を提示しました。その中で持続可能な都市と直接的に関係しているのは 11 番目の目標「住み続けられるまちづくり（Sustainable Cities and Communities）」です。そこでは、「包摂的で安全かつ強靱（レジリエント）で持続可能な都市及び人間居住を実現する」としています。

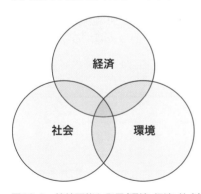

図13・1　持続可能な発展（環境、経済、社会）

2 コンパクトシティ

　これまでの過密解消、環境改善、コミュニティ維持などの都市計画の課題に加えて、将来に向けての持続可能性が重要な項目として位置づけられるようになりました。特に 1990 年代以降、環境負荷低減のための持続可能な都市モデルとして集約型都市構造「コンパクトシティ」が注目され、各国でその実現

に向けた政策が実施されていま
す。コンパクトシティとは、「生
活に必要な機能を中心部に集約
し、適度な人口密度を保ちつつ、
人と環境に優しい持続可能な都
市構造」を指します。コンパク
トシティでは無秩序に郊外に向
けて低密な市街地が拡大するの
ではなく、市街地を一定の密度

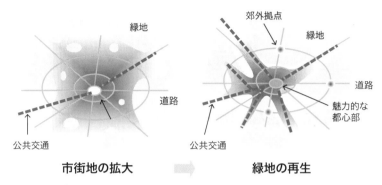

図13·2　コンパクトシティの概念図

に保ちながら、公共交通を活用して歩いて暮らせるまちづくりを目指しています。

　コンパクトシティは要約すると、次のような特徴を有しています。

　①高い居住と就業などの密度（一定以上の密度）

　②複合的な土地利用の生活圏（用途混在）

　③自動車だけに依存しない交通（非車依存）

　④多様な居住者と多様な空間（多様性）

　⑤独自な地域空間（歴史・文化）

　なお、自動車中心の郊外住宅開発に対する批判から、1980年代後半にアメリカで提唱されたニューアーバニズム（new urbanism）や、1990年代初頭にイギリスで始まった公共交通を優先し職住近接の生活を想定したアーバンビレッジ（urban village）も類似した概念です。日本においては、環境に優しいまちづくりに加えて、人口減少社会に対応するため市街地を賢く縮退（smart shrink）させ、財政的にも維持管理できる都市への誘導をすることが、コンパクトシティ政策の導入における大きな目的となっています。人口増加期は郊外の緑を侵食しながら市街地が広がりました。人口減少期は郊外から緑地の再生が始まり、郊外拠点を育成しつつ、人口規模に見合った都市規模へと緩やかに誘導することが大切です（図13·2）。また、その際には生活の質（QOL；quality of life）を高めつつ、都市の成長管理をすることが重要となります。

3 都市モデルの系譜

　その時代の都市問題を解決するために提案された都市モデルは、その後の都市モデルに影響を与えながら変化してきました。都市モデルは多面的な特徴を有しているため、その系譜は必ずしも一般化されたものではありませんが、コンパクトシティと関連するモデルを整理すると図13·3のように表すことができます。コンパクトシティという用語の初出は、ダンツィッヒ（Dantzig）らによる著書 "Compact City（1973）" で示された円形都市です。ここでは2次元に広がった都市に対して、3次元の多層の都市モデルによって都市活動の効率化を提案しています。一方で、持続可能な都市モデルとしてのコンパクトシティは、1987年のブルントラント報告を起源としています。後述するネットワーク型コンパクトシティは、環境に優しい持続可能な都市モデルの理念を引き継ぎ、公共交通によって街を再編する公共交

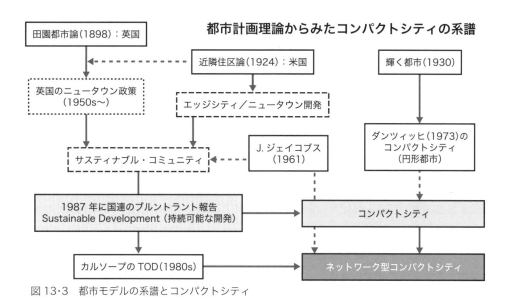

図 13・3　都市モデルの系譜とコンパクトシティ

通指向型開発（TOD）などを手法として構築される都市モデルです。

2 公共交通とまちづくり

　公共交通を軸としたまちづくりを考えるうえで、公共交通とまちづくりの関係を理解する必要があります。ここでは、日本発祥の鉄道沿線開発モデルと、自動車依存が高まったアメリカから提案されて世界に広まった公共交通指向型開発を解説し、人口減少社会において日本が政策として掲げる都市モデルを紹介します。

1 鉄道沿線開発モデル

　我が国における鉄道沿線のまちづくりの歴史を振り返ると、最初に積極的に事業展開したのは、国有鉄道ではなく大都市の民間鉄道でした。それは、国有鉄道は日本全国をむすぶ幹線輸送を主な役割としており、都市内の通勤交通の輸送はもっぱら私鉄がその役割を担ってきたからです。

　日本ではじめて鉄道事業と開発事業を一体的にとらえたビジネスモデルを構築したのは、箕面有馬電機鉄道（のちの阪急）社長の小林一三（1873 ～ 1957）でした。小林は大阪都心から約 20km の郊外駅の周辺の土地を鉄道敷設前に造成し、鉄道開業直後の 1910 年から宅地分譲を開始しました。環境が悪化していた都心部に対して、郊外居住による健康的なライフスタイルの提案は、時代のニーズに適合し宅地分譲は大成功しました。一方、東京の鉄道沿線に計画的に都市をつくろうとした渋沢栄一（1840 ～ 1931）は、田園都市株式会社（のちの東急）を設立し、1923 年に最初の路線が開通しました。大阪で始まった鉄道沿線開発モデルは、その後、主要私鉄の郊外開発を促すとともに、民間による鉄道ネットワークの構築に大きく貢献しました。

鉄道沿線開発モデルの特徴
は、単なる駅前開発ではなく鉄
道沿線全体の効率化を前提にビ
ジネスモデルが構築されている
ことです（図13・4）。鉄道事業
の課題は、朝のピーク時に都心
方向だけが混雑するという交通

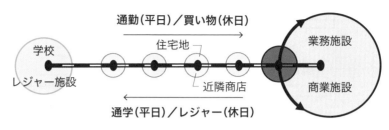

図13・4　鉄道沿線開発モデルの概念

需要の偏りにあります。そこで、都心と郊外を結ぶ路線に対して、郊外部に工業団地、大学やレジャー
施設を誘致することで、都心とは反対方向の需要をつくり出しました。また、通勤利用が少なくなる休
日の鉄道利用を確保するため、都心のターミナル駅では大型商業施設（デパート、百貨店等）を建設し
ました。これによって、平日の通勤交通だけでなく、休日の買物交通も鉄道の利用者として生み出すこ
とで、鉄道経営を安定化させています。

2 公共交通指向型開発

　20世紀後半になると、行き過ぎた自動車依存社会への反省から、世界各地で公共交通の復権が始まり
ます。1990年代に入り、ニューアーバニズムの先駆者でもあるピーター・カルソープは、公共交通指向
型開発（TOD；Transit Oriented Development）の概念を提唱しました。TODとは「駅と中心商業地か
らの平均歩行距離が約600mの範囲内に開発された複合的コミュニティ」です。そのコンセプトは「戦
略的に公共交通システム沿いに、補完的な公共施設、業務施設、店舗、サービス関連施設と併せて、中
高密ないし高密度のハウジングを複合的に開発すること」です（図13・5）。TODの特徴は次のようなも
のです。

・地域レベルの成長をコンパクトで公共交通優先型のものに計画する。
・商業施設、ハウジング、業務施設、公園、公共施設を公共交通の駅から徒歩で行ける範囲に配置する。
・地区内の目的地を直接つなぐ歩行者に配慮した街路ネットワークづくりをする。
・種類、密度、価格ともに多様なハウジングを供給する。
・壊れやすい生態系や水辺を守り、貴重なオープンスペースを供給する。
・建物の軸線や近隣地区のアクティビティの中心に公共空間を配置する。
・既存の近隣地区内を通る公共交通路線に沿ってインフィル開発（既存施設を活用した開発）や再開
　発を促進する。

　TODの特徴の中で3Ds（密度；Density、多様性；Diversity、デザイン；Design）に着目して、移動
需要との関係を調べた結果、コンパクトで多様性に富み、歩行を中心とした地域を創出することが、自
動車への過度の依存を変えることに効果があるとわかりました。このように、行き過ぎた車社会への反
省と、衰退した都心再生の期待の中で、TODのコンセプトは世界各地に広がりを見せ、トラムをはじめ
とした公共交通の再生を伴って、様々な開発事例が誕生していきます。

　日本で発展した鉄道沿線開発モデルと海外から提案されたTODはどう違うのでしょうか。鉄道沿線

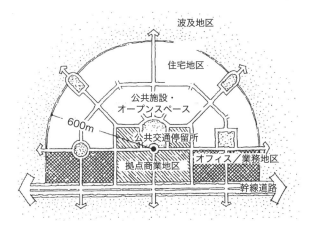

図13・5　TODの概念図
(出典：ピーター・カルソープ著、倉田直道・倉田洋子訳『次世代のアメリカの都市づくり』学芸出版社、2004)

開発モデルは、モータリゼーション前の車の影響が少ない時期におけるビジネスモデルであり、TODは自動車依存社会の中で公共交通の復権と徒歩を中心としたコミュニティの再生を狙ったモデルです。鉄道沿線開発モデルは鉄道事業者が、宅地開発と鉄道事業を組み合わせて実施するので、開発利益は鉄道事業者に帰着します。そのため、民間企業が事業採算性を確保しながら鉄道整備をすることができます。一方で、TODによる利益還元の割合は、主に公的主体が運営する鉄道事業者と、駅周辺開発の事業者の契約の内容に基づきます。そのため鉄道事業だけで独立採算をあげることは厳しく、鉄道建設や運営にかかる費用は広く税金等から補填されることが多く、したがって社会的コンセンサスが重要となります。

3 コンパクト・プラス・ネットワーク

　人口減少や高齢化が進行する中で、地域の活力と生活機能を維持するためには、コンパクトなまちづくりを進めつつ、拠点間の相互を連携することが重要となります。2014年に公表された「国土のグランドデザイン2050」の中では、2050年を目指した国土づくりとして「コンパクト・プラス・ネットワーク」のキーワードが掲げられました。

　人口減少社会において、人口規模に合わせて市街地を緩やかに縮退させるためには、集約と連携がカギとなります。集約によって生産性の機能強化を図りつつ、足らない機能を他のエリアと連携することで補います。このような「都市の中の多様な魅力を複数の拠点に集約（コンパクト化）し、それを利便性の高い公共交通を中心とする多様な交通手段で連携（ネットワーク化）した都市」のことを、ネットワーク型コンパクトシティと呼びます。自治体によって集約連携型、拠点連携型、多核連携型のコンパクトシティとも呼称されますが同様の概念です。地形的な制約が強い場合は市街地がすでにまとまっているため、1か所に集約するコンパクトシティが提案されることがあります。しかし、地形的な制約が弱い場合やすでに広範囲に市街地が拡大した地域では、郊外からすべて撤退することは現

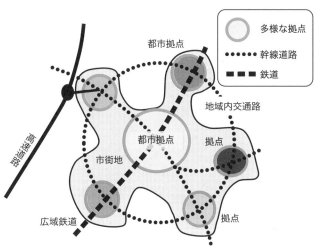

図13・6　ネットワーク型コンパクトシティの概念図

実的ではありません。このような地域においては、都市内の複数の拠点を育成することによる、クラスター型（ブドウの房のような形）の都市構造が提案されています（図13・6）。これがネットワーク型コンパクトシティの原型となります。

3 持続可能な都市構造を誘導する都市計画制度

　持続可能な都市構造へと都市を誘導するためにはどうすれば良いのでしょうか。日本の都市計画の基本的な方法は、将来の望ましい都市の姿を都市計画マスタープランとして描き、それを実現するために、直接的に公共介入する手法として都市計画事業を行うことです。また、望ましい土地利用を容積率や用途地域などで示した土地利用規制は、緩やかに都市の形を変える間接的な公共介入と言えます。人口増加期に急速に拡大する都市に対して、これまでの制度は有効に機能してきました。しかし、人口減少期にコンパクトな街を形成するためには、従来の制度が十分に活用できないケースが出てきました。そこで、様々な政策を組み合わせた分野横断的な新たな立地誘導策が必要となっています。

　ここでは、土地利用政策と公共交通政策の一体化を図る、「コンパクト・プラス・ネットワーク」のまちづくりにおける計画制度について解説します。

1 立地適正化計画

　郊外に拡大した市街地を適正な規模に集約するためには、まず住民合意の上で集約するエリアを決めなくてはなりません。そこで、2014年に都市再生特別措置法を改正して、住宅および都市機能の立地の適正化を図るため、立地適正化計画を作成することができるようになりました。具体的には、市町村が立地適正化計画を策定し、従来の市街地（市街化区域）の中に、都市機能（福祉・医療・商業等）を誘導する区域（都市機能誘導区域）と、居住を誘導し人口密度を維持する区域（居住誘導区域）を設定し、都市のコンパクト化を推進しています（図13・7）。一方で、従来の都市は河川や海岸など低地を中心に広がってきたため、浸水や津波、土砂災害などのリスクの高い災害ハザードエリアを含んでいる地域が多く見られます。今後、頻発・激甚化する自然災害に対応するため、居住誘導区域の設定においては災害危険区域などの災害レッドゾーンを原則除外することが求められています。

　実際の立地適正化計画の策定においては、上位計画として都市計画マスタープランを踏襲しつつ、都市の現状把握や将来推計などを行い、将来における望ましい都市像を描きます。そのうえで定期的に計画の達成状況を評価して、状況に応じた見直

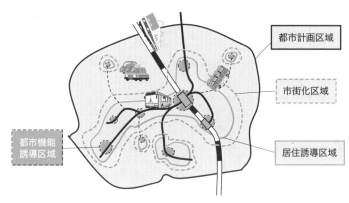

図13・7　立地適正化計画制度のイメージ図

しをするなどの時間軸をもったアクションプランとすることが重要です。なお、誘導区域内の施設は税財政および金融上の支援措置や、土地利用の規制緩和などが受けられます。これまでの都市全域を見渡した市町村マスタープランの高度化版ともいえます。

2 地域公共交通計画

　土地利用と交通は相互関係にあります。土地利用を変えると交通の流れが変化し、新たに交通施設を整備すると土地利用が変わります。つまり、コンパクトな都市構造へと誘導し、市街地の密度を上げると、そのエリアの交通需要が増加します。そのまま放置すると渋滞が発生するため、多くの交通需要を効率的に捌くことができる公共交通を導入することが重要となります。また、魅力的な公共交通を導入できれば、その周辺の土地需要が高まり、拠点を形成することができます。

　2014年に地域公共交通活性化再生法が改正され、地方公共団体が中心となり「地域公共交通網形成計画」を作成することができるようになりました。この計画は、地域にとって望ましい公共交通網のあり方を示した「マスタープラン」の役割を果たすもので、先述した立地適正化計画と対となって効果を発揮するものです。その後、2020年の法改正に伴い、従来の地域公共交通網形成計画に代わる新たな法定計画として「地域公共交通計画」の作成が努力義務化されました。この計画を具現化するために「地域公共交通特定事業」があります。例えば、従来の公共交通を再編するためには「地域公共交通利便増進

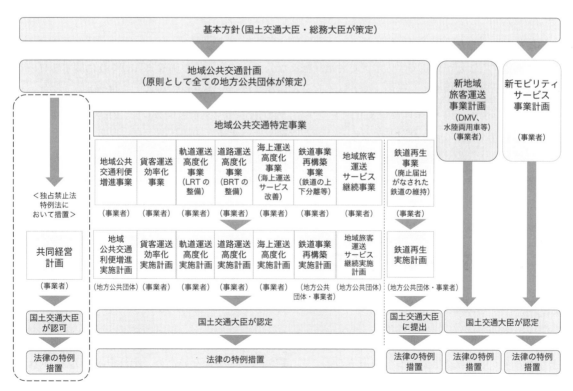

図13・8　地域公共交通計画；活性化再生法改正に基づく計画制度の体系
(出典：国土交通省『地域公共交通計画等の作成と運用の手引き』2020年11月（一部省略）[12])

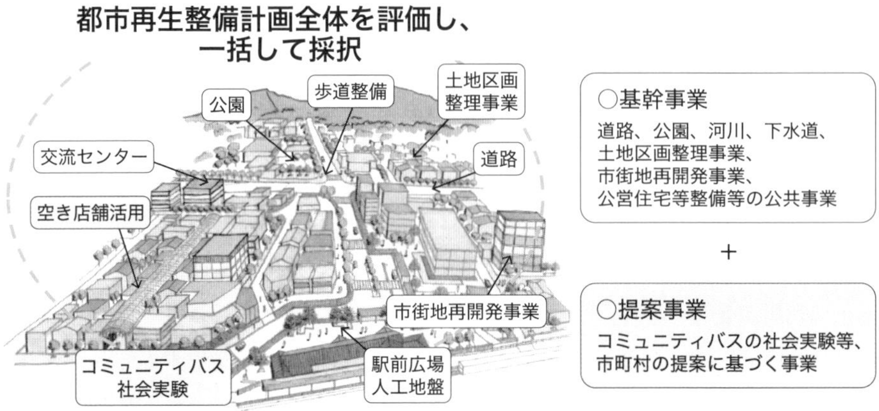

図 13·9　都市再生整備計画
(出典：国土交通省都市局市街地整備課『都市再生整備計画事業等による支援について』2019 年 5 月 [13])

事業」、次世代型路面電車（LRT）を整備するためには「軌道運送高度化事業」があり、国による認定を受けた事業は、関係法律の特例による支援措置を受けることができます。また、MaaS（p.228）の円滑な普及促進など、情報通信技術と交通の組合せによる利便増進に向けた「新モビリティサービス事業」が創設されました。これらの関係を図 13·8 に示します。

3 都市再生整備計画

　都市を再生するためには、各種事業をバラバラに実施するのではなく、ハード事業やソフト事業を総合的に実施することが重要です。市区町村は、様々な公共公益施設の整備やまちづくりに関するワークショップ等のソフト事業を一体的に盛り込んだ「都市再生整備計画」を定めることができます。これは都市再生特別措置法第 46 条に基づく計画であり、この計画に基づく事業に対して、国は社会資本整備総合交付金を市区町村に一括交付してまちづくりを支援しています。

　交付の対象はハード事業（道路、公園、区画整理、人工地盤、センター施設、景観整備等）からソフト事業（社会実験、空き店舗活用等）まで幅広く、地区単位で一括交付し、地区内の配分は、公共団体の裁量で決めることができます（図 13·9）。

4 新たな交通とまちづくり

1 新たな交通機関の開発と普及

　交通技術の近年の大きな進歩の 1 つは車両の動力源が、ガソリンを用いた内燃機関から電気をエネルギー源とする電動機へと変化しつつあることです。内燃機関を持たないため、走行中の CO_2 や NOx などの有害物質の排出がなく、環境に優しい乗り物として各国でその普及が推奨されています。将来的にはガソリンで走る車を大幅に減らす目標が世界各地で掲げられ、すべての車両を電気自動車（EV）など

超小型モビリティ
「キックスクーター」

パーソナルモビリティ
「セグウェイ」

自動運転バス
「NAVYA ARMA」

次世代型路面電車システム
LRT

図 13・10　多様な次世代交通

の電動車に転換する政策が進められています。技術革新のもう1つの特徴は車両の小型化にあります。現在の自家用車利用のほとんどは1、2名の少人数で、かつ短距離移動が主となっています。そこで、新たな1人乗りの小型の移動支援機器としてパーソナルモビリティ（personal mobility）が実用化されました。また、パーソナルモビリティより小型軽量かつ低速で、主として短距離移動の補助となる機器を超小型モビリティ（micromobility）と呼びます。従来から普及していた自転車の共有システムや電動自転車、あるいは電動キックスクーターなどがあり、世界各地の都心部を中心に短距離移動を支援する共有システムとして導入が進んでいます（図 13・10）。

このような多様な交通手段が開発され普及する中で、最も期待を集めている新技術として自動運転技術が挙げられます。ヒューマンエラーによる交通事故の減少や、運転タスクから解放されることでの移動時間の有効活用など、自動車の優位性をさらに高める技術といえます。自動運転車（autonomous car）の自動化レベルは、米国自動車技術者協会の定義（SAE J3016）によるとレベル0から5までの6段階に分類されています。

- ・レベル0（運転自動化なし）：運転手がすべてのタスクを実施
- ・レベル1（運転支援）：システムが走行の前後（加減速）・左右（ハンドル操作）のいずれかのタスクを実施
- ・レベル2（部分運転自動化）：システムが走行の前後・左右の両方のタスクを実施
- ・レベル3（条件付運転自動化）：自動運転だが、システムが要請したときは利用者が応答
- ・レベル4（高度運転自動化）：限定領域において自動運転
- ・レベル5（完全運転自動化）：すべてのエリアで自動運転

なお、2020年時点でレベル3までの車両は市販されていますが、レベル4以上の自動運転車の普及には自動運転技術のさらなる進展のほかに、関連する法制度の整備や保険制度の見直し、道路などのインフラ側の対応も必要となります（p.229）。

また、都市内の公共交通も従来のバスや路面電車から、快速バスシステム（BRT）やLRTなどの次世代公共交通へと進化しています。このような新しい交通手段は、道路交通の円滑化や交通安全への寄与、あるいは環境負荷を削減することに加えて、高齢者などの交通弱者の生活の足として活躍することが期待されています。

2 新たな交通システムの展開

　情報技術（IT）を高度に活用した高度道路交通システム（ITS）とは「最先端の情報通信技術を用いて、人と道路と車両とを情報でネットワークすることにより、道路交通問題の解決を目的に構築する新しい交通システム」のことです。これまでの車両を中心とした技術開発に加えて、人や道路と情報の受発信を行う点に特徴があり、各国で実用化が進んでいます。

　また、情報通信技術（ICT）の発展はシェアリングビジネスを活性化させ、利用者同士の相乗り（ride-share）や、利用者の要請に応じて自家用車を配車させる送迎サービス（ride hailing）を生み出しました。特に Uber や Lift などの交通ネットワーク企業（TNC；transportation network company）の出現は交通分野に大きな影響を与えています。国によっては自家用車による送迎サービスは許可されていませんが、従来の公共交通より簡便かつ柔軟なサービスを提供できるため利用者は急増し、既存のタクシーや公共交通の利用者が大幅に減少するなど、都市の交通環境を変化させました。

　さらに、ICT の普及はこれまで独立して提供されていた交通サービスにも大きな変革を促しています。自家用車以外の多様な交通機関を ICT でシームレスに連携させて、1 つの交通サービスとして提供する概念は MaaS（Mobility as a Service）と呼ばれています。利用者はスマートフォンなどで多様な交通機関の検索や予約、決済ができ、一定の地域内では自由に何度でも定額で利用できる点が特徴です。2016 年にヘルシンキ（フィンランド）で始まり、MaaS の概念は世界に広まりました。なお、MaaS はモビリティサービスの統合の度合いやその機能から、レベル 0（統合なし）、レベル 1（情報の統合）、レベル 2（予約と支払いの統合）、レベル 3（提供するサービスの統合）、レベル 4（社会全体目標の統合）に分類されています（図 13・11）。

　また、今後の自動車業界において技術開発の中心となる領域は、Connected（コネクテッド）、Autonomous（自動運転）、Shared & Services（シェアリング）、Electric（電動化）の頭文字をとって CASE と呼ばれています。交通機関自体の進化とそれを支えるシステムの高度化が組み合わされて、新しい移動のスタイルが提供されつつあります。

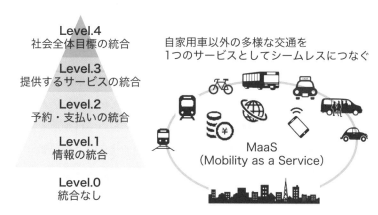

図 13・11　MaaS の概念とレベル

3 次世代交通と都市構造

　今後、普及する多様な次世代交通は都市計画の中でどのような役割を果たすべきでしょうか。何もしないで、市場に任せておくとモビリティの進化は低密拡散型の都市を促進するかもしれません。持続可

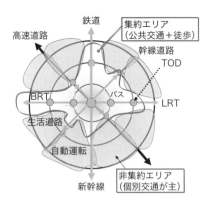

図 13・12　コンパクトシティと交通体系

能な都市としてコンパクトシティを目指すなら、従来からの交通手段と新しい交通手段を上手に組み合わせた交通体系を構築することが極めて重要です。組み合わせ方は地域の特性によって異なりますが、図 13・12 に LRT や自動運転車などの次世代交通を含めた、コンパクトシティの交通体系のイメージを示します。まずは、中心部から郊外に向けて利便性の高い公共交通を整備して、歩いて暮らせるまちづくりを進めます。徒歩圏を中心に日常生活に必要な機能を集約させ、離れた場所への移動には速達性、定時性を確保した LRT や BRT あるいは自動運転バスを導入します。一方で、都心から離れた郊外では、緑豊かな低密な地域が広がります。ここでは自転車を中心として、パーソナルモビリティや自動運転車がドアツードアの柔軟なサービスを行います。集約エリアと非集約エリアがお互いのバランスを保ちつつ、豊かな生活環境を創造することで、持続可能な都市構造へと誘導していくことができます。

　もちろん都市には様々な特徴があり、人口規模や地形だけでなく歴史や文化も異なります。その都市に適した交通体系を考える際に、これから導入が始まる次世代交通も一緒に考えることが重要です。

4　自動運転に対応した都市施設の整備

　自動運転車の普及においては、交通体系の中での役割を考えることに加えて、それを支える道路などの都市施設も適切な対応が求められます。例えば、道路上に延びた草木、あるいは路上駐車や自転車や歩行者などの検知と回避など、人間のドライバーだと簡単に判断できるものが、自動運転だと難しいケースが多くあります。さらに、都市計画から見ると自動運転車の乗降環境や駐車環境も重要となります。なぜなら走行環境は自動運転技術の進歩で解決可能ですが、乗降場や駐車場は都市施設側で整備する必要があるからです。これまで自家用車を利用する際は出発地の近くの駐車場で乗車し、到着地に近い駐車場で下車していました。しかし、レベル 4 以上の自動運転車は、最寄りの駐車場から自動で配車され、下車後は自動的に駐車場に向かうことが可能です。また、自動運転車両をシェアしている場合は、車両は次の乗車地点まで自動的に配車されます。いずれの場合も駐車場は目的地の近傍に用意する必要はなく、駐車場容量も縮小することができます。代わりに、目的地の近くに適切な乗降場が必要となります。

図 13・13　幹線街路の将来イメージ

道路交通法で交差点近傍や横断歩道、バス停付近などの乗降は禁止されているため、自動運転車に合法的に乗降するためには、車道と歩道との間の路肩（curbside）を見直し、駐車帯などを設置する必要があります。あるいは、多くの人が乗り降りするためには敷地側に車寄せを用意することが重要となります。図 13・13 は道路の路肩部分を自動運転車の乗降や、物流車の荷捌きなど柔軟な利用ができるように改善したも

のです。いずれも現在の都市にはほとんど整備されていないため、早めに整備を始めないと自動運転の普及に間に合わなくなります。

5 交通まちづくりの課題

　交通から街を再生する取組みを交通まちづくりといいます。都市構造の再編に向けた交通まちづくりを行う上で、重要な3つの課題を紹介します。それは市民との将来ビジョンの共有、都市の多様な計画との連携性、そして着実に進めるための実行性です。

①将来ビジョンの共有

　交通まちづくりは都市計画の一部であり、最も重要なのは将来どのような都市にすべきかを議論して、将来ビジョンを描くことにあります。作成された将来ビジョンは市民と共有された理想像であり、その実現には長い年月が必要となります。都市全体に関わる場合は、法的な行政計画である総合計画や都市計画マスタープランとして位置づけ、その改定は市民、行政、専門家を含めた合議の上で行います。また狭域のエリアでビジョンを作成する場合は、地域住民や地元商店街などが主体的に関与して、計画立案することが大切です。

②計画間の連携性

　都市には様々な計画が存在しています。上位の総合的な計画から下位の個別の実施計画までの計画間の連携を図ることが重要となります。都市計画に関係する計画だけでも、中心市街地活性化計画、空き家再生計画、道路改良計画、産業振興計画など多岐にわたります。分野が異なると管理主体も異なり、場合によってはトレードオフの関係になっているものもあります。例えば、産業振興のため郊外部に大型商業施設を誘致したい部局と、中心市街地活性化のためそれを抑制したい部局などがあります。交通まちづくりを進めるうえでは、このような計画間の相互関係に留意しながら立案し、進捗状況に応じて優先順位を付けるといった、時間軸でのマネジメントが必要です。

③計画の実行性

　理想像を追い求めると兎角、計画が絵に描いた餅に陥る危険性が高くなります。特に現実とかけ離れた理想像を追求する場合は、多額の費用や長い年月を要します。計画に実現の兆しが見えないと、関係者の意欲は低下し、計画自体が消滅する可能性も高くなります。これを回避するためには実現性が高い計画と低い計画を組み合わせるなどの工夫が必要となります。階段を少しずつ昇るように、計画にもステップを用意して、徐々に目標像に近づくロードマップを作成することが重要です。収益性の高い場所や、住民や関係者と合意がとれる場所から順次実施するなど、「できるところから実施」する思想も必要となります。また、その際にまずは社会実験として実施するなど、住民や関係者との対話を続けつつ、トライアンドエラー（試行錯誤）を繰り返すことも重要です。

計画事例 1　ネットワーク型コンパクトシティ（宇都宮市）

①計画策定の背景と経緯

　宇都宮市は人口 52 万人（2020年）の中核市で、自動車依存度が極めて高い都市の１つです。その宇都宮がコンパクトシティ政策に本格的に取り組み始めたのは 2008 年です。まず、市の最上位計画である総合計画（第五次）を策定し、将来の都市像として「ネットワーク型コンパクトシティ」を掲げました。また、総合計画の改定に呼応して、宇都宮市都市計画マスタープラン（2009 年、2019 年改訂）を策定

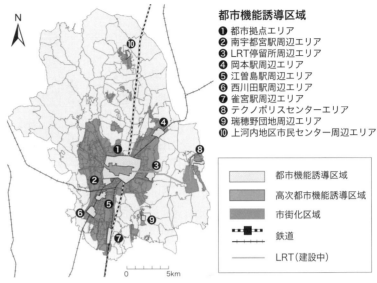

都市機能誘導区域
❶ 都市拠点エリア
❷ 南宇都宮駅周辺エリア
❸ LRT停留所周辺エリア
❹ 岡本駅周辺エリア
❺ 江曽島駅周辺エリア
❻ 西川田駅周辺エリア
❼ 雀宮駅周辺エリア
❽ テクノポリスセンターエリア
❾ 瑞穂野団地周辺エリア
❿ 上河内地区市民センター周辺エリア

- 都市機能誘導区域
- 高次都市機能誘導区域
- 市街化区域
- 鉄道
- LRT（建設中）

0　　　5km

図 13・14　立地適正化計画と公共交通網（宇都宮市）

し、その中で不足する公共交通ネットワークの拡充として、東西基幹公共交通（LRT 等）の導入を位置づけました。さらに、それに対応して宇都宮市都市交通戦略（2009 年、2019 年改訂）が策定されるなど、上位計画から下位計画までが一貫となり土地利用と交通の整合性を図っています。

②計画策定後の展開

　計画は策定しただけでは市民に伝わりません。宇都宮市は 2015 年に、市民や事業者などへ計画の意図をわかりやすく示すため「ネットワーク型コンパクトシティ形成ビジョン」を定め、将来の目指すべき都市像や具体的な施策、推進体制について説明しています。また、計画で示された公共交通の基本的な考え方は、都心から放射方向の幹線系公共交通と、地域内を循環する支線系公共交通を組み合わせることで市内全域に公共交通サービスを提供することにあります。2017 年には立地適正化計画を策定し、設定した 10 か所の都市機能誘導区域のうち 8 か所は鉄道駅周辺および LRT 沿線とすることで、公共交通ネットワークとの連携を進めています（図 13・14）。

　我が国で初めての全線新設となる LRT は、2016 年に都市計画決定され、2018 年に工事施工認可を受けて建設が開始しました。また、2019 年にはホテルやコンベンションセンターなどを含む宇都宮駅東口地区整備事業の事業契約が締結され、2022 年の開業に向けて工事が進んでいます。ネットワーク型コンパクトシティの実現には、ネットワーク化とコンパクト化の 2 つの事業が両輪となって進むことが重要です。宇都宮市では公共交通ネットワークの強化として、東西基幹公共交通（LRT）の整備を進めつつ、拠点の強化として宇都宮駅東口への機能集積を実施しています。さらに、2020 年には宇都宮スマートシティモデル推進計画を策定し、現実空間（フィジカル空間）の整備に合わせて、ICT を活用した仮想空間（サイバー空間）の整備を官民協働で進めています。

お団子と串の都市構造（富山市）

①富山市が目指す都市構造

　富山市は人口41万人（2020年）の自動車依存度の高い中核市の1つですが、鉄軌道をはじめとする公共交通を軸とした拠点集約型のコンパクトなまちづくりを進めている都市です。北陸新幹線の建設に伴ってJR富山港線を廃線として、2006年に日本で初めてLRTが導入されました。その後、2009年には中心市街地に富山地方鉄道富山都心線が開業し、2015年には北陸新幹線（長野 - 金沢間）が開業しました。新幹線の整備により高速な都市間移動を実現する一方、都市内では鉄道、路面電車、LRT、

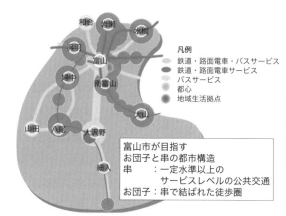

図13・15　お団子と串の都市構造（富山市）
（出典：富山市『富山市都市マスタープラン』2019年3月）

バスなどの公共交通ネットワークを拡充しつつ、「お団子と串」と呼ばれる都市構造を目指しています。
　一般的に目指すべきコンパクトな都市構造は大きく2つに分けることができます。1つは都心部を中心に同心円状に密度が低くなる一極集中型と、もう1つはブドウの房のような形をしたクラスター型の都市構造です（p.224）。富山型のコンパクトなまちづくりが目指すのは、一定レベル以上のサービスレベルをもつ公共交通（串）と、串で結ばれた徒歩圏（お団子）からなる後者のタイプの都市構造です（図13・15）。
　つまり、鉄軌道やバスなどの公共交通の活性化を図るとともに、徒歩圏（お団子）を公共交通（串）でつなぐことにより、自動車を自由に使えない市民も、日常生活に必要な機能を享受できる生活環境を形成することを目指しています。なお、市民生活や都市活動を営む上で利便性が高い区間として、1日あたりの公共交通の運行本数が約60本／日以上（朝夕のピーク時において片道15〜20分に1本以上、昼間時において片道30分に1本以上）の区間を「公共交通軸」として設定しています。また、鉄道駅から概ね500m、バス停から300mの範囲を徒歩圏として居住を推進する地区を設定しています。

②計画策定後の展開

　富山市の中心市街地の人口は、2008年から転入超過を維持しています。お団子と串の都市構造への転換をさらに進めるために、2016年に地域公共交通網形成計画が、2017年に立地適正化計画が策定されました。これによって交通と土地利用が連携したコンパクトなまちづくりの実現を目指しています。また、2020年には富山駅を境として南北に分断されていた路面電車が相互に接続するなど、確実に公共交通ネットワークの拡充と都心活性化のまちづくりが進められています。

交通まちづくりの海外事例

①世界で取り組まれる交通まちづくり

　交通まちづくりは、日本では1990年代後半から盛んになっています。これは、望ましい生活像の実現

を通して、暮らしやすいまちを構築する価値創造型のまちづくりに貢献する交通計画でもあります。一方で世界の都市を見ると、早くから交通から街を再生した事例が多く見られます。このような動きは、郊外商業施設の拡大と都心商店街の衰退が顕在化した1970年代頃から世界各地で活発化しています。行き過ぎた自動車依存社会を見直し、人と環境に優しい社会へ戻すための試みともいえます。都心部への車の流入規制や、公共交通と歩行者を優先させるトランジットモールなど、どれも中心市街地の活性化を目的とした政策です。そこでは車の利便性をあえて制限することで、街なかの歩行空間と賑わいを取り戻そうとしています。

　例えば、1970年代から自動車交通の削減を目標とした都市として、ドイツのフライブルクが挙げられます。都心部をトランジットモールとして歩行者に開放し、市街地のほとんどの場所から500m以内でトラムの駅に行くことができる都市となっています。同時期にアメリカのポートランドも自動車政策から公共交通政策に方針を転換し、トランジットモールをはじめ数々の交通政策を都心部に取り入れて、まちづくりに成功した都市として有名になりました。また、南米ブラジルのクリチバでも、1970年代にすでに都心部での歩行者専用道路や、バス交通を中心とした公共交通ネットワークを整備しています。クリチバでは特に5つの都市軸を設定し、BRTに合わせたコリドー型開発によって集約型の都市構造を構築した点に特徴があります。1980年代に入るとフランスでも公共交通の見直しが活発化しました。中でも注目されているのはストラスブールです。1994年に完成したトラムとアーバンデザインが融合し、歩いて楽しい街づくりの見本となっています。

②各都市での成果

　各都市とも、計画当初は様々な意見がありました。自動車に大きく依存した社会において、自動車の利用を抑制する計画は、人々の生活行動を変化させるため、市民や商業者の根強い反対にも遭いました。しかし、どの都市でも計画が実現すると街なかでの歩行者数が増加し、商店街の売り上げが伸び、中心市街地の活性化に大きく寄与しています。特に都心部に自動車の進入を抑制した街並みは劇的に変化しました。事業の実施から数十年を経た各都市の街路の景観を見ると、クルマに過度に依存しない新たな日常が人々の生活に根付いていることがわかります（図13・16）。

フライブルク（ドイツ）(2005年撮影)

ポートランド（米国）(2003年撮影)

ストラスブール（フランス）(2005年撮影)

クリチバ（ブラジル）(2013年撮影)

図13・16　交通まちづくりの事例

■ 演習問題 13 ■　次の問に回答してください。

（1）日本におけるコンパクトシティの特徴を挙げてください。

（2）公共交通指向型開発とはどのようなものか解説してください。

（3）地方都市を 1 つ取り上げ、その都市で定められたコンパクトシティを形成するための都市計画
制度について調べてください。

（4）人と環境に優しい交通とそれに適合したまちづくりについて解説してください。

参考文献

1）　World Commission on Environment and Development, *Our Common Future*, Oxford University Press, 1987

2）　欧州委員会（EC）『都市環境に関する緑書』1990

3）　海道清信『コンパクトシティ　持続可能な社会の都市像を求めて』学芸出版社、2001

4）　林良嗣・土井健司・加藤博和＋国際交通安全学会 土地利用・交通研究会『都市のクオリティ・ストック　土地利用・緑地・交通の統合戦略』鹿島出版会、2009

5）　高松良晴『東京の鉄道ネットワークはこうつくられた　東京を大東京に変えた五方面作戦』交通新聞社、2015

6）　矢島隆・家田仁編著『鉄道が創りあげた世界都市・東京』計量計画研究所、2014

7）　ピーター・カルソープ著、倉田直道・倉田洋子訳『次世代のアメリカの都市づくり　ニューアーバニズムの手法』学芸出版社、2004

8）　Robert T. Dunphy, Robert Cervero, Frederic C. Dock, Maureen McAvey, Douglas R. Porter, Carol J. Swenson, *Developing Around Transit: Strategies and Solutions That Work*, Urban Land Institute, 2004

9）　George B. Danzig and Thomas L. Saaty, *Compact city: a plan for a liveable urban environment*, W. H. Freeman & Co., 1973

10）森本章倫『交通・安全学　土地利用と交通』国際交通安全学会、2015、pp.21-30

11）国土交通省ウェブサイト「立地適正化計画の意義と役割」（https://www.mlit.go.jp/en/toshi/city_plan/compactcity_network2.html、2021 年 1 月閲覧）

12）国土交通省『地域公共交通計画等の作成と運用の手引き』2020 年 11 月（https://www.mlit.go.jp/common/001374684.pdf、2021 年 1 月閲覧）

13）国土交通省都市局市街地整備課『都市再生整備計画事業等による支援について』2019 年 5 月（https://www.mlit.go.jp/toshi/city/sigaiti/toshi_urbanmainte_tk_000069.html、2021 年 1 月閲覧）

14）Society of Automotive Engineers, *SAE J3016 Taxonomy and Definitions for Terms Related to Driving Automation Systems for On-Road Motor Vehicles*, 2018.6

15）Jana Sochor, Hans Arby, I. C. MariAnne Karlsson, Steven Sarasini, *A topological approach to Mobility as a Service: A proposed tool for understanding requirements and effects, and for aiding the integration of societal goals*, 1st International Conference on Mobility as a Service, Tampere, Finland, 2017

16）深尾三四郎『モビリティ 2.0』日本経済新聞出版社、2018

17）Akinori Morimoto, *City and Transportation Planning: An Integrated Approach*, Routledge, 2021

18）日高洋祐・牧村和彦・井上岳一・井上佳三『MaaS　モビリティ革命の先にある全産業のゲームチェンジ』日経 BP 社、2018

19）富山市『富山市都市マスタープラン』2019 年 3 月

14章
市民参加のまちづくり

1 市民参加のまちづくりの考え方

1 市民参加のまちづくりの定義

　最近では、多くの地方公共団体において、市民参加のまちづくりの定義や重要性が明示されています。市民参加には、「参加」と「協働」の2つのキーワードがあり、それぞれについて様々な定義が存在します。その一例としては以下のようなものがあります[1]。

> 参加：行政活動に市民の意見を反映するため、行政活動の企画立案から実施、評価に至るまで、市民が様々な形で参加すること
> 協働：市の実施機関と市民公益活動を行う団体が、行政活動について共同して取り組むこと

　上記の定義に基づくと、「参加」は、個人と行政との関係であり、まちづくりの意思決定や責任は依然として行政にあります。それに対して、「協働」は、組織と組織との関係であり、行政と市民が対等な立場で（責任を分担した上で）、意思決定し行動することと言えます（図14·1）。つまり、「参加」と「協働」の決定的な違いは、①関係性と②意思決定および行動に対する責任の所在、の2点と言えます。加えて、多くの地方公共団体において示されている「協働の原則」（表14·1）を踏まえると、協働とは、「行政と市民公益活動を行う団体（市民公益活動団体）のそれぞれが主体となり、対等の立場で、自立した存在として、相互理解と目的共有を図りながら行われる、オープンな活動」と再定義することもできるでしょう。この定義に基づくと、「協働」の取組みが必ずしも時と場所を同じくして行政と市民が活動しなければならないわけではないことも読み取れます。

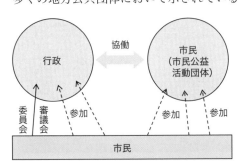

図14·1　協働による地域づくり（イメージ）
（参考：山岡義典「NPOのある社会とは」『月刊ガバナンス』
2004年4月号）

表14·1　協働の原則（出典：横浜市における市民活動との協働に関する基本方針（横浜コード））

原則名	内容
対等の原則	市民活動と行政は対等の立場にたつ
自主性尊重の原則	市民活動が自主的に行われることを尊重する
自立化の原則	市民活動が自立化する方向で協働をすすめる
相互理解の原則	市民活動と行政がそれぞれの長所、短所や立場を理解しあう
目的共有の原則	協働に関して市民活動と行政がその活動の全体または一部について目的を共有する
公開の原則	市民活動と行政の関係が公開されている

2 市民参加のまちづくりの経緯

1960 年代から 1970 年代前半にかけて、四日市コンビナート公害、名古屋新幹線公害、杉並清掃工場建設紛争、武蔵野市における日照権など、交通、都市、建築に関わる様々な問題の噴出を契機に各地で住民運動が頻発しました。自治省（現：総務省）の調査によると、1972 年 10 月〜 1973 年 9 月の 1 年間における住民運動の多くが環境問題関係であったことがわかります（表 14・2）。また、1970 年時点では、環境問題に対する住民運動団体数は 292 団体となっていますが、1980 年時点では 1286 団体にまで増加しています。

表 14・2　住民運動の種類および件数（1972 年 10 月〜 1973 年 9 月）

（出典：昭和 51 年版環境白書）

順位	種類	住民運動件数
1	工場事業場公害	102
2	福祉施策の充実要求	94
3	ごみ、し尿、下水処理施設の設置反対	82
4	学校教育の充実要求	81
5	公共施設の整備要求	76
6	自動車交通規制要求	73
7	家畜公害	69
8	道路拡張新設反対	63
9	高層建築建設反対	62
10	交通安全	62

そのような中で、公害対策基本法（1967 年）や都市計画法（新法）（1968 年）が制定されました。都市計画法（新法）では、市民参加の場として、都市計画審議会や公聴会などが組み込まれています。さらに、1980 年代以降には、「地区計画制度」や「まちづくり条例」、「市町村マスタープラン制度」など市民参加のまちづくりを支援する法制度が制定され、少しずつ「市民反対運動」から「市民参加（参加・協働）」へと行政と市民との関わり方が変化していきます。

1990 年代頃から我が国における社会的情勢が大きく変化し、「市民参加のまちづくり」の必要性を高めていくことになりました。具体的には、①バブル崩壊や少子・高齢化社会の進展に起因する低成長時代への突入（地方財政の逼迫）、②成熟社会の進展による価値観および生活様式の多様化並びに高度化（公共サービス需要の拡大）、の大きく 2 つが挙げられます。つまり、疲弊している財政事情の中で拡大する公共サービスの需要に行政のみで対応することが困難になってきたことが原因と言えます（図 14・2）。また、国の役割の増加（グローバルな競争や急激な社会変化等への対応）と市民社会の成熟化等を

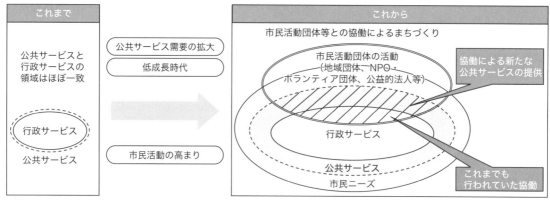

図 14・2　市民参加のまちづくりの必要性（出典：北九州市『北九州市協働のあり方に関する基本方針』）

表14·3　市民参加の意義（効果）（出典：カナダ環境アセスメント庁編『住民参加マニュアル』石風社、1998）

	効果	内容
1	質の高い都市計画や都市デザインの決定	住民意見の反映と熟議を通じて、事業の目的や要求の明確化及び組織化を行い、全体的な意思決定の改善につながる。
2	効果的な事業管理	十分に早い段階で事業の問題を共有して理解を深めることで、全関係者の積極的な行動につながる。
3	費用と時間の節約	早期に住民参加を実施することで市民論争にかかる費用と時間を減らすことができるため、中長期的には費用と時間の節約につながる。
4	円滑な計画の実施	利害関係を有する集団がより高いレベルで決定に参加することで実施が容易になる。
5	最悪の事態の回避	早期に住民参加を実施することで行政が激しい反対者との衝突に直面する確率を減らすことができる。
6	信用と正当性の維持	住民にとって明確で信用でき、しかも関与できる意思決定プロセスに従事することになり、論争を引き起こしそうな決定に信用と正当性が付与される。
7	管理者の専門的知識の涵養	市民とともに会合を開いたり、活動していく中で、仕事の専門知識のレベルを上げることができる。
8	チームの確立	メンバー同士での討論や目的の特定化を通じて、つながりが強まる。
9	住民の専門知識と創造力の涵養	事業の共有所有権を助長し、活用できる専門的知識を拡大できる。
10	総意の確立	住民参加によって、賛同と意見の異なる団体間の長期間にわたる交流の構築につながる。それによって、迅速に総意の確立の段階に到達できる。

背景に地方分権一括法（1999年）が制定されるとともに、まちづくりへの市民意識の向上や「特定非営利活動促進法（NPO法）（1998年）」が制定されたことなども「市民参加のまちづくり」の取組みの進展を促したと言えるでしょう。

3 市民参加のまちづくりの意義

　市民参加のまちづくりの意義（効果）は、上記の課題への対応と言えますが、より具体的にその意義（効果）を表14·3に整理します。大きくは、「都市計画の質の向上（1）」「計画実施の円滑化（2～6）」「主体の知識・能力の涵養（7、9）」「主体間のつながりの強化（8、10）」の4つに分けることができます。

2　市民参加のデザインと尺度

1 市民参加のデザイン論

　市民参加のまちづくりの実践に際して最初に考えなければならないことは、「市民参加のデザイン」と言えます。つまり、プロジェクトの一連のプロセスのデザインに加えて、そのプロセスの「どこに」「どうやって」「誰に」参加してもらうかが重要になってきます。

　市民参加のデザインの理論と実践を体系化した方法論である「参加のデザイン」[2]では、参加に求められる3つのデザインとして、「参加構成のデザイン」「参加プロセスのデザイン」「参加プログラムのデザイン」を挙げています。

> 参加構成のデザイン：計画に関連する様々な立場の人や組織の現実的な参加形態を考える。
> 参加プロセスのデザイン：計画の設計づくりのプロセスに関連づけた市民参加のフローを構想する。
> 参加プログラムのデザイン：会議やワークショップなど市民参加の集まりの具体的進め方や運営方法を企画する。

　「参加構成のデザイン」では、参加者の構成（自治会、ボランティア団体等）と周知の方法（地元組織、広報・新聞、インターネット等）の2つがポイントとされています。特に、参加者の属性のバランスを考え、様々な観点から議論ができるように工夫する必要があります。

　「参加プロセスのデザイン」では、有効かつ実質的な運用のために、市民参加を実施する段階とその方法の2点が重要なポイントとされています。つまり、個々の計画をどのようなプロセスで進めるのか、そしてそのプロセスの中にどのような場を設け、どのような方法で市民参加を実践するかを構想する部分と言えます。

　「参加プログラムのデザイン」では、規模や目的が様々な個々の会合やワークショップ等の進め方を詳細に計画・検討します。例えば、開催回数や1回当たりの会議時間、具体的な作業内容、役割分担などについて明確にする部分と言えます。

② 市民参加の尺度としての段階論

　市民参加が成熟することで様々な効果が得られることは前節においてすでに述べているとおりですが、この市民参加の成熟度を表す尺度（考え方）として、アメリカの社会学者であるシェリー・アーンスタインの「市民参加のはしご」（表14・4）や田村明の「市民参加の9段階」（表14・5）等が有名です。

表14・4　シェリー・アーンスタインの「市民参加のはしご」（原出典：Sherry R Arnstein『A ladder of Citizen Participation』1969）

	段階	内容	
8	市民のコントロール (Citizen Control)	市民が全てを決定する 市民がプログラムや組織の運営ができる権利を持つ段階	市民権力 (Citizen Power)
7	権限移譲 (Delegated Power)	市民に権限が委譲される 市民と行政の間の交渉の結果として、特定の計画やプログラムにおける支配的な意思決定権を市民が持つ段階	
6	パートナーシップ (Partnership)	市民と行政が平等な立場になる 市民と権力者の間の交渉を通じて権力が再配分され、計画と意思決定の責任を共有することに同意する段階	
5	懐柔 (Placation)	行政が市民に同調を求める 市民がある程度の影響力を持ち始めるものの、市民の意見を反映するほどの権力を有していない段階	形式的参加 (Tokenism)
4	意見聴取 (Consultation)	行政が市民に意見を聞く 意思決定に反映する保証はないものの、行政が市民の意見を聞く段階	
3	情報提供 (Informing)	行政が市民へ情報を提供する 行政が市民に対して一方的に情報提供を行う段階	
2	セラピー (Therapy)	行政が市民をなだめる 行政が市民が抱える本質的な原因を解消するのではなく、感情をなだめることを目的とする段階	非参加 (Nonparticipation)
1	あやつり (Manipulation)	行政が市民を操る 行政が市民を教育や説得、助言し、操作的な議題を正当化する段階	

表 14・5　田村の「市民参加の 9 段階」（出典：加藤秀俊ほか『都市の研究』NHK 出版、1990）

	段階	内容	
9	実行	市民自らが決定した施策を市民管理する段階で、市民が施策を市民全体の利益として実行していくことになる	実行段階
8	決定	当該の問題（計画）に対する条件・問題点の整理・論点・決定の影響等に配慮しながら、市民自身が行政に対する代替案を総合的な視点から決定することになる	決定段階
7	立案	市民の立場から当該の問題（計画）に専門的に代替できるような案を立案していくことになるが、この段階では施策の立案という高度に専門的な段階にまで進展することになる	立案段階
6	討議	市民相互が代替案を議論し合い、最終的に問題点を煮詰めていく段階	審議・討議段階
5	審議	当該の問題（計画）について審議を行い、修正・追加等の代替案の作成段階で市民全体の意見が集約化されていく段階	
4	意見交換	当該の問題（計画）について市民相互の立場から、意見交換を行い、問題点を明確にしていく段階	意見・意見交換段階
3	意見	行政の施策の形成過程の段階において、市民個人・市民団体が当該問題（計画）について自分の意見を主張する段階	
2	知識	市民が行政活動に対して自分の意見を持つためには、行政活動に関する知識を収集するとともに、ここでも行政が施策についての PR 活動を推進していくための段階	関心・収集段階
1	関心	行政活動に対して市民が関心を持つと同時に行政の側からの広報・広聴活動を活発化していく段階	

行政の様々な意思決定過程においてどのような市民参加が必要であるかといった「市民参加のまちづくりの制度設計」や市民の参加が今どの位置にあるのかといった「市民参加によるまちづくりの現状評価」などの目安になる示唆に富んだ指標と言えます。これ以外にも、アーンスタインが提唱した「市民参加のはしご」の適用可能範囲を拡大すべく、Desmond M. Connor によって新たな段階論[3]が提案されています。さらに、我が国では、マッセ OSAKA（おおさか市町村職員研修研究センター）の共同研究プロジェクトにおいて、「マッセのはしご」といった段階論も提案されています。

3　市民参加の方法

1　市民参加の主体

　図 14・1 で示した通り、市民参加のまちづくりの主体は、「行政」「市民」「市民公益活動団体」の大きく 3 つに分類できます。さらに、市民公益活動団体は、「地縁団体」「市民活動団体」「地域産業組織」「法人組織」「企業」等に分けることができます（表 14・6）。

　一方で、規模の大／小と公益性の大／小（共益性の小／大）の観点から市民参加の主体を図 14・3 のように位置付けることができます。なお、公益性とは「不特定多数の人々に利益があるという性質」であり、共益性とは「ある集団

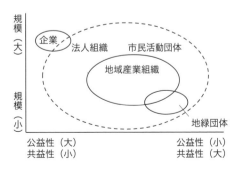

図 14・3　市民参加の主体の位置づけ
（広島県『NPO・ボランティア団体との協働の手引き』および高岡市『協働のルール提言書』を参考に作成）

239

表 14·6　市民公益活動団体の種類（出典：高岡市『協働のルール提言書』）

分類	説明	組織・団体例
地縁団体	従来からまちづくりを担ってきた組織・団体	自治会、町内会、婦人会、老人会、PTA など
市民活動団体	自発的な社会貢献活動を行う組織・団体	ボランティア団体、市民活動団体、NPO 法人など
地域産業組織	地域に根差した産業関係の組織・団体	商工会議所、商工会、農業協同組合など
法人組織	特定の事業の経営や活動を行う組織・団体	社団法人、財団法人、学校法人、社会福祉法人など
企業	会社・事業所など社会貢献活動を行う「企業市民」としての組織	

などにおいて、それを構成する人すべてに共通する利益があるという性質」を意味します。したがって、市民参加のまちづくりを考える場合、公益性が低い組織・団体は共益性が高い組織・団体と言い換えることができるでしょう。

2 市民参加の局面

　市民のまちづくりへの参加の局面は、「公共団体レベルの計画策定関係」「地区整備等の関係」「施設整備・維持の関係」「その他」の4つに大別されます（図14·4）。公共団体レベルの計画では、「都市計画マスタープラン」、地区整備等では、「地区計画」や「景観」、施設整備・維持では「公園」に関わる取組みの局面において市民参加が行われる割合が高くなっています。

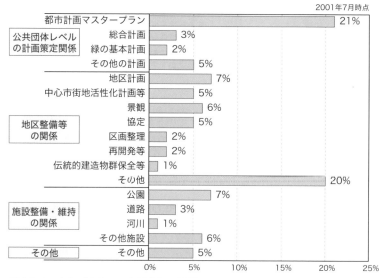

2001年7月時点

公共団体レベルの計画策定関係
- 都市計画マスタープラン　21%
- 総合計画　3%
- 緑の基本計画　2%
- その他の計画　5%

地区整備等の関係
- 地区計画　7%
- 中心市街地活性化計画等　5%
- 景観　6%
- 協定　5%
- 区画整理　2%
- 再開発等　2%
- 伝統的建造物群保全等　1%
- その他　20%

施設整備・維持の関係
- 公園　7%
- 道路　3%
- 河川　1%
- その他施設　6%

その他
- その他　5%

図14·4　まちづくりへの市民参加の局面
（808 の地方公共団体（道府県 17 および市町村 791）からの回答。回答事例は 1986 件。
出典：国土交通省『参加型まちづくりに関する現状と課題』）

図14·5　市民協働によって実現した道の駅（南丹市）

図14·6　移動円滑化基本構想策定のための現地点検の様子（岸和田市）

また、最近では、上記のような都市計画分野に加えて、公共交通（地域公共交通計画等）や交通安全、「道の駅」整備（図14・5）、交通バリアフリー（移動円滑化基本構想等）（図14・6）などといった交通関係の様々な局面においても、市民参加の重要性が高まっています。

3 市民参加の方法

　市民参加の局面が多種多様であるように、市民参加の方法も多様性に富みます（図14・7）。例えば、「まちづくり協議会等を組織」「ワークショップ等」「委員会に委員として参加」「アンケート」などが主な方法となっています。なお、「まちづくり協議会」とは、まちの様々な課題解決を図るために地域で活動する団体や個々の住民から構成される組織のことを言います。また、「ワークショップ」とは、地域の課題抽出や目標の設定、計画案の作成等を行う時などに活用されるグループディスカッションを基本とする市民参加の方法のことを言います（図14・8）。その他にも、例えば、表14・7に示すような方法もあります。さらに、最近では、道路の破損、落書き、街灯の故障、不法投棄などの地域・まちの課題を市民がスマートフォンなどで報告し、解決・共有するアプリも開発されており、これも一種の市民参加の方法と言えるでしょう。

図14・7　まちづくりへの市民参加の方法
（回答者は図14・4と同様。出典：国土交通省『参加型まちづくりに関する現状と課題』）

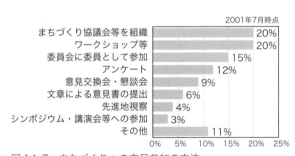

図14・8　ワークショップの様子

表14・7　市民参加の方法 （川崎市『主な市民参加手法一覧（自治基本条例第28条関係）』等を参考に作成）

方法	内容
グループインタビュー	特定の市民や市民グループに対して聞き取り調査を行う方法
市政モニター	行政からの参加呼びかけに応じて希望した市民がモニターとして登録する手法
住民投票	ある地域に住む一定の資格を持つ全ての人々の投票によって意思決定を行う手法
公聴会	法律上開催を義務付けられた公式的な意見聴取の場
住民説明会	行政が市民に対し事業決定前に考え方を説明し、市民の意見を聴取する場 （タウンミーティング等もこの一例）
オープンハウス	パネルの展示やリーフレット等資料の配付により、事業や進め方に関する情報を提供する場を設ける手法
市民会議	地域的公共的課題の解決に向けて、行政と協力・連携して、市民が主体的・継続的に活動を行う中間的な組織または場の総称
市民討議会	住民台帳等から無作為に抽出された市民に参加依頼状を送り、そのうち参加を承諾した市民が十分な情報提供を受けながら市民同士で議論を重ね、短期間で合意形成をし、提言を作成する手法
パブリックコメント	地方公共団体の基本的な政策や計画、条例などを決める際に、その案に対して市民の意見を広く募集し、案の内容に反映する手法

4 NPO によるまちづくり

1 NPO とは

　NPO とは、Non-Profit Organization（Non-for-Profit Organization）の略称であり、日本語では「非営利団体（非営利組織）」と訳されます。具体的には、「様々な社会貢献活動を行い、団体の構成員に対して収益を分配することを目的としない団体」を指します。よって、法人格の有無や活動の種類を問わない非常に大きな概念であり、多くの団体が NPO として含まれます（図14・9）。1995年の阪神淡路大震災の復旧・復興過程において、ボランティアや市民の顕著な活躍によって、その必要性や重要性が認識されるようになりました。しかしながら、その時点では、法人格を持たない任意団体として活動している団体が多かったため、団体名義での銀行口座開設や契約締結などを行うことができませんでした。そのため、例えば、世界中から集まったお金（義援金）などを受け取れないなど様々な障害により、決して活動しやすい状況にはありませんでした。

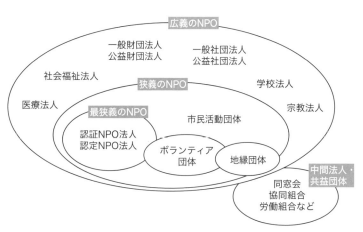

図14・9　NPO の概念図（日進市『NPO の概念図』に筆者が加筆）

図14・10　NPO 法人登録数の推移
（出典：内閣府『NPO 統計情報（認証・認定数の推移）』）

　これらのことを背景に、1998年3月に「特定非営利活動促進法（通称 NPO 法）」が制定されました。NPO 法制定後の NPO は、「任意団体（いわゆる NPO）」「認証 NPO 法人」「認定 NPO 法人」の3つに大別されます。NPO（任意団体）と NPO 法人（認証 NPO 法人および認定 NPO 法人）の違いは、法人格を取得した団体であるか否かです。「認定 NPO 法人」は、信頼性や公益性に関するより高い基準を満たした NPO 法人として所轄庁（都道府県・政令市）が認定した法人を指します。2012年度から現在の制度となり、当該 NPO 法人の活動支援として、高い優遇制度が適用されます。

　1998年の法律施行以降、NPO 法人登録数は年々増加していましたが、2017年をピークに微減傾向に転じています（図14・10）。なお、2020年11月末時点の NPO 法人登

録数は5万2221団体であり、そのうちの約2%（1181団体）が認定NPO法人となっています。その割合の低さからハードルの高さが窺えますが、認定NPO法人数は2017年以降も変わらず増加傾向にあります。

2 NPO法人の活動分野

1998年のNPO法制定時に定められたNPO法人の活動分野は大きく12分野に区分されており、保健・医療・福祉の分野を中心に多様な政策領域において活動の期待・促進がなされました。その後、2003年5月には、「学術振興」「情報化社会の発展」「科学技術の振興」「経済活動の活性化」「職業能力の開発又は雇用機会の拡充」「消費者の保護」が追加され、17分野に拡大されます。さらに、2012年4月には、「観光の振興」「農山漁村又は中山間地域の振興」などが追加され、現在の20分野に至っています（図14・11）。このことからも、公共サービス需要の拡大とともに、NPOのまちづくりにおける重要性が高まったことがよくわかります。

3 NPOの課題と自立促進の取組み

NPO法人の活動範囲の拡大と期待が高まる一方で、運営に際しては様々な課題を抱えており、その実情は決して容易ではありません。特に、人材と財源の面で半数以上のNPO法人が課題を抱えています（図14・12）。それゆえ、一部の地方公共団体では、NPOの自立を促進する仕組みとして、NPOのための予算枠制度を設けるなどの「資金に関する支援」に加えて、NPO専門家派遣やNPO法人育成支援事業

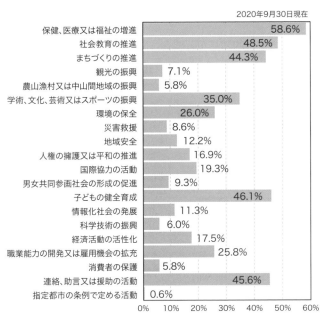

図14・11　NPO法人の活動分野
（出典：内閣府『NPO統計情報（認証数（活動分野別）』）

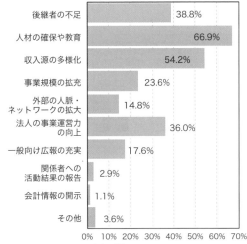

図14・12　NPO法人が抱える課題
（出典：内閣府『平成29年度特定非営利活動法人に関する実態調査報告書』）

などの「人材育成・人材交流に関する支援」も行うなど多岐にわたる工夫がなされています。

　例えば、埼玉県では、県内のNPO法人を対象とした3つの助成制度を設けています。そのうちの1つである「共助社会づくり支援事業」は、NPO法人と複数の団体（市町村、大学、企業、自治会、社会福祉協議会、任意団体等）が協働することを条件としており、NPO法人の財政支援と市民参加のまちづくりの両立につながるものと言えるでしょう。

5 パブリックコメント制度

　パブリックコメント（意見公募手続）制度とは、地方公共団体が基本的な政策や計画、条例などを策定する際に、その案に対して市民の意見を広く募集し、案の内容に反映する手法であり、行政運営の公正さの確保と透明性の向上を図り、市民の権利や利益の保護に寄与することを目的とした制度です。我が国では、1999年3月に「規制の設定又は改廃に関わる意見提出手続」として閣議決定がなされ、全省庁で実施がスタートしました。地方公共団体では、新潟県や岩手県、滋賀県などがその他の地方公共団体に先駆けて、2000年4月に本制度を採用しており、現在では多くの市町村において制度化が進んでいます。

　パブリックコメントの具体的な手続きを図14・13に示します。はじめに、地方公共団体が政策や計画、条例などの案を作成し、公表します。市民は市のホームページ（図14・14）や広報、市役所情報公開コーナーなどでその内容を閲覧することができます。次に、案の公表後は一定期間を設け、広く市民からの意見を募集します。その間、市民は窓口、郵送、ファックス、電子メールなどで意見を提出することができます。そして、市民から寄せられた意見を勘案し、案を決定・公表します。

　このように、パブリックコメント制度は、多くの市民に開かれた公正な手法である反面、直接の対話ができない、フィードバックは1度きりである、計画等の策定の最終段階での参加になる、といった特徴も有しています。

　これまでにパブリックコメント制度に関する多くの学術的知見が蓄積されていますが、林らの分析[4]によれば、パブリックコメント制度を活用した案件のうち、意見提出者数が10人を下回る案件が全体の

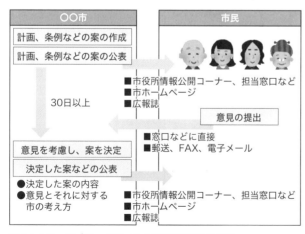

図14・13　パブリックコメント制度の手続きの例
（向日市『向日市パブリックコメント制度の概要』を参考に作成）

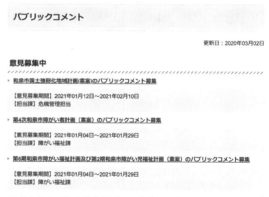

図14・14　地方公共団体のパブリックコメントのウェブページ（和泉市）

66%であり、そのうちの36.8%（全体の約24%）の案件において意見提出者が見られないという実態が浮き彫りになっています。したがって、本制度の限界を認識しつつ、制度本来の役割を担う上での改善策を模索する必要があると言えるでしょう。

計画事例 1　乗合タクシー「くすまる」（大阪府河内長野市楠ケ丘地域）

①計画策定の背景と経緯

　大阪府河内長野市楠ケ丘地域は、急峻な地形に住宅地が形成された公共交通不便地域として位置付けられており、交通弱者のモビリティ確保が課題の1つでした。

　そこで、2007～2009年にわたる3回のワークショップ（図14·15）を皮切りに、行政と地域と交通事業者の3者による地域公共交通づくりを開始することになりました。続いて、地域住民の地域公共交通に対する利用ニーズを把握するためのアンケート調査（全数調査）を実施するとともに、熟議の場として「楠ケ丘地域公共交通検討委員会（現：楠ケ丘地域公共交通対策委員会）」を設置しました（図14·16）。

　その後、行政と地域、交通事業者のそれぞれの長所を最大限に発揮できるように役割分担（図14·17）を明確にし、地域住民の利用ニーズの分析、ワークショップおよび委員会での熟議、現地視察（図14·18）を通じて、乗合タクシー（図14·19）を運行することとし、試験運行内容を検討しました。

　さらに、本格運行の是非を判断するための評価指標と目標値を定めました。

図14·15　ワークショップ

図14·16　地域公共交通検討委員会

図14·18　現地視察

図14·19　試験運行時の乗合タクシー（河内長野市提供）

試験運行中（2010年9月1日〜11月30日）には、住民自らが利用啓発看板の作成・掲示（図14·20）や「楠ケ丘公共交通だより」の作成・回覧（図14·21）、お得な回数券の発行（図14·22）、駅前でのPR作戦など、多岐に亘る利用促進に資する取組みを行い、2011年11月1日に乗合タクシー「くすまる」（図14·23）の本格運行を実現しました。

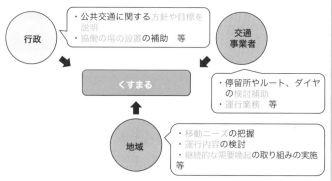
図14·17　行政と地域と交通事業者の役割分担

②計画策定後の状況

本格運行後も利用状況の把握・周知や熟議、新たな取組みの検討および実施等といったPDCAサイクルに基づく継続的な運営が行われています。その活動が実を結び、全国でも極めて高い収支率（75.2%（2018年度、図14·24））を達成し、新聞報道や国土交通省近畿運輸局長表彰を受けるほどの取組みとなっています。

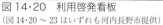
図14·20　利用啓発看板
（図14·20〜23はいずれも河内長野市提供）

図14·21　公共交通だより

図14·22　回数券

図14·23　乗合タクシー「くすまる」

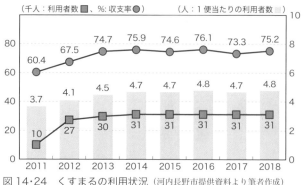
図14·24　くすまるの利用状況（河内長野市提供資料より筆者作成）

計画事例 2	吉原運動公園周辺を中心とした地域拠点整備 （和歌山県美浜町）

①計画策定の背景と経緯

　和歌山県美浜町には煙樹ヶ浜という東西延長 4.5km の広大な松林があるものの、その自然を満喫し人々が憩える場所がないことが町の課題の 1 つでした。

　そこで、そのリニューアルを目的とした市民参加のまちづくりとして、2016 年度から「吉原運動公園周辺を中心とした地域拠点整備」を開始しました。検討当初から、多様な主体で構成された「協議会」および「具体案検討部会」の 2 つの組織を立ち上げ、それぞれ議決と企画立案（実施）の役割を分担し、活動が進められました（図 14・25）。

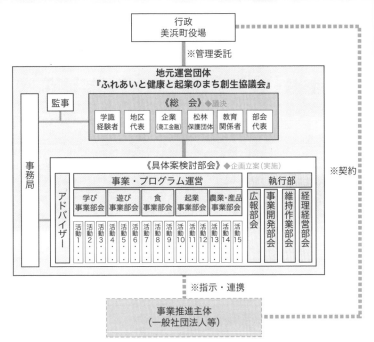

図 14・25　計画時における運営体制の将来イメージ（美浜町提供）

活動内容としては、協議会での議論、具体案検討部会でのワークショップ、現地視察（図 14・26）、先進事例視察、町民アンケート調査、専門家や地域で活動している人による講演会など多岐にわたります。

　図 14・27 は、上記の活動を通じて提案された計画図およびそこでの活動内容になります。

②計画策定後の状況

　2018 年 7 月には、協議会の後継組織として「一般社団法人煙樹の杜」が設立され、当該プロジェクトにおいて建築された多目的室（ガラスボックスわいわい）や産品コーナー（ガラスボックス松カフェ）の管理、同施設を活用した各種事業（図 14・28 〜図 14・30）などを実施しています。

図 14・26　現地視察（美浜町提供）

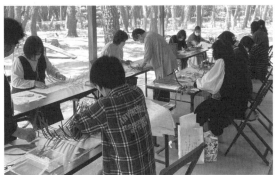

図 14・28　「ガラスボックスわいわい」での活動
（煙樹の杜 提供）

247

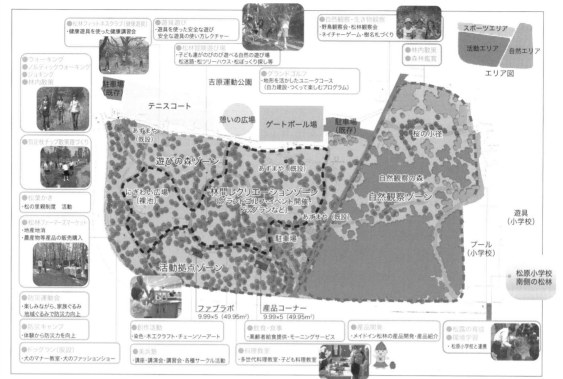

図 14·27　リニューアル計画図と活動図（美浜町提供）

図 14·29　「ガラスボックス松カフェ」前でのコンサート
（煙樹の杜 提供）

図 14·30　ガラスボックス近くのドッグラン（煙樹の杜 提供）

計画事例3　県道西宮豊中線（兵庫県西宮市）

①計画策定の背景と経緯

　県道西宮豊中線は、兵庫県西宮市と大阪府豊中市を結ぶ延長 12.1km の道路です。図 14·31 に示す約 1km の道路区間（斜線部）において、市民協働による交通安全対策が実現しています。なお、事前の対象道路の平均的断面構成は図 14·32 のとおりです。上武庫橋の架け替え工事完了（2008 年 3 月末）と旧西宮スタジアム跡地の開発（阪急西宮ガーデンズ）の完成（2008 年 11 月末）によって、当該区間に多くの自動車が流入し、歩行者・自転車等の安全な通行を脅かすのではないかと懸念されていました。

そこで、住民、県、市、警察、学識経験者からなる協議会、および住民（5町内会から各3名（計15名））と学識経験者、道路・交通管理者からなるワーキンググループが立ち上がり、問題解決に着手することになりました。協議会は意思決定機関として位置づけられ、実質的な活動はワーキンググループに委ねられました。はじめに、ワーキンググループでは、①現地視察（図14·33）、②ワークショップで

図14·31　対象区間の位置 ©OpenStreetMap contributors

の意見交換を通じて、「歩行者・自転車優先の道路」として整備する基本方針を取りまとめ、2007年7月に協議会に提案しました。その後、ワーキンググループにおいて具体的な整備内容の検討を重ね、一般単路区間とカーブ勾配区間のそれぞれについて、最終案を決定しました（図14·34、図14·35）。

2007年11月には社会実験（10日間）として最終案を施工し、一般単路区間では沿道住民へのアンケート調査、カーブ勾配区間では地元住民による走行実験を行いました。加えて、一般単路区間については事前事後の交通状況についてビデオ解析も行いました。その結果、最終案に一定の効果が認められたことから、2007年12月に協議会にて最終案が了承されるとともに、大型車の通行規制を含めて管理者側で詳細計画を立案することになりました。

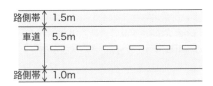

図14·32　対象道路の平均的断面構成

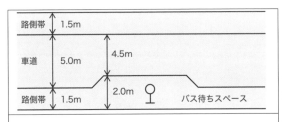

・路側帯を片側0.5m拡幅（両側1.0m）することで、歩行者、自転車の通行幅を広げる。
・車道幅を5.5mから5.0mに狭め、中央線を抹消することで車両の柔軟な回避行動を可能にする。
・バス停付近路側帯を0.5m拡幅して2.0mにすることで、バス待ち客の安全性を高める。

図14·34　一般単路区間

図14·33　現地視察

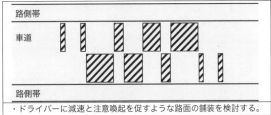

・ドライバーに減速と注意喚起を促すような路面の舗装を検討する。

図14·35　カーブ勾配区間

②計画策定後の状況

最終的には、両区間ともにグリーンベルト（緑色に塗られた路側帯）が新たに施工され（図14·36、図14·37）、カーブ勾配区間には新たなガードレールと矢印の反射板が設置されました。

図 14・36　一般単路区間

ベンガラ色の路面舗装

図 14・37　カーブ勾配区間
（現在はベンガラ色の舗装はなくなっている）

■ 演習問題 14 ■

（1）市民参加のまちづくりを行っている事例について、取組みに至った背景と目的、取組み内容、取組み主体・組織、成果・課題等について具体的に調べてください。

（2）あなたが住んでいる市町村における現状の課題を整理し、その課題解決のための市民参加のまちづくりの具体的な方法を考えてください。

参考文献

1）　山岡義典「協働の土台としての市民参加の重要性」『都市問題研究』第 55 巻 10 号、2003

2）　世古一穂『参加と協働のデザイン　NPO・行政・企業の役割を再考する』学芸出版社、2009

3）　Desmond M. Connor, 'A new ladder of citizen participation.', *National Civic Review*, Vol.77, No.3, 1988.

4）　林健一「「パブリック・コメント制度」の利用動向と課題　自治体における運用事例の比較分析」『地域政策研究』（高崎経済大学地域政策学会）第 5 巻第 4 号、2003、pp.75-84

5）　日本都市計画学会関西支部 新しい都市計画教程研究会編『都市・まちづくり学入門』学芸出版社、2011

15章
観光まちづくり

1 観光から観光まちづくりへ

　私たちが暮らし働く地域について、様々な角度から都市計画を考えてきました。本章では、2000年頃に生み出された「観光まちづくり」の概念に触れながら、そうした地域に人を迎えることや観光について一緒に考えていきましょう。それは、来訪者も想定して地域を考えていく時代が到来したからですが、では観光は今日までどのように発展したのでしょうか。こうした観光は、どの時代でも旅人にとって楽しい体験ですが、地域にとっては、福と禍（わざわい）の両方がもたらされることがあります。

1 観光の起源と発展

　観光の起源を1つに定めるのは難しいかもしれませんが、日本では、平安時代の熊野詣や江戸時代の伊勢参り等、巡礼や参拝を起源の1つと見ることができます。例えば、江戸時代に庶民は自由な旅を許されていなかった中、一生に一度の伊勢参りは例外的に認められていました。18世紀終わりごろのこの絵図（図15・1）は、江戸から伊勢に向かう途中の富田の様子ですが、とても賑やかそうで、焼き蛤もおいしそうです。土地の名物を食べることは、いつの時代も旅人の楽しみの1つです。

　また欧州では、19世紀半ばに初めて旅行代理店や周遊旅行をつくった、イギリスのトーマス・クックが起源の1つに挙げられます。その後、戦争、災害、疫病の流行等の出来事を経ながら、社会が変革し、時代も変わる中、観光の位置づけも変化しつつ発展しました。各国で所得が向上するにつれて団体型旅行がまず始まり、特に近年、観光のあり様が成熟する中で、個人型旅行に転換し発展してきました。

図15・1　『伊勢参宮名所図会』巻三「富田　焼蛤」の図
（國學院大學図書館所蔵）

> ➢観光する主体からみて、
> 「人々が日常生活する地域を離れて、余暇活動や生きがいとして、日常と異なることを見聞きし体験しそして楽しみ、日常に戻ってから生活を向上させるもの」

> ➢受け入れる地域からみて、
> 「地域の文化や経済を振興し、人々が地域で誇りを持って生きてゆくための基盤となるもの」

2 観光の2つの視点

　こうした観光には、観光する主体の視点と、受け入れる地域の視点という2つの視点があり（図15・2）、異なる2つの視点の関係性がどうである

図15・2　観光の2つの視点

のか、あるいは2つの視点が地域できちんと重なるのか、このことが観光において重要です。言い換えれば、観光する人が日常と異なる地域で体験し楽しみ、戻ってからの日常生活が向上することと、受け入れる地域の人々が観光で文化や経済を振興しつつ誇りを持って生きていくことが、お互いによい関係性を保ちつつ、それぞれ実現できているかということです。

3 様々に発生する課題

　ただ観光は、今日まで発展する中で様々な課題を発生させてきました。例えば、高度経済成長期以降の団体型旅行では、大人数旅行の気安さからか、「旅の恥はかき捨て」といった迷惑な行動を取る人もいました。またシーズンによっては、観光地で交通渋滞が発生し、ごみが大量にあふれる等、弊害を来すこともありました。また1980年代後半からのリゾートブームは、1987年の総合保養地域整備法（リゾート法）から始まったものですが、その後のバブル経済崩壊も受けてほとんどの計画は破綻し、各地域に大きな混乱と爪痕を残しています。

　地震や台風等の災害も繰り返し地域を襲い、中でも2011年の東日本大震災は地域に甚大な被害をもたらしました。一方、その翌年以降海外からのインバウンド観光客が急増して各地域が経済的に潤い、近年では「オーバーツーリズム」といわれる過剰な状態も発生しました。そして2020年以降、新型コロナウイルス感染症で、世界中の地域が未曽有の打撃を受けることになりました。

4 観光まちづくりとは何か

　では図15・3を見てみましょう。まちづくりと観光の問題を考え、地域の持続可能性を考えていく際に、地域社会、地域環境、そして地域経済の関連を考え、どう調和させていくのかが重要になります[1]。

　そこで1998年から運輸省観光部所管の「観光まちづくり研究会」で検討が始められ、2000年3月に

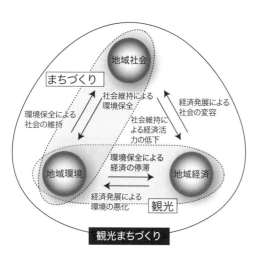

図15・3　地域社会と地域環境と地域経済の関連図
（出典：西村幸夫編著『観光まちづくり　まち自慢からはじまる地域マネジメント』学芸出版社、2009、p.11）

『観光まちづくりガイドブック』が発表されました。この中で観光まちづくりは、「地域が主体となって、自然、文化、歴史、産業など、地域のあらゆる資源を生かすことによって、交流を振興し、活力あふれるまちを実現するための活動」と定義されました[2]。一方で、当時の運輸大臣が1999年4月に「観光政策審議会」に対して諮問し、同審議会内の部会として「観光まちづくり部会」が設置され審議が重ねられて、2000年12月に「21世紀初頭における観光振興方策」が答申され、この中の「早急に検討・実現すべき具体的施策の方向」7項目の第1に「観光まちづくりの推進」が挙げられました[3]。この答申こそが、その後の観光政策の大きな転換につながります。

本章では、その後の地域での実践や時代の変化も踏まえて、観光まちづくりについて、「地域社会において、地域の住民や企業などの様々な主体が、地域資源を生かした経済活動である観光を手段としながら、持続可能で経済的に維持できる地域社会を、来訪者と連携しながら作り上げる運動である」[4]という解釈で検討を進めていきたいと思います。

5 観光まちづくりの実際

　この観光まちづくりの概念が誕生した後、国は2003年に「観光立国宣言」を行いました。また2007年に「観光立国推進基本法」が施行され、2008年に「観光庁」が発足する等、観光がはじめて我が国の政策の1つに位置づけられることとなったのです。その後も、まちづくりと観光を結びつけるトレンドは、地域でも確かな動きになっていきました。例えば、地域の資源や魅力を再発見・再評価し、住民自身がガイド役を担う「まちあるきガイド」が全国各地で誕生しました。

　前述したように、2012年以降のインバウンド観光隆盛があった一方で、2020年からの新型コロナウイルス感染症による需要落ち込みにより、地域の苦境が続きました。このように、観光まちづくりは大きなムーブメントになりつつも、社会情勢の変化に翻弄されてきたのです。

2 観光まちづくりの出発点

　ではここで、地域に人を迎えるということについて考えてみましょう。地域は住民にとって日常の空間ですが、そこに来訪者はなぜ非日常を求めて訪ねてくるのでしょうか。こうした観光では何を資源と捉えるのか、また産業としての観光が地域にもたらすことについても見ていきたいと思います。

1 地域とは何か

　地域というと、どういうところをイメージするでしょうか。みなさんの自宅のまわりの身近な範囲も地域ですし、地球規模での地域という捉え方もあります。このように地域の大きさはまちまちで、また階層性を持っているのが特徴です。1960年代の高度経済成長期まで、我が国のこうした地域の多くは農村でした。もちろん、東京、大阪のような古くからの大都市や、城下町から発展した地方都市等も存在しますが、都市周辺で農村であった地域が徐々に都市化しました。その大都市東京もよく見てみると、地域の集合体と見ることができます。商業集積地やビジネスゾーンとしての機能を極めるようなエリアもありますが、身近な地域では、お互い顔見知りの関係性の中、各家庭で子どもたち、働き盛りの世代、かつて地域を引っ張ってきた高齢者など、多くの世代が様々な仕事に従事し生活してきました。こうした地域ではコミュニティが重要視され、今でも顔見知りの関係性が色濃く残っている地域もあれば、すでに消失しているところもあります。また地域は生産と消費の場であり、地域の特性を生かした産業が根づくことが多く、中でも観光産業が発達している地域が観光地です。しかし忘れてならないことは、そうした観光地にも地域住民の日々の暮らしがあるということです。

2 人口減少社会を踏まえて

日本は 2008 年に人口のピークを迎え、その後減少を続けています。2015 年と 30 年後の 2045 年を比べると総人口は、1 億 2710 万人から 1 億 642 万人と 16.3％減少し、そのうち 15 歳〜 64 歳の生産年齢人口は、7728 万人から 5584 万人と 27.7％も減少するのです。この変化を観光まちづくりで考えた場合、観光客になり得る人々が 16.3％減る上に、その働き手となり得る人々が 27.7％も減るということになります。観光産業は多くの人手を要する労働集約型産業と言われますが、すでに始まっている人手不足はさらに深刻になりそうです。そこで観光庁は、国民 1 人当たりの年間消費額を 124 万円と推定し、外国人旅行者、宿泊を伴う国内旅行者、日帰りの国内旅行者の各平均消費額から割り返して、それぞれ年間 8 人、25 人、79 人交流人口が増えれば、定住人口 1 名減少分を補えると説明しています[6]。やや粗い議論ではありますが、インバウンド観光を推進してきた根拠の 1 つはここにあります。

3 日常と非日常

さてここで、「日常」と「非日常」の関係を考えていきましょう。先に述べたような地域住民の暮らしが、まずいわゆる日常の風景ということになります。この日常ということは、日々規則的、反復的に生活の中で繰り返し行われることであり、一方で非日常ということは、日常とは背理的、相対的に存在することになります[6]、[7]。例えば、観光は日常からの解放とか、非日常を味わうと表現されることが多いように、観光客は日常の場から離れることがまず前提で、その後非日常を感じられる別の場に移動することが必須条件でした。そして、非日常感の演出は観光の重要な要素であると言われ続け、観光事業者はそのことに全力で取り組んできました。

ところが昨今、演出された非日常感あふれる観光への飽きや反発も生まれ、またある地域の住民の日常の暮らしぶりやライフスタイルを「異日常」として見たいという欲求も増えています。後述する滞在型観光では、ゲストとホストの関係性にも変化が生じ（p.265）、また新型コロナウイルス感染症の流行以降、身近な地域を観光する「マイクロツーリズム」という考え方も提唱されました。

4 地域の資源の捉え方

このように考えていくと、何を地域の資源として捉えるのかということをもう一度きちんと考えた方が良さそうです。まず基本的な観光資源の分類として、山岳や河川、生態系といった「自然観光資源」と、社寺や城郭、食文化といった「人文観光資源」の大きく 2 つに分けることができます。ただ前述したように、非日常だけでない資源が脚光を浴びていますし、風景や景観といった環境そのものも大切な資源と見ることができます。そこで、普通に地域に存在する資源を観光・交流の資源へ変化させる 5 つのステップを紹介します（図 15・4）。これは主にインバウンド観光客を想定したものですが、こうした資源の捉え方はまちあるきガイドの実践の場面等でも生かせるものです。

5 地域の産業と雇用創出

　この節の最後に、地域の産業について考えてみましょう。長年地域の基層をなしてきたのは、農林漁業といった第一次産業でした。美しい農村風景や整備された森林、海洋環境等は、こうした産業で今日まで守られてきたのです。その後産業が高度化して、第二次産業、第三次産業に主軸は移っていきますが、前述したように、観光産業は労働集約型の第三次産業の1つに位置づ

見つけ方	地域に当たり前にある日本人の暮らしそのものを再評価する。先入観に囚われずに、感性・感度を豊かに。
磨き方	そのものが持っている本質を損なわないように、光っている面を美しく磨き出す。楽しい価値観も大切に。
見え方	観光地よりも日本人そのものに興味があるはず。日本人の暮らしぶりや資源がどのように見えるか考える。
見せ方	選んだターゲットに何を伝え、どのように見せるか。メッセージ性も重要であり、どう表現するか工夫を。
見立て方	「物を本来のあるべき姿ではなく別の物として見る」（千利休）→暮らしのものごとの再評価。

図15・4　地域資源から観光・交流資源への5つのステップ

けられます。労働集約型であるということは、従業者を多く必要とする、地域の観光業で雇用が多く発生するということになります。そして彼らが観光業で得た収入により地域で消費し生活することで、地域内で経済が循環します。さらに設備投資や食材・資材の仕入れも、できるだけ地元から調達することで循環の度合いはさらに高まります。このように観光産業は、地域の入口の機能を担う第三次産業の1つですが、風景・景観を保全し原材料を供給する第一次産業、設備投資や土産品製造・特産品開発等を担う第二次産業、そしてクリーニングや各種物販・サービスといったその他第三次産業と連携できる、いわゆる「六次産業」[注1]の中心に位置する産業です。地域の活性化で考えれば、単に工場を誘致するという従来型の手法よりも、観光産業は地域の資源をもとに付加価値を生み、経済が地域内で循環し、経済波及効果も大きく、地域の人々が取り組みやすいものです。こうした状況をくわしく把握し共有するために、少々苦労しますが、専門家と地域住民が協力して、「産業連関表」の作成をすることで、地域内の経済循環や産業連関の度合いを知ることができます。

3 観光まちづくりの政策

　観光まちづくりを進めていくためには、準備すべきことや考慮すべきことがいくつもあります。特に資源をいかに保全・保存するかに加えて、観光まちづくりならではの開発や交通の課題も存在します。そうした課題とともに、それらに対する政策を実施する主体についても見ていきましょう。

1 風景・景観の保全

　地域では、それぞれの気候、地形、植生等の自然条件や長い歴史を背景として、今日までそれぞれに風景が形づくられ、さらには林業や農業等の人の営みもその地域の風景に作用し保たれてきました。図15・5は、愛媛県宇和島市にある「遊子水荷浦の段畑」の風景ですが、限られた土地を耕作し、漁業と農業を中心に、今日まで根気強く暮らしてきた様子に感動すら覚えます。一方で、地域で人口が減少して、森林の手入れが行き届かない、耕作放棄地が増大する等、年々風景が荒廃する地域も見られます。

図15・5　宇和島市「遊子水荷浦の段畑」の風景
（提供：宇和島市役所）

また地域は徐々に都市化していきます。その過程で、地域で計画しあるいは申し合わせて優れた景観が形成される地域もあれば、コントロールされることなく景観が乱れる地域もあります。観光はある地域へのあこがれが旅の動機になるものであり、風景・景観の保全や向上は、観光まちづくりとしての出発点になります。一方で、観光まちづくりの主役は地域住民や地域の企業ですので、こうした主役が、訪れる人のことも想定しながら、これまで見てきた都市計画の制度や景観法などの枠組みを用いて、自分たちが日々暮らす地域の風景や景観を向上しようとすることが重要です。そのためには、まず住民や企業が主体的に動ける仕組みが必要ですし、行政はそれをサポートする体制を講じ、かつ公的役割を務めなければなりません。さらには、歴史的に価値のある文化財の保存には、文化財保護法等の制度があります（後述）。そして先進国の中で、これほど電柱・電線類が地上に放置されている国はありません。これらが地中化等で除却されれば、存外日本の風景・景観は美しいと思います。

② 観光まちづくりと開発

では、保全に続いて開発について考えていきましょう。観光は労働集約型でありながらも装置産業であるといわれていますが、ではそれはどういう装置でしょうか。またその装置を整備するためには開発や投資も必要です。例えば、地域に滞在してもらうためには宿泊施設が必要ですが、それらを整備する場合には、まず需要を予測し、それに見合う器としての施設を建設することとなります。一般的には、民間事業者が資金を調達し、リスクを背負って投資します。もちろん開発許可等を得て、消防法や建築基準法、旅館業法等を遵守することは当然です。そして、立地した企業同士が連携して観光協会等の経済団体を組織し、地域振興を図り、また企業が地域に集積することで1つの産業となります。他方で、良好な住環境を保全するため、都市計画の用途地域で、住居専用地域には原則としてホテル・旅館を建設することはできません（p.93、表5・4）。また国立・国定公園の特別区域内には建築等に規制があったり、農地法で農地の転用も制限されたりと、地域の環境を保全するためには、こうした規制や制限も必要です。このように見ていくと、地域でどこまで開発が許容されるのかという問題に行きあたります。持続可能性については最後の節で検討しますが、観光まちづくりには、開発と規制の両方が必要であることを理解した上で、どのように計画し誘導していくのか、ここが肝要です。

③ 観光まちづくりの交通計画

観光は日常から非日常への移動であると述べましたが、その移動を実現するのが交通です。公共交通

機関による移動だけでなく、自家用車やレンタカーも観光ではよく利用されます。航空、鉄道等の地域間移動の「**一次交通**」と、路線バス、タクシー等の地域内移動の「**二次交通**」の連携を、観光まちづくりでは特に重視します。すなわち、観光客がはじめての地域に到着した際、ウエルカムでストレスなく地域の情報を受発信でき、そしてスムーズに乗り換えができるかということです。もし問題が発生するとすれば、それはノード（結節点）に集約されます。具体的には、空港や駅で、はじめての人にとってわかりやすいサインが明示されているか、乗り換えの案内導線が切れ目なくつながっているか、インバウンド観光客にも情報がきちんと伝わるか、さらにはユニバーサルデザインにも不備がないか等、多くのチェックポイントが存在します。また大都市では交通系 IC カードが普及してきましたが、地方ではまだ利用できない場合も多いですし、そもそも交通事業者ごとに料金徴収すること自体が世界的には珍しいことで、諸外国ではゾーン制・均一制の運賃や信用乗車方式がスタンダードです。また来訪者にやさしいワンデーパスが各地域で増えてきたものの、滞在や消費を促進する意味でも、より手頃な価格に設定し、利用期間が長くなるほど料金を逓減させるといったことも、重要な都市・交通政策です。

　一方で前述のように、乗客（住民・観光客）と運行サイド（働き手）の両方で人が減少する中で、地域の二次交通をいかに維持していくのか、ここにも観光まちづくりの出番がありそうです。自家用車やレンタカーによる交通渋滞や駐車場不足への対策に明け暮れるのではなく、脱炭素社会を実現するためにも、公共交通利用へのインセンティブ付与、トランジットモールの整備、歩いて楽しい環境づくり等が重要で、そこにはもう住民、観光客の区分はありません。また、移動そのものや車窓に価値を持たせた「観光列車」も全国で増えてきました。豪華さや美食を競うだけでなく、地域といかに交流できるか、あるいは学びやエクスペリエンスを用意できるかが、次の観光列車のスタンダードになりそうです。

④ 文化財保護と観光まちづくり

　さて文化財というと、どのようなものを思い浮かべるでしょうか。修学旅行で行った京都・奈良の文化財も印象深いかもしれませんし、読者のみなさんの地域にも、長い歴史の中で今日まで守られてきた文化財があると思います。貴重な国民的財産のうち、文化財保護法では、建造物、工芸品等の有形の文化的所産で、我が国にとって歴史上、芸術上、学術上価値の高い「有形文化財」、演劇、工芸技術等の無形の文化的所産で、我が国にとって歴史上、芸術上価値の高い「無形文化財」、このほかにも、「民俗文化財」「記念物」「文化的景観」「伝統的建造物群」を示しています。文化財の保存と活用という新たな視点を盛り込んだ改正文化財保護法が 2019 年に施行されましたが、貴重な国民的財産をどう保存し活用していくのか、観光まちづくりと関連の深い「伝統的建造物群保存地区」について見ていきましょう。

　「伝統的建造物群保存地区」は、1975 年の文化財保護法の改正によって制度が発足し、城下町、宿場町、門前町など全国各地に残る歴史的な集落・町並みの保存が図られるようになりました。市町村は、伝統的建造物群保存地区を決定し、地区内の保存事業を計画的に進めるため、保存条例に基づき保存活用計画を定めます。国は市町村からの申出を受けて、我が国にとって価値が高いと判断したものを「重要伝統的建造物群保存地区（重伝建地区）」に選定します。2020 年 12 月現在、重伝統地区は、101 市町村で 123 地区あり、約 2 万 9 千件の伝統的建造物および環境物件が特定され保護されています[8]。具体

図15・6　八日市護国重伝建地区の修理工事（左：施工前、右：施工後）（提供：内子町役場）

的には、市町村の保存・活用の取組みに対して、文化庁等は市町村が行う修理・修景事業等を補助する支援を行っています。

　図15・6は愛媛県内子町の八日市護国重伝建地区の修理工事の様子ですが、江戸時代の建物であっても、伝統的な工法で今の時代にきれいに蘇らせることができ、様々に活用することができます。また「歴史まちづくり」という施策もありますが、これは計画事例2（p.268）で紹介したいと思います。

5　政策実施主体のあり方

　観光まちづくりの政策実施主体について、国の政策は本章の冒頭で触れたので、地方自治体のうち、まずは基礎自治体である市町村を見てみましょう。観光の捉え方がずいぶん幅広くなってきたものの、著名な観光名所や温泉を抱える市町村と、そうでない市町村とでは様相が異なるかもしれません。観光地を自認している市町村では、観光課や観光係が組織内にあるかと思いますが、そうでない市町村では、商工担当が観光担当を兼務することもあります。また地域で民間事業者が観光協会や旅館組合等を組織し活発に活動することがある一方で、行政が観光協会の事務局機能を担っているところもあります。では広域自治体である都道府県はどうでしょうか。多くの場合複数の観光地や温泉地を抱えており、都道府県としての地域イメージを表出するため、香川県の「うどん県」や大分県の「おんせん県」など、戦略を練って先鋭的な広報をする場合もあります。また市町村の観光担当部署を束ねて、都道府県単位の観光協会や観光連盟等と共同でPR等を行う事例もあります。

　ただ観光は民間の経済活動そのもので、「行政運営」だけで十分に対応できないことも少なくありません。そこで近年地域社会を前提に、多くの人や企業、地域の組織等のステークホルダーが参加し、課題解決し価値創造できる「地域経営」が模索されています。その答えの1つとして、1980年代から欧米で始まったDMO[注2]の制度を、日本に政策として導入したのが「観光地域づくり法人（DMO）」です。2015年に「日本版DMO」として制度が始まり、2020年から現制度に移行し、全国で観光まちづくりの成果を挙げているDMOも着実に増えています[9]。

4 観光まちづくりの展開

ここまで見たように、観光資源の捉え方も変化し、来訪者（この節では地域に来るとは限らないので顧客という表現も用います）の地域での過ごし方も多様になりました。観光まちづくりは、こうしたことも踏まえ、具体的に展開していくことが重要です。そのためには、来訪者と情報や価値観をどう交換し共有できるかが大切です。そうした枠組みをまず理解し、代表的な3つの展開例を見てみましょう。

1 情報受発信の価値

観光は、地域に対するあこがれが動機になると述べましたが、「○○な旅をしたい」と思っている顧客は、地域の情報をどのように収集し、そして行き先を選択しているのでしょうか。また地域側はそうした顧客に、どのようにすれば自分たちの地域の情報を伝えられるのでしょうか。地域側は情報の発信に注力しがちですが、大切なのはインタラクティブな受発信です。そのためには、後で紹介するマーケティングやブランディングで自分たちの顧客となるべき層を見極めた上で、そうした顧客にどういう媒体（メディア）を使用して情報を発信し、また受信するのかを想定することが大切です。ただ広告や宣伝には多大な費用が発生しますので、費用対効果に留意しつつ、テレビ、ラジオ、新聞、雑誌等の媒体をどのように選択し組み合わせていくのかが肝要です。またそうした媒体には、即効性、遅効性、持続性等の特徴がありますし、最近では、旅前・旅中・旅後といった、どのタイミングで情報受発信するのかも重要な要素になってきました。さらに口コミやインターネット、様々なSNS等は、これまで紹介した媒体以上に今では大きな力を持っているかもしれません。ただ観光や観光まちづくりは、あくまでも情報や価値観の交換が基本にありますので、顧客とのコミュニケーションをつねに心掛けなければなりません。

2 マーケティング・ブランディング

P. コトラー、D. H. ハイダー、I. レイン（1996）は、メッセージとメディアを選択する前にしなくてはならないことは、ターゲット対象を設定することだ[10]、と明快に述べています。では自分の地域や企業にとっての顧客は誰なのか、これはどのように考えればよいのでしょうか。そのためにはマーケティングが必要で、その手法は日進月歩で開発されていますが、ここではその基本を紹介します。まず合言葉はS・T・P（セグメンテーション・ターゲティング・ポジショニング）です。例えば顧客と言っても、性別、年齢、職業等が異なり、所得階層やライフスタイル等も様々です。それをセグメントという分類項目で切り分け、自分の地域に相応しいターゲットを見い出します。ただこの作業にはブランディングという概念も欠かせません。自分たちの地域の核心的な価値は何かをまず考え、それに反応するのはどのような人かを想定し、セグメントした顧客像を研ぎ澄ます、この作業を繰り返すのがブランディングの第1歩です。また最近では、こうした人物を想定するために架空の人物像をつくり上げる「ペルソナ分析」も一般的になってきました。ブランドは地域側が設定できることではなく、あくまでも顧客の評価です。その上で、顧客が選ぶ地域はどこなのか、そして自分の地域はどういう地域とどのように競合

しているのか、そうしたことを見極めるのがポジショニングです。ほかの地域との差別化を図りながら、自分の地域の価値を高め続け、高評価を獲得し続ける、これがブランディングの基本になります。情報の受発信や、マーケティング・ブランディングの視点で、以下の展開例を見てみましょう。

3 展開例 1：都市鑑賞とまちあるき

　大正から昭和にかけて活躍した都市計画家の石川栄耀は、戦前戦後に都市鑑賞や旅の意義を記していますが（p.262、コラム参照）、一番身近な都市鑑賞である「まちあるき」がどういうものか、団体型旅行と対比しながら考えるとわかりやすいでしょう。例えば、会社や町内会等の団体型旅行では、旅行を企画する幹事が旅行代理店等と相談してコースを組み、有名な観光地や話題の場所をバスガイドの案内で効率よくたどります。ただ基本的に団体行動では、気になる史跡や地元グルメがあっても勝手は許されません。観光のあり様が成熟すると個人型旅行に転換すると述べましたが、旅慣れてくれば、誰でも自分で行きたいところに行くようになります。そうすると、訪ねた地域がどういう歴史を持っていてどのように変化してきたのか、あるいは日頃人々がどんな風に暮らしているのか等に興味が出てきます。また団体型旅行は貸切バスで地域を駆け抜けるのに対して、まちあるきはまちをぶらぶら歩き、お店を少しずつ覗きながら、遅い速度ならではのゆっくりとした楽しみがあります。

　そしてもっとまちのことを知りたい時に頼むのが「まちあるきガイド」です。ガイド役の住民から説明を聞くと、垣間見るだけではわからないことや、地域の深い歴史や背景も聞くことができます。このように、まちあるきガイドはまさに地域のインタープリター（通訳者）ですが、長崎の「長崎さるく」や大阪の「大阪あそ歩」はシステム化されたまちあるきとして有名です。このように、まちあるきは地域の歴史を振り返り、人々が暮らすまちの雰囲気を味わい交流できるとても楽しい旅のスタイルです。観光客を受け入れる地域の方々にとっても、仲間とよその地域を訪ねることは重要です。さらにまちあるきに慣れてきたら、石川が示す都市鑑賞法にも、ぜひチャレンジしてみましょう。

4 展開例 2：深い歴史の温泉文化

　観光資源の分類（p.254）を学びましたが、では温泉は自然、人文、どちらの観光資源でしょうか。この答えは、両方ということになります。大地から湧出する温泉は自然観光資源そのものですが、地域で自噴していた温泉を生活に組み込み、温泉文化が形成されてきたので、人文観光資源と捉えることもできます。また 1948 年に制定された温泉法では、温泉は、地中からゆう出する温水、鉱水及び水蒸気その他のガス（炭化水素を主成分とする天然ガスを除く）で、25 度以上の温度又は特定の物質を有するものと定義されていますが[11]、こうした物質（成分）の違いから、様々な泉質を楽しむことができます。

　こうした温泉地では共同温泉がまず整備され、その後農閑期の保養や持病の療養を目的に、遠くから温泉地にやってきて数週間滞在する「湯治文化」も古くから根づいていました。そこでは来訪者は自炊を主とした湯治宿で過ごしていましたが、その湯治宿から温泉旅館へと変わるものもありました。その後温泉の掘削技術の向上や動力装置の導入で、温泉は全国各地で増えていき、温泉や露天風呂は観光の

重要な要素になりました。中でも、長い歴史で培われてきた草津温泉の湯畑や、城崎温泉の外湯は特に有名です。一方で、地域に滞在する湯治文化の再評価も近年全国で広まっています。

ところで、公衆浴場で国の重要文化財に指定されているのが、愛媛県松山市の道後温泉本館です。1894年改築のこの本館は、2019年から2024年末まで部分営業しながら保存修理工事を実施しています。地域の一大観光資源が長期間工事をするということで、観光・経済への影響も懸念されまし

図15・7　営業しながらの保存修理工事中の重要文化財・道後温泉本館（提供：松山市役所）©TEZUKA PRODUCTIONS

たが、地元の旅館組合や商店街、松山市が連携して十分に対策を施し工事に着手しました。例えば、本館120周年の大還暦を迎えたことを記念して2014年にアートイベント「道後オンセナート」が開催され、その後も同様のイベントを継続し活性化の取組みを進めています。図15・7の本館工事中の建物を覆う素屋根を活用した本館ラッピングアートもその活性化の取組みの一環です。

5 展開例3：地域の食文化と都市政策

観光地の美味しそうな料理画像をSNSで探して、旅に出たことがあるでしょうか。そうした魅力的なメニューや豪華な旅館料理はとても訴求力があります。観光や観光まちづくりにおいて、食は大切な要素であり商品ですが、同時にそれは私たちの文化そのものです。中でも和食では「旬」という概念が重要で、旬のものを食べ、季節を先取りすることに基本があります。四季の移ろいが明確な日本では、春夏秋冬それぞれに滋味深い食材があり、また地域ごとに気候風土が異なる中で、各地域の食文化が育まれてきました。一年中の行事や風物を季節ごとに順に記したものを歳時記といいますが、時空間の違いを背景に育まれた食文化を、今の時代に各地域が歳時記として観光まちづくりでどう表現していくのか、これはとても大切なことですが、豪華さや見栄えだけではこうした取組みは長続きしません。

また都市政策にとっても食は重要な要素です。例えば、スペイン・バスク地方のサン・セバスチャンという都市は、美食の街として世界中に知られますが、これは単に美味しいレストランやバルが数多くあるだけでなく、美食倶楽部という食文化を守るコミュニティや、料理を科学的に研究する機関があるからです。またチャールズ・ランドリーが提唱した「創造都市」は、2004年からユネスコにより7ジャンルのネットワークプロジェクトとして展開されており、食文化の研究や実践を意味する「ガストロノミー」もそのネットワークの1ジャンルで、特徴的な美食を誇る都市が数多く名を連ねています。

最後に日常の食についても考えてみましょう。コンビニエンスストアの食品や冷凍食品はどんどん簡便になり、簡便さそのものが食文化とは対立しないものの、非日常の食を存分に提供し、楽しんでもらうには、日常の食の豊かさや経験値が重要と言えます。すなわち、地域の食文化を豊かにすることが、観光まちづくりの質と効果を高めることにつながります。また地域の第一次産業（農林漁業）が食文化を支えていることを再度強調しておきたいと思います。

Column 石川栄耀の都市鑑賞と旅の意義

石川栄耀が 1930 年に著した「旅ゆく人の為め（都市鑑賞者のテキスト）」を、現代の言葉に置き換えながら少し紐解いてみましょう。まず石川は、旅の効果を最大にするために、旅ゆく人に都市鑑賞法を授けたいと前置きし、都市は人間の構造物であり、環境と伝統が時代精神と必要によってつくりあげられた創作であるとしました。そしてある駅に旅で着いたら、まず絵はがきをひと通り見て、地図を 1 枚手に入れてほしいと述べ、絵はがきはこれから見るべき観光名所を教えるもので、地図はこれから入っていく都市の姿を現すものであるとして、それらをまず駅の待合室でじっくり味わうことを勧めます。

そして、都市は鑑賞されるべき知的鑑賞と情的鑑賞の 2 つの面を持っており、知的鑑賞は都市全体を 1 つの生物として発生学的に味わうもので、情的鑑賞の基礎となると述べました。また知的鑑賞は形態鑑賞と内容鑑賞に、情的鑑賞は都市美鑑賞と人性鑑賞にそれぞれ分けられるとしています。石川はその形態鑑賞のはじめとして、都市の原型というものは、都市形成の主因に対して放射状の集団ができるとシンプルに定義しました。この主因とは経済的原因であり、副因は主因を育む都市の種類であるとしていますが、城下町や門前町、港町や工業都市等の種類はあくまでも副因としています。その上で都市は変化を始めます。石川は、その変化の要因のうち人文的側面として時代を反映した都市計画の実施を挙げているものの、諸外国に比べて日本はまだ途上であると述べていました。そして地形や気候等の自然的側面も影響し、近隣の都市と影響し合いながら都市は変化すると述べています。

そして、こうした都市の歴史や構造、変化の様相も分析した上で、初めて駅の待合室を出て、市内に入り内容鑑賞することを勧めています。この内容鑑賞では、市内の建物や商店街、道路の形状等の静態をまず鑑賞し、できれば市勢要覧を入手して、人口や生産額、地価等、都市の動態も数値で把握し鑑賞すべきとしています。また情的鑑賞の都市美鑑賞として、丘の上から都市を眺め、また水辺からのスカイラインを鑑賞することも勧めていますが、諸外国の都市に比べて、日本の都市のスカイラインは見劣りするとも述べていました。そして最後に人性鑑賞として、夕食の後に夜の散策に出て、その都市の民情を視察することを勧め、翌日は絵はがきの名所を回ることと結んでいます[12]。

これは石川の後の都市美運動や盛り場研究につながります。石川は戦争を挟んだ 20 年後にも、島根県松江市を世界級の都市と評した上で、「都市を造るものは市民の気質であり、その市民の気質は必ずしも彼等と語らなくとも、家の有り方、水際の扱い、あらゆる眼にふれるものに表現される」[13]、また「旅こそ人生の立体化であり、自然と人生に対するオドロキは旅によるより他に経験する方法がない」[14] と旅の意義について述べています。

5 これからの観光まちづくり

最後に、持続可能な観光や観光まちづくりについて、日本と世界で様々な動きが加速しています。また 2020 年以降、新型コロナウイルス感染症は地域と世界に大きな影響を与えましたが、同時にパラダイムも転換させ、滞在や交流も踏まえた観光まちづくりの重要性は今後さらに高まっていきます。

1 サステナブルツーリズム

　持続可能な観光を意味するサステナブルツーリズムについて、環境に関する国連の動きから見ていきたいと思います。1972年に国連環境計画（UNEP）が設立され、1980年には国際自然保護連合（IUCN）と世界保全戦略（WCS）を作成し、その中で「持続可能な開発」（Sustainable Development）の概念が初めて公表されました。その後、国連に設置された「環境と開発に関する世界委員会（ブルントラント委員会）」が4年間かけて議論し、1987年の報告書で「持続可能な開発」を「将来世代のニーズを損なうことなく現在の世代のニーズを満たすこと」と定義しましたが、これはとても重要な視点です。また1992年の「環境と開発に関する国連会議（地球サミット）」で発表された「アジェンダ21」を受けて、世界観光機関（UNWTO）、世界旅行ツーリズム協議会（WTTC）等が1995年に「観光産業のためのアジェンダ21」を作成し、ここで「サステナブルツーリズム」の概念が登場しました。そして1999年の世界観光機関の総会で、持続可能な開発の要素等10項目で構成される「世界観光倫理憲章」が採択されています。その後この憲章への誓約として民間企業や団体が憲章に署名し、サステナブルツーリズムは実践の段階へと移っていきます。サステナブルツーリズムには様々な見方がありますが、例えば2000年代初頭にイギリスのバーナード・レーン博士は、サステナブルツーリズムを実践するため、環境への配慮、交通政策、地域内経済循環等を統合した実施計画の策定を、招聘された大分県由布院でも提唱しました。

2 SDGs と JSTS-D

　その後2015年の「国連持続可能な開発サミット」で、2030年を目標にした「持続可能な開発のための2030アジェンダ」が採択されます。具体的には、SDGsとして知られる「持続可能な開発目標（Sustainable Development Goals）」が策定され、17のゴールと169のターゲットが決定されました。これを受けて、世界観光機関と国連開発計画（UNDP）が2017年に「観光と持続可能な開発目標—2030年への道程」を策定しました。その後我が国においても、グローバル・サステナブル・ツーリズム協議会（GSTC）が開発した国際基準観光指標をベースに、持続可能な観光指標に関する検討が始まり、2020年に「日本版持続可能な観光ガイドライン（JSTS-D）」が公開されました[18]。このガイドラインは、観光政策や観光計画の策定に役立つ「自己分析ツール」、地域が一体となって取り組むのに役立つ「コミュニケーションツール」、観光地域としてのブランド化に役立つ「プロモーションツール」の3つの役割を持っています。また具体的には、実施主体での意識を高めること、観光地としてのプロフィール作成、ステークホルダーにおけるワーキンググループの形成、ガイドラインの項目に基づくデータの収集と分析等、段階的な手順も示されています[15]。こうしたガイドラインに沿ってデータ収集し分析するには、実際に多くの労苦を伴うことと思いますが、観光に関係する地域の多くの関係者（ステークホルダー）が一緒に汗をかき、手を携えて持続可能な観光まちづくりに取り組んでいくことが、回り道のようで、確実な1本の道になっていくことと思います。

3 インバウンド観光再考

日本の**インバウンド観光**について、近年の状況を振り返ってみましょう。日本では、訪日外国人の数よりも出国する日本人の数が上回る状態が続き、やっと逆転したのが2015年でした。「観光立国宣言」の2003年から「ビジット・ジャパン・キャンペーン」が開始され、図15・8からわかるように、その2003年から少しずつ入国者数が伸びていますが、2008年のリーマンショック、2011年の東日本大震災でそれぞれ落ち込み、急増したのは

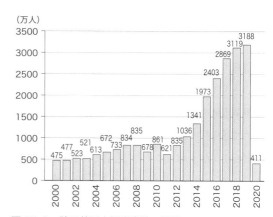

図15・8　訪日外国人観光客数の推移
（出典：日本政府観光局「年別 訪日外客数、出国日本人数の推移」[16]）

2012年以降です。その理由として、2012年以降の円安傾向も挙げられますが、大きくは国が「観光立国実現に向けたアクション・プログラム」を2013年以降毎年策定し、それに沿ってビザ要件緩和やクルーズ振興等を実施したこと、そして何より地域の方々が努力したからだと思います。2019年にはピークの3188万人を数え、全国の観光地や大都市の百貨店、家電量販店等にとっては、空前のブームとなりました。また一部の地域でオーバーツーリズムも発生し、住民の普通の暮らしが脅かされ、過剰な投資や開発も看過できない状況にありました。それが2020年の新型コロナウイルス感染症で状況が一変し、2020年の訪日外国人観光客数は411万人に激減しています。

では、このように不測の事態や数々の課題が考えられるインバウンド観光をどのように考えたらよいでしょうか。ブームの再来や熱狂に期待するよりも、ここは原点回帰で持続可能な観光まちづくりを模索することがその1つの方法と言えます。具体的には、地域の資源をさらに掘り起こし、これまできちんと伝えられなかった地域の歴史や文化をどのように表現できるか工夫する、あるいはせっかくの滞在時間を楽しみながら交流を深める方法を開発するなどが考えられます。

4 滞在・交流の可能性

図15・9では、地域での滞在日数による分類について説明しています。観光まちづくりで想定してきたのは、この図の1日〜3日の「観光」の範囲と考えられます。それに対して、近年移住が大きなトレンドになり、その移住者が定住者コミュニティの一員としてまちづくりの実践に関わる事例が増えてきました。この2つを両端において、「滞在」や「短期居住」等を配

➢1日〜3日：「観光」
　　　　　⇒ おもてなし、非日常の演出、おごちそう

➢1週〜3週：「滞在」
　　　　　⇒ 異日常、体験・活動、地域の日常食・自炊

➢1月〜3月：「短期居住」、「ライフスタイル・マイグレーション」
　　　　　　　「二地域居住」、「アメニティ・マイグレーション」
　　　　　⇒ 複数地域での生活と仕事、ライフスタイルの転換

➢1年〜　　：「移住」、「定住」
　　　　　⇒ コミュニティとの関わり、仲間との実践

図15・9　地域での滞在日数による分類

置したのがこの図です。新型コロナウイルス感染症が流行してからリモートワークやワーケーションが定着しましたが、通信環境さえあれば職場でなくても仕事ができ、また住む場所や働く場所を自由に選べる人も増えてきました。地域での滞在期間が長くなるほど、滞在者は住民に近い行動を取る傾向があり、ゲストとホストが顔なじみになり関係が近くなる、あるいは両者の関係が逆転してさらに関係性が深くなることもあります。

　ここで重要なことは、地域と地域の外の人が、従来の金銭のやり取りを介した観光の枠組みだけでなく、いかに関係性を構築できるかということです。非日常を追い求める観光には観光の価値がありますが、地域から見れば観光以外の仕組みで、魅力的な人やまちづくりに関わりそうな人たちと関係性を築けるか、ゆっくりと滞在してもらえるか、あるいは1つの拠点として短期居住に誘う<ruby>誘<rt>いざな</rt></ruby>えるか等、こうしたことが重要です。なおこの4つの区分は、あくまで1つの見方に過ぎません。実社会はつねに変化し、時代が変わればこうした見方も当然変化することでしょう。ただこうして観光やツーリズムの概念が広くなっていく時代に、地域に滞在し交流することがどういう意味を持つのかを考えながら、観光まちづくりを実践していかなければなりません。

5　災禍への備え

　最後に、地域として災禍にどのように立ち向かうのかを考えたいと思います。2020年以降の新型コロナウイルス感染症のパンデミックでは、誰も想像できなかったほどに日常生活が制約されてしまいました。このパンデミックに加えて、地震や台風もほとんど前触れなく地域を襲います。1995年の阪神淡路大震災、2011年の東日本大震災、2016年の熊本地震と、日本列島は環太平洋火山帯に位置しているので地震から逃れることはできず、東海・東南海・南海巨大地震の発生も想定されています。また地球温暖化は世界的な大きな課題ですが、近年の日本の集中豪雨や大型台風、そして豪雪もこの温暖化が作用しています。都市計画を実践していく立場から、これらにどう立ち向かい、レジリエンスを強化し、しなやかな社会をどうつくっていくのか、これはとても大きなテーマです。中でも観光や観光まちづくりは、安全や安心が前提で実現できることです。幸い地域で整備されてきたハザードマップの精度も高くなり、スーパーコンピューターの活用で、災害のメカニズムや影響もより明らかになってきました。

　例えば、観光地として知られる愛媛県松山市は、2005年から南海トラフ巨大地震等の大規模災害に備えるため、全額公費負担での防災士養成を始め、自主防災組織をはじめ、市立小中学校や保育園、幼稚園、福祉施設や災害協定事業所など、様々な職域や世代の方に防災士の資格取得を促す取組みを進めています。その結果、全国の自治体で日本一の防災士数が誕生し、地域防災力を高めています[17]。まさに備えることが大切で、観光まちづくりで育まれる関係性は、平常時にもそして非常時にもきっと頼りになると思います。最新技術を利用しながら、過去にも学び、地域全体で災禍に立ち向かっていくことが求められます。

観光まちづくり（大分県由布市由布院）

観光まちづくりという概念が生まれる前から、この概念に近い実践を積み重ねてきた地域が全国にいくつもありますが、そのうちの1つが由布院です。由布院の観光まちづくりのきっかけは約100年前にあります。由布院の人たちはこの100年どのように考え、どう動いてきたのでしょうか。

①観光まちづくりの端緒

由布院は、周囲を山に囲まれた盆地で、その東側に由布岳がそびえ立っています。由布院という地名は、平安時代の木綿の倉院に由来する千年以上続く地名です。16世紀後半に由布院に教会堂が設置されましたが[18]、その後のキリシタン弾圧により、江戸時代の由布院は、島原藩預地と延岡藩飛地に分断統治されました[19]。江戸時代には温泉を公表することも許されず、温泉地としての黎明は明治以降になります。由布院は標高が450m以上の盆地で気候が寒冷で、1911年と1913年に耕地整理されるまで、農作業にも事欠く湿地帯や湿田であったものが、その後耕地や道路や家屋も建

図15・10　久大本線の線形と由布院盆地
（出典：国土地理院地図（電子国土Web））

図15・11　開業当時の北由布駅（現：由布院駅）前の風景
（古城秀俊氏旧蔵）

てられる乾地へと生まれ変わりました[20]。その由布院に鉄道建設の話が持ち上がったのが1922年のことです。1912年に鉄道敷設許可を得て大分駅と湯平駅の間で工事を始めた大湯鉄道が、第一次世界大戦の影響で途中開業以降目途が立たなくなり、鉄道省が1922年に大湯鉄道を買収し、大分駅〜久留米駅間の九州横断鉄道（現：JR九州久大本線）の計画を決定しました。

ここからが由布院100年の取組みです。鉄道省の当初計画では鉄道路線が由布院盆地を通らず、盆地の西端をかすめる計画でした。そこで由布院の人々は誘致運動を展開し、由布院盆地の中にU字状に線路を曲げて、曲がったその先端に北由布駅（現：由布院駅）が開業したのが1925年でした[21]（図15・10）。図15・11が開業当時の駅前の風景ですが、先人の取組みのおかげで、由布院はまちの真ん中に駅ができ、観光客も駅を降りてすぐに観光ができるという稀有な環境を得ることができました。

さてみなさんは、図15・11を見て何を感じるでしょうか。この駅前から由布岳を望む雄大な眺めも先人の賜物ですが、日本人は古くから「山アテ」という景観形成の手法を用いてきました。この山アテを具体的にどう計画し、なぜこの位置に駅を設置したのかは未解明ですが、新しい時代を切り開いていく当時の意気込みがこの写真から伝わります。

北由布駅開業前年の1924年に、東京帝国大学の本多静六博士が、北由布村（現：由布市）で「由布院温泉発展策」と題した講演を行っています。本多博士は日本で最初の林学博士で、ドイツに留学し日比

谷公園や明治神宮の設計をしたことでも有名ですが、その本多博士が由布院で、美観にも健康にもよい公園林のつくり方や、道路整備の考え方を提示し、特に由布院は風光明媚な場所であるので開発し過ぎないこと、遊歩道を整備すること、そしてドイツの温泉保養地バーデンを見習うことを提案しました[22]。

　講演から47年後に、バーデンを由布院の若者3名が訪ね、観光とまちづくりを結びつける手がかりを得たことが100年後半の大きな転機となります。

②高度経済成長期以降の由布院の発展と課題

　約100年前に、鉄道駅をまちの中心部に誘致し、駅前から由布岳を望む景観を設えたこと、本多博士からまちづくりの提案を受け、ドイツに学ぶヒントを得たこと、そして約50年前に、3名の若者がドイツを訪ね、観光とまちづくりを結びつける手がかりを得たことが重要です。この3名がドイツや欧州を45日間訪問した1971年は高度経済成長期の最後で、まさに団体型観光が華やかな頃でした。その時代にドイツや欧州の様子を見聞して、自らの地域の資源を再認識し、まちづくりから観光を発想することができたのです。

　具体的には、風景・景観を保全し、地元の産物を用いて小規模な施設で個人・小グループの客をもてなし、まちを散策するスタイルを、50年間世代を継ぎながら実践しています。また1980年代後半のバブル期に大型開発の計画が数多く押し寄せましたが、1990年に当時の湯布院町が「潤いのある町づくり条例」を制定し、乱開発から地域を守りました。一方で交通渋滞やオーバーツーリズムの課題に対して、交通混雑を解消し歩いて楽しい環境づくりを検討するため、2002年に「湯布院・いやしの里の歩いて楽しいまちづくり交通実験」を実施しました。

　その結果、個人・小グループに支持される観光地として評価されていますが、外部資本の進出が続いています。また今の由布院の景観が100年前と比べて優れているのか否か、正直、一部のエリアで景観が乱れているのは事実だと思います。鉄道の利便性がよいにも関わらず、前述したように自家用車やレンタカーで来訪する観光客が増大して交通渋滞も引き起こし、オーバーツーリズムも発生して、1975年と2016年に大きな地震を経験しました。そして2020年以降新型コロナウイルス感染症の影響に苦しんでいるのは、全国の地域と同様です。新型コロナウイルス感染症の影響も含めて観光は浮き沈みを伴うものであること、地域にとって福と禍の両方がもたらされることを念頭に置かねばなりません。

③これからの滞在型観光のスタイル

　現在、由布院盆地の中には田園風景が広がり、その農地の間に住宅や観光施設が混在しています。「潤いのある町づくり条例」には建物の高さ規制も盛り込まれており、盆地内に極端に高い建物は存在せず、地域の環境はまず保たれています。一方で、新型コロナウイルス感染症は地域に大きな苦難を与えただけでなく、観光のパラダイムの変化も迫っています。そこで由布院は観光まちづくりの原点に戻り、環境を保全しながら長く滞在してもらうため、歩いて楽しい環境づくりや地域資源を紹介する取組みを行っています。具体的には、由布院温泉観光協会が「由布院生きもの図鑑」や「おさんぽマップ」を2020年に改訂し、地域の環境の価値を来訪者と共有するという、新しい滞在のスタイルを築く時代を迎えています。

計画事例 2　歴史まちづくり（愛媛県内子町）

愛媛県内子町では「歴史まちづくり」の施策が行われています。まちとムラが呼吸するように価値を紡いできた様子や、特色ある地域文化が今日まで継承されてきた「歴史的風致」を見てみましょう。

図 15・12　国重要文化財・内子座（提供：内子町役場）

①歴史まちづくりと重伝建の取組み

まず歴史まちづくりの枠組みを説明します。地域で、城や神社等の歴史上価値の高い建造物や、町家や武家屋敷などの歴史的な建造物が残されていて、そこで工芸品の製造・販売や祭礼行事など、歴史と伝統を反映した人々の生活が営まれ、地域固有の風情、情緒、たたずまいを醸し出している良好な環境を歴史的風致といいます。それを維持・向上させ後世に継承するために 2008 年に「歴史まちづくり法」が施行されました（10 章）[23]。具体的には、国の基本方針に則って市町村が歴史的風致維持向上計画を作成し、国による認定が行われますが、内子町は 2019 年に全国で 77 番目、令和第 1 号で認定されました。その 37 年前の 1982 年に、内子町は四国で初めて八日市護国地区が重伝建地区（地区種別：製蝋町）に選定され、今日まで地道に活動を続けてきました。八日市護国地区の美しい町並みは、江戸時代後期から明治時代にかけての木蝋生産によって栄えた町並みが今に伝わっているものです。また 1916 年には地元旦那衆が発起人となって木造芝居小屋「内子座」（図 15・12）が建設され、国の重要文化財に指定された今でも地元住民が利用し、そして歌舞伎や文楽等の興行も行われています。

地道な取組みを進めてきた旧内子町は、資源豊かな旧五十崎町・旧小田町と 2005 年に合併し、新内子町が誕生しました。一方で少子化・高齢化による人口減少や農林業の衰退などの課題解決は容易でない中、人口減少は続き、どのようにしてこの歴史的価値を維持・発展させていくのかは大きな課題でした。中でも内子町の貴重な地域資源である歴史的建造物の維持や伝統行事などの歴史的風致の維持向上を改めて考えなければならない時がきていました。また、重伝建地区は四国有数の観光資源として認識されており、観光客も数多く訪れていますが、その多くは貸切バスによる団体型旅行や日帰り観光客であり、内子町での滞在時間を延ばし宿泊客数を増大させることも課題でした。また中心部の商店街は空き店舗や空き地が増える傾向にあり、内子町全体としての活性化も望まれていました。

②歴史的風致維持向上計画の概要

認定された内子町「歴史的風致維持向上計画」の計画期間は、2019 年度から 2028 年度の 10 年間です。同計画の中で、まず内子町における維持・向上すべき歴史的風致の 5 つの柱が挙げられます。

i. 在郷町内子・五十崎にみる歴史的風致

ii. 小田川が結ぶ小田林業と山とともにある営みにみる歴史的風致

iii. 里山が育む村並みにみる歴史的風致

iv. 大瀬「森のなかの谷間の村」の営みにみる歴史的風致

v. 街道、遍路道にみる歴史的風致

　これまで、内子町の町並み保存では、中心部の八日市護国の重伝建地区だけが対象でしたが、内子町は町並み保存だけでなく、周辺地域の農村集落が活気づくよう、自然保護、環境、景観を通し地域の個性をしっかりと自認し自治の力を住民が養う村並み保存や、水や土の源であり生物にとってなくてはならない山と人との関わりや自然との共生を求めていく山並み保存にも力を入れてきました。内子町の歴史まちづくりの取組みは、そうした政策の延長線上にあると見ることができます。

　また、同計画には「重要文化財等として指定された建造物を中心に、歴史的価値の高い建造物が集まり、歴史的・地域的関係性に基づく一体性をもって良好な市街地環境を形成している範囲であって、歴史的風致の維持及び向上を図るための施策を重点的かつ一体的に推進することが必要な範囲」として重点区域が設定されており、また以下の5つが重点区域における事業の柱として提示されています。

i. 歴史的建造物の保存・活用
ii. 歴史的建造物の周辺環境の保全・整備
iii. 伝統産業や伝統行事・祭礼等、歴史的営みを反映した活動の継承
iv. 歴史的資源の調査研究、周知・啓発
v. 住民参加の歴史まちづくり

③計画策定後の展開

　歴史まちづくりの事業が始まり、中心部では、江戸後期に建築された歴史的風致形成建造物の修理・活用のための整備基本構想策定に着手し、重要文化財内子座の修理のための調査工事にも着手しました。また空き店舗対策や、職人の技術継承等、担い手育成事業も継続して行われています。本事業と現在直接の関わりはありませんが、周辺地域での取組みも活発で、例えば1987年に「石畳を思う会」が結成された石畳地区では、水車の建設や農家を移築再生した「石畳の宿」の運営に加え、現在「株式会社石畳つなぐプロジェクト」が設立され、農薬不使用の完熟栗による特産品開発等の地域の新しい産業で、田園風景と暮らしを守ることを目指しています。また小田地区では交流拠点「どい書店」が誕生し、地域おこし協力隊ら青年たちが、こどもたちのたまり場やカフェの運営、空き家再生、シェアオフィス運営、移住相談、小田高校の活性化を担っています。このように内子町は今、町全体が活性化しています。

■ 演習問題 15 ■

(1) 観光の2つの視点（図15・2）について、身近な地域の様子を2つの視点から説明してください。

(2) 次に、訪れる観光客に、他人事でなく自分事として提供できることを3つ挙げてください。

(3) 最後に、来訪者が地域で滞在や短期居住し交流できるための方策を4つ考えてください。

注1　六次産業：農業経済学者の今村奈良臣が提唱した概念。本来は、農林漁業の第一次産業従業者が、生産だけでなく、製造・加工の第二次産業や、流通・販売の第三次産業にも取り組むことを推奨したもの。現在では各産業が連携する意味でも用いる。ちなみに数字の6は、3つの産業の足し算と当初言われたが、掛け算であるという見解も存在する。

注2　DMO：Destination Management/Marketing Organization の略

参考文献

1) 西村幸夫編著『観光まちづくり　まち自慢からはじまる地域マネジメント』学芸出版社、2009、p.11

2) アジア太平洋観光交流センター観光まちづくり研究会編『観光まちづくりガイドブック　地域づくりの新しい考え方〜「観光まちづくり」実践のために』アジア太平洋観光交流センター、2000、p.5

3) 国土交通省ウェブサイト「21世紀初頭における観光振興方策について」(https://www.mlit.go.jp/kisha/oldmot/kisha00/koho00/tosin/kansin/index_.html、2021年2月21日閲覧)

4) 米田誠司「観光政策の担い手と新しい連携」『ECPR』Vol. 38、愛媛地域政策研究センター、2016、p.45

5) 観光庁「観光の現状等について」2017年9月（https://www.mlit.go.jp/common/001202104.pdf、2021年2月21日閲覧）

6) 村上和夫「旅行記事における日常性の表現に関する考察」『日本観光研究学会 第22回全国大会論文集』2007、p.177

7) 山田真茂留『非日常性の社会学』学文社、2010、p.88

8) 文化庁ウェブサイト「伝統的建造物群保存地区」(https://www.bunka.go.jp/seisaku/bunkazai/shokai/hozonchiku/、2021年2月21日閲覧)

9) 観光庁ウェブサイト「観光地域づくり法人（DMO）とは？」(https://www.mlit.go.jp/kankocho/page04_000048.html、2021年2月21日閲覧)

10) P. コトラー・D. H. ハイダー・I. レイン著、井関利明監訳『地域のマーケティング』東洋経済新報社、1996、p.180

11) 白坂蕃・稲垣勉・小沢健市・古賀学・山下晋司編集『観光の事典』朝倉書店、2019、p.284

12) 石川栄耀「旅ゆく人の為め（都市鑑賞者のテキスト）」『都市公論』第13巻11号、都市研究会、1930、pp.54-74

13) 石川栄耀「名都抄」『旅（25）6』財団法人日本交通公社、1951、pp.44-46

14) 石川栄耀「都市の鑑賞法（1）　いわゆる都市美とは」『旅（28）4』財団法人日本交通公社、1954、pp.69-71

15) 観光庁・UNWTO駐日事務所『日本版 持続可能な観光ガイドライン』2020年6月（https://www.mlit.go.jp/kankocho/content/001350849.pdf、2021年2月21日閲覧）

16) 日本政府観光局「年別 訪日外客数、出国日本人数の推移」(https://www.jnto.go.jp/jpn/statistics/marketingdata_outbound.pdf、2021年2月21日閲覧)

17) 松山市ウェブサイト「松山市の防災士」(http://www.city.matsuyama.ehime.jp/kurashi/bosai/bousai/bousaishi/bousaishi.html、2021年2月21日閲覧)

18) 湯布院町町誌編集委員会『町誌「湯布院」』新日本法規出版、1989、pp.218-226

19) 同上、pp.249-258

20) 同上、p.472

21) 同上、pp.952-958

22) 由布院温泉観光協会『本多静六博士の「由布院温泉発展策」』2005、pp.2-20

23) 国土交通省『歴史まちづくり』2020年3月（https://www.mlit.go.jp/toshi/rekimachi/content/001343499.pdf、2021年2月21日閲覧）

16章
これからの都市計画

1 都市問題の多様化

　これからの都市計画を考える上で重要な視点とは何でしょうか。都市に関連して発生する様々な問題を解決し、健全で秩序ある発展に寄与するのが都市計画です。つまり、これからの都市計画では従来までの都市問題に対処しつつ、新たな問題や課題に対応することが重要と言えます。ここで述べる都市問題は、すでにその解決に向けた努力がされているものですが、十分な解決策が見出せていない分野でもあります。特徴的な問題を取り上げて、その解決について考えていきましょう。

1 国際化と都市間競争

　現在、世界中で都市化が進み 2050 年には世界の全人口の 68% は都市に居住すると予測されています。農村部から都市部への人口流入が続くとともに、世界全体の総人口も急速に増加しています。また、国境を越えた市場経済の拡大によって都市の国際化が進み、厳しい都市間競争の時代へと突入しています。このような世界規模で起きる都市化や地域間格差への対応には、国を超えた協調や連携が必要となります。2015 年の国連サミットにおいて、地球上の「誰一人取り残さない（leave no one behind）」ことが誓われ、2030 年までに持続可能でよりよい世界を目指す国際目標として「持続可能な開発目標（SDGs）」が掲げられました（図 16・1）。SDGs は発展途上国だけでなく、先進国も取り組む目標であり、17 のゴールと 169 のターゲットから構成されています。どの目標も都市計画と関連性がありますが、目標 7 の「エネルギーをみんなに、そしてクリーンに」、目標 8 の「働きがいも経済成長も」、目標 9 の「産業と技術革新の基盤をつくろう」など都市計画でも取り組むべき項目が多くあります。また、13 章で説明したように目標 11 は「住み続けられるまちづくりを」となっており、都市の持続性と深い関係性があります。

　一方で日本に目を向けると 2008 年に総人口のピークを迎え、人口減少社会が続いています。加えて総人口が減り続ける中で、大都市への人口偏重が続いています（図 16・2）。人口動態の変遷を見ると時代によって変動はありますが、半世紀以上にわたって一貫して東京圏だけ著しい転入超過が続いています。大阪圏、名

図 16・1　持続可能な開発目標（SDGs）
（出典：https://www.jp.undp.org/content/tokyo/ja/home/sustainable-development-goals.html）

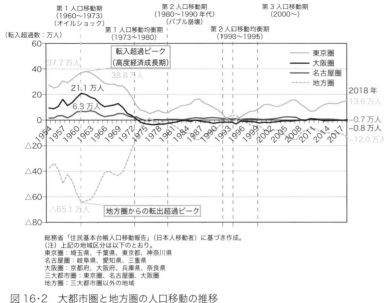

図 16·2　大都市圏と地方圏の人口移動の推移
（出典：内閣府『まち・ひと・しごと創生長期ビジョン　令和元年改訂版』2019）

古屋圏は転入と転出がほぼ均衡していますが、地方圏は継続的に人口流出が続き、東京圏が増える分、地方圏で減少していることがわかります。都市の魅力を保ち続けて拡大を続ける都市と、相対的な魅力低下によって縮退を余儀なくされる都市が現れ、都市間の格差がますます拡大することが予想されます。特に大都市から離れた地方部や中山間地域では、人口の半数以上が65歳以上の高齢者となる地域（限界集落）が増加し、社会的な共同生活が困難となるなど大きな社会問題となっています。

2 都市内部の問題の深化

　技術の進歩によって近代的な都市が形成され、一定の成長を経て成熟期に入ると、都市内部で発生している様々な問題がクローズアップされるようになりました。貧富の格差の是正だけでなく、社会的に少数者の集団（マイノリティグループ）とどのように向き合い、どのようにして共に支えあう社会を形成できるかが課題となっています。このように、社会的に弱い立場の人々を孤独や差別から解放し、同じ地域社会の一員として支え合うことを社会的包摂（ソーシャル・インクルージョン）と言います。

　また、心身の障害の発露によって生活になんらかの制限を受けている障がい者は、身体障害者（436万人）、知的障害者（108万人）、精神障害者（419万人）を合わせると、全国民の7.6％にも達しています。これまでも、障がい者が社会生活をする上での支障となる物理的あるいは精神的な障害を取り除くバリアフリーなどの施策が実施されてきました。その結果、駅の段差を解消するなどの物理的な施策は一定の成果を上げてきましたが、精神的な健康については対応が難しく、都市計画における施策も限定的となっています。しかし、精神的な健康を害すると、最悪の場合には自殺に至るケースも多く見られます。日本での年間の自殺者数は約2万（2019年）で、これは交通事故死者数の約6倍の値であり、極めて深刻な問題であることがわかります。自殺の原因は様々ですが、日本において自殺率と都市環境の関係を調べた結果、自殺が少ない地域には、いろいろな人が住む多様性や緩やかなコミュニティとなる柔軟性の特徴があり、可住地人口密度が高い傾向があることがわかってきました。この分野の研究はまだまだ不足しており、今後の展開が期待されます。

3 多様な災害への対応

　日本は災害大国と呼ばれ、歴史的に様々な災害に見舞われてきました。特に地震や台風、集中豪雨などの自然災害は諸外国と比べても非常に多いことが知られています。国土の約7割を山地・丘陵地が占めているため河川が急勾配であり、降った雨は山から海へと一気に流れます。そのため大雨が降ると、洪水や土砂災害がたびたび発生します。また、地震、火山活動が活発な環太平洋火山帯に位置しているため、国土面積は世界の0.25%でありながら、地震の発生回数は、世界の18.5%と極めて高い割合を占めています。近年は、洪水や土砂災害を引き起こす大雨や短時間強雨の回数が増えており、強靭な国土の構築を進めるとともに、都市計画においてもその対応が大きな課題となっています。

　対策として、災害から人々を守るインフラ整備や避難経路の確保を行いつつ、災害ハザードエリアにおける開発の抑制や、移転の促進が進められています。例えば、コンパクトシティへと誘導する立地適正化計画において、居住誘導区域から危険なエリアを除外するなどの総合的な対策を講じていきます。人々の日々の生活を守りながら、災害のリスクの高いエリアから徐々に撤退するためには、都市計画として極めて難しい判断も要求されます。

　また、2020年に発生した新型コロナウイルス（COVID-19）の世界的な大流行は、都市計画の基本である公衆衛生についても大きな課題を投げかけています。感染拡大を防止するため世界中で在宅（Stay Home）が呼びかけられ、ソーシャルディスタンス（社会的距離）をとることの重要性が強調されました。感染予防のための都市のあり方も問われています。このように以前の生活様式や経済活動などの継続が困難になったときに、これらの諸問題に対応して新しい生活様式が模索されます。このような新たな常態・常識のことをニューノーマルと呼びます。

4 ニューノーマル時代のまちづくり

　飛沫感染する新型コロナウイルスへの感染防止対策として、人の流動を止め、ソーシャルディスタンスを保つことが推奨されました。一方で、人口密度の高い都市の脆弱性について様々な議論がありますが、都市密度と感染率の高さの直接的な関係は未だに見出されていません。OECD（2020）は「新型コロナウイルスへの都市の政策対応」（Cities Policy Responses to COVID-19）の中で、「健康問題は、都市の密度ではなく、むしろ構造的な格差と都市化の質に関係する」と指摘しています。つまり、格差の存在や貧困層の密集の方が、感染の影響を受けやすいのです。また、「近接性の再発見は、公共空間や都市設計・計画を見直し、モビリティ向上からアクセス向上へと目的が急速に変わるきっかけとなり得る」ことを主な教訓の1つとしています。飛沫感染によって拡大するウイルスに対応できる都市とは、飛沫感染を防止する良質な空間設計や、感染拡大を抑止する生活スタイルの確立により実現します。例えば、ゆとりのある歩行空間やオープンスペースを都市内に整備し、日常生活を身近な生活圏の中でも完結できることが重要な要素の1つとなります。これまで私たちは高速に移動可能なモビリティを開発して、生活圏域を広げてきました。そのため、広域移動が都市生活の前提となってしまい、これが環境負荷の増大を招き、感染拡大への対応を困難にした原因の1つにもなっています。もちろん高速移動の交通シ

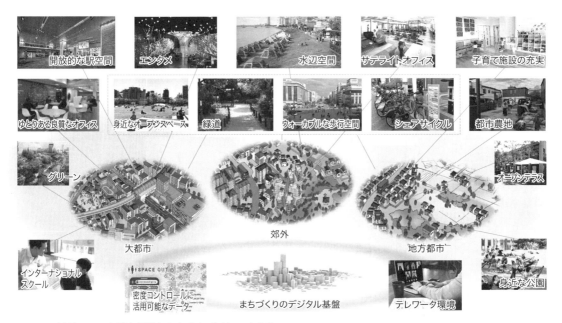

図16・3　新型コロナ危機を契機としたまちづくりの方向性
(出典：国土交通省ウェブサイト「新型コロナ危機を契機としたまちづくりの方向性」2020年8月)

ステムは私たちの生活を豊かにしてくれます。一方で、これからの都市計画は、徒歩や自転車を基本とし、歩いて暮らせる範囲に、必要な施設を充実させておくことも重要です。そうすることで、様々な災害に対しても柔軟な対応ができ、地域コミュニティの育成や身体活動の増加による健康維持の効果も期待できます。国土交通省は多くの有識者のヒアリングを通して、2020年8月に「新型コロナ危機を契機としたまちづくりの方向性」を示しました（図16・3）。これまでの都市政策を継続しつつ、情報技術を活用した人と環境に優しいまちづくりが提唱されています。

2 情報通信技術の進展と都市計画

1 情報通信技術の進展

　情報通信技術（ICT；Information and Communication Technology）の発展は、都市生活やビジネスを大きく変化させています。特にスマートフォンは子どもから高齢者まで、1人1台のペースで普及し、遠隔のコミュニケーション以外に情報取得、学習や娯楽といった多様なニーズに応え、現代生活の一部となっています。また、インターネットの普及は在宅勤務やネットショッピングを容易にし、外出しないで多くの仕事をしたりサービスを享受できるようになりました。近年の交通行動調査では、すべての世代で外出率の低下傾向が見られ、特に若年層でその傾向が強いことがわかっています。これは現代の生活様式が徐々に変化してきていることを示しています。さらに新型コロナウイルスの大流行によって、テレワークの需要が急増するなど、ライフスタイルが急速に変化をはじめています。

　また、ICTの活用によって共有経済（sharing economy）も進化しています。自動車を共有するカー

シェアリング、事務所や会議室を共有する**コワーキング**、あるいは観光における民泊など様々な分野で広がりを見せています。特に、2000年代以降にインターネット上で容易に賃貸や売買ができるプラットフォームを提供する企業が現れ、データを活用したビジネスが急成長するとともにその市場は飛躍的に拡大しました。

　これからは、物的な空間であるフィジカル空間を対象とした都市計画だけでなく、データによってつくり上げられた仮想的な空間であるサイバー空間を活用した計画づくりがますます重要となるでしょう。それはサイバー空間がフィジカル空間に与える影響が無視できないほど大きくなっていることにも起因します。

2 ICT の活用と都市計画

　情報化社会の進展は、これまでの空間の概念を大きく変えてきました。物理的な距離を越えるコミュニケーション技術の進展が、多様な場所を直接つなぎ、新たな産業やコミュニティを創出しています。また、IoT（Internet of Things）などにより様々な情報が収集され、膨大なデータ（ビッグデータ）が蓄積され続けており、その活用が期待されています。これまでの都市計画の技法をもとに ICT の活用を考えると、データ収集、解析から合意形成およびマネジメントにいたる計画の過程において、いくつかの技術的進化が期待されます。

①都市計画基礎調査の拡充（ビッグデータの活用、データプラットフォームの構築）

　従来の都市計画基礎調査や交通行動調査はデータ更新期間が数年単位のように長いため、短期的な変動をつかまえることは困難でした。一方でサイバー空間では秒単位から分単位といった短時間の膨大な情報が蓄積されており、その活用によって柔軟な計画立案や政策評価ができるようになりました。また、このようなビッグデータを都市計画で扱うためには、データ分析の基盤となるデータプラットフォームの構築が不可欠となっています。

②解析手法の進化（人工知能（AI）の活用）

　収集されたデータを扱う統計手法においても、従来の解析方法に加えて、新しい解析法が次々と提案されています。これまでの都市解析の基本は、収集したデータをまとめて集計して、その傾向などを分析する方法が主流でした。しかし、極めて短時間に逐次更新されるビッグデータに対応するためには、データ取得ごとに自動的に分析結果が更新される方法が必要で

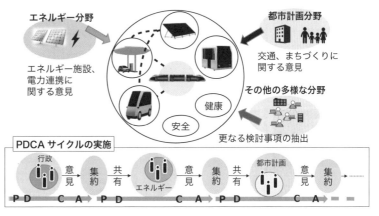

可視化した将来都市像に対して、多様な分野の関係者の意見を集約。
PDCA サイクルを実施することで都市像を繰り返し改善していき、合意形成を図る。

図16・4　可視化ツールによる合意形成プロセス

す。強化学習などの人工知能（AI）の開発が進むとともに、統計学においても頻度論に加えてベイズ理論が注目されています。

③合意形成手法の拡充（都市空間の可視化、仮想現実等の活用）

　都市計画では素案から事業に至るあらゆる段階において、市民や関係者に対して積極的な情報提供やコミュニケーションを行う PI（Public Involvement）が重要です。これまでは市民説明会、ワークショップなど対面式の情報交流が多く見られましたが、今後はサイバー空間における SNS などを積極的に活用した情報交流が必要となります。その際には誰にでも容易に理解できることが重要となり、分析結果や計画内容の可視化がこれまで以上に必要となります。例えば、都市空間を 3 次元 CG や仮想現実（VR；virtual reality）、拡張現実（AR；augmented reality）などで再現し、計画プロセスや将来像などを視覚的に表現することで理解を助けることができます。

　多様なビッグデータから算出された代替案は、わかりやすい可視化ツールを用いて具体的に表現され、多くの関係者の意見を反映して PDCA サイクル（plan-do-check-act cycle）を実施することで、次第に合意できる成案へと近づけることができます（図 16・4）。

3　スマートシティ

　モノがインターネットに接続されて相互に情報交換する IoT の活用が多様な分野で進んでいます。都市内の様々な IoT のセンサーが膨大な情報を集め、ICT を活用して全体最適化が図られる都市（または地区）は、スマートシティと呼ばれています（図 16・5）。2010 年代の初頭からスマートシティの導入事例は増え始め、世界各地でスマートシティに向けた動きが加速化しています。日本におけるスマートシティの黎明期は、電力システムのスマート化が牽引してきました。その主たる技術としてスマートグリッドがありますが、これは電力の流れを需要と供給の双方から制御して、需給バランスの最適化を図るシステムです。あるいは、特定の地域内の分散型電源（太陽光発電、風力発電、バイオマス発電など）を ICT とともに積極的に活用した電力供給システムとしてマイクログリッドが挙げられます。

スマートシティ
　⇒ 都市の抱える諸課題に対して、ICT 等の新技術を活用しつつ、マネジメント（計画、整備、管理・運営等）が行われ、全体最適化が図られる持続可能な都市または地区

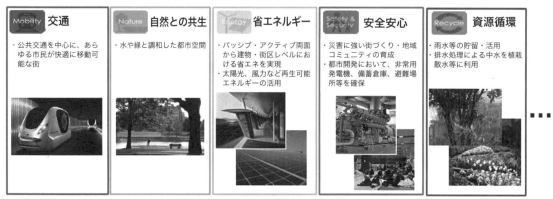

図 16・5　スマートシティとは（出典：国土交通省都市局『スマートシティの実現に向けて【中間とりまとめ】』2018 年 8 月）

個別分野の技術革新から始まったスマートシティですが、次第に分野間の相互連携が進み、現在は都市全体を巻き込んだ広域かつ広分野に展開しています。その成果は、重要業績評価指標（KPI；Key Performance Indicators）の考え方を用いて確認されながら、ICT、IoT を活用したより豊かで持続可能な社会の形成に向けた取組みが続けられています。

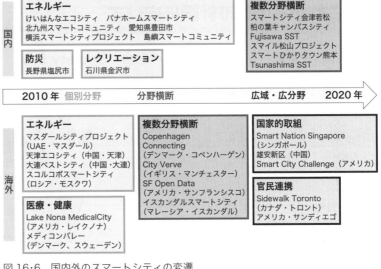

図 16·6　国内外のスマートシティの変遷

　空間概念のパラダイムシフトが起きる中で、今後の都市計画においては新しい生活様式やビジネスを前提とした、新しい計画概念が必要となっています。特に、人口減少社会における持続可能な都市モデルとして発達してきたコンパクトシティに対して、スマートシティは異なる特徴を持っています。そのため従来のフィジカル空間を対象とした都市計画に、ICT で具現化したサイバー空間を加えて総合的にマネジメントする必要があります。

　スマートシティはどのような社会的なニーズから生まれてきたのでしょうか。実は国や地域によってその成り立ちは異なります。アメリカにおいては、電力危機を背景として、送配電網の効率的運用のための再構築ニーズが高まり、スマートシティはスマートグリッドを軸とした計画から始まりました。一方で、欧州では地球温暖化対策の一環として、都市の省エネ化、低炭素化を目的としたエコシティに続くコンセプトとして、スマートシティの取組みが始まりました。アメリカやヨーロッパの事例が主として既存都市を対象としたのに対して、新興国におけるスマートシティでは、更地を対象とした新都市開発の事例が多く見られます。その目的を見ると雇用の確保や新規産業の創出を含めた包括的なものとなっているのが特徴です。また、日本では 2010 年からスマートコミュニティと名付けられた実証実験が国内 4 か所でスタートしたことが、スマートシティの端緒となっています。欧米と比較して、技術実証の場としてまちやコミュニティを選出したことが特徴ともいえます。2010 年頃からのスマートシティの流れを図に示すと、各地域がそれぞれの個別分野から始まり、次第に他の分野を巻き込んで分野横断的になっていくことがわかります（図 16·6）。近年はさらに、広域かつ広分野にまたがり、都市圏レベルや国レベルで取組みが進められています。

③ これからの都市計画に向けて

① サイバー空間とフィジカル空間の融合：Society 5.0

　都市計画を支える様々な技術の中でも、人工知能（AI）の活躍は目覚ましく、AIを搭載した生活家電などはすでに実用化され、身近なところで普及しています。最新技術のように見えますが、実は最初に人工知能という言葉が使われ始めたのは、1956年にアメリカのダートマスで開催された会議と言われています。1960年代からニューラルネットワーク、機械学習などの人工知能研究が盛んとなりますが、いったん下火となります。その後、1980年代に商用化に結び付いたことで人工知能ブームが再来し、専門家

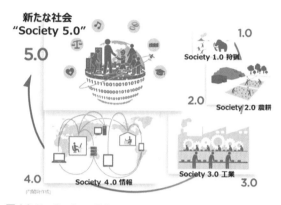

図16・7　Society 5.0
（出典：内閣府ウェブサイト「Society 5.0」https://www8.cao.go.jp/cstp/society5_0/index.html）

の意思決定を再現するエキスパートシステムの開発などが進められました。しかし、1990年代初頭には膨大な知識の維持管理などの問題や、その限界が指摘されブームは急速に冷めていきます。1960年代が第1次、1980年代が第2次とすると2010年代以降は第3次ブームといえ、現在はインターネットと連携した深層学習（ディープラーニング）によるビッグデータ解析が注目されています。

　人工知能の活用は至る所で始まっています。都市計画において注目すべきは、AIはフィジカル空間とサイバー空間の融合を支援するツールとして位置づけられている点です。日本政府は、サイバー空間とフィジカル空間を高度に融合させたシステムにより、経済発展と社会的課題の解決を両立する「人間中心の社会」のことを、Society 5.0と呼称しています。これは、これまでの社会を狩猟社会（Society 1.0）、農耕社会（Society 2.0）、工業社会（Society 3.0）、情報社会（Society 4.0）と分類し、これに続く、新たな目指すべき社会として、第5期科学技術基本計画（2016）において提唱されました（図16・7）。Society 5.0では、フィジカル空間に設置されたセンサーからの膨大な情報がサイバー空間に蓄積され、そのビッグデータはAIによって分析され、その分析結果が様々な形でフィジカル空間の生活にフィードバックされます。また、Society 5.0の先行的な実現の姿としてスマートシティを位置づけています。少し夢のようなお話ですが、近い将来様々な都市の要素がサイバー空間でつながり、都市問題の解決に寄与することが期待されています。

② コンパクトシティとスマートシティ

　スマートシティは都市内の様々な問題解決に寄与する一方で、従来の都市計画とどのように整合性を図るかが課題となります。特に、持続可能な都市モデルとして提案されているコンパクトシティとの親和性については十分に留意する必要があります。例えばスマートシティにおいて自動運転車が普及する

と、郊外地域の交通利便性が飛躍的に向上
し、都心や駅近くに立地することの相対的
な優位性は低下することが予想されます。
フィジカル空間で都市のコンパクト化を目
指しながら、サイバー空間では低密拡散型
の都市を支援する仕組みを構築しようとし
ているともとれます。つまり、同じ持続可
能な都市を目指しながら、この両者には手
段や原理などに大きな違いがあることに留意すべきです。

都市像	コンパクトシティ	スマートシティ
対象	空間	情報
視認性	可視	不可視
原理	縮退	拡張
手法	計画・マネジメント	情報統合技術
主体	公的中心	民間中心
期間	長期	短期

図 16・8　コンパクトシティとスマートシティの違い

　コンパクトシティとスマートシティの違いを簡略化してまとめると図16・8のようになります。コンパクトシティは主としてフィジカル空間を対象とするので実際に見ることができますが、スマートシティはサイバー空間で構築されるため直接見ることは困難です。コンパクトシティは公的機関が主体となり、長期間にわたる計画・マネジメントによって達成されるのに対して、スマートシティは民間機関が主体となり、情報統合技術によって短期的な成果が求められます。もっとも異なるのは、コンパクトシティは空間の縮退原理を基盤とするのに対して、スマートシティは情報の拡張原理が作用していることです。

　それぞれの政策の実行力が弱く、政策実施の効果が部分的な場合は大きな問題となりませんが、長期的に政策を続けると都市形成に新たな課題が生まれる可能性があります。都市構造に対して拡大と縮退の相反する作用がおきたり、収益性の高い場所と低い場所に新たな格差が生じたりする可能性もあります。フィジカル空間とサイバー空間の融合を目指す場合、異なる都市モデルをどう融合して、よりよい社会を形成するかを地域単位で総合的に検討する必要があります。フィジカル空間においてコンパクト

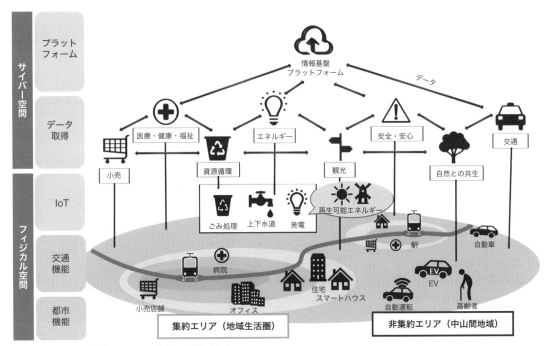

図 16・9　サイバー空間とフィジカル空間の融合

シティ政策を実施しながら、サイバー空間と融合するイメージを図 16・9 に示します。

3 証拠に基づく政策提言 EBPM

　人口減少、格差増大、災害の発生など都市計画の課題は山積しています。未来に向けて不確実性が増す社会において、どのようにして政策を立案すれば良いのでしょうか。私たちにできることは、その場限りの情報や限定的な経験に頼るのではなく、できるだけ多くのエビデンス（科学的根拠）を集めて、総合的な視点から判断することです。このような証拠に基づく政策提言を EBPM（Evidence-Based Policy Making）と言います。この用語は公共政策において多方面に用いられており、日本でも 2016 年頃から政府が本格的に EBPM の推進をするようになりました。

　政策の効果で考えると、その政策を実施した際の事実と、実施しなかった際の反事実の両者（with/without）を比較することで、効果を正確に把握することができます。しかし、試験管の中での実験と異なり、現実社会の中で完全に同じ環境をつくり出すのは不可能です。そこで類似した環境で政策を実施したケースと実施しないケースを比較したり、政策実施前後の環境変化（before/after）の差を計測（差の差分析）したり、様々な工夫が必要となります。また、多くの研究者が様々な視点から調査分析をしてエビデンスを見つけるには、入手可能な良質な統計データが蓄積されたデータ・アーカイブが重要となります。今後は行政がホームページなどで公開しているデータに加えて、各種統計調査のデータや民間が収集しているビッグデータなどを統合的に整理し、個人情報保護に十分に留意しつつ、情報開示することが EBPM の推進に必要となります。

　これからの都市計画を考えると、技術的に解決可能な問題もあれば、ほとんどエビデンスがない、あるいは不十分な課題に直面することもあります。柔軟な発想や時には試行錯誤（トライアンドエラー）することで、解決に至ることもあります。計画（Plan）を実施（Do）し、その評価（Check）を通して改善（Act）する PDCA サイクルに見られるように、都市計画においてもそのプロセスが重要となります。どのくらいの期間で PDCA を回すかは、問題によって異なりますが、これまでのような中長期間にわたる硬直的な仕組みではなく、短期的に問題に対応する柔軟な仕組みも必要となっています。

参考文献
1)　United Nations, Department of Economic and Social Affairs, *2018 Revision of World Urbanization Prospects*, 2018.
2)　United Nations, *Transforming Our World: The 2030 Agenda for Sustainable Development*, 2015.
3)　内閣府『まち・ひと・しごと創生長期ビジョン　令和元年改訂版』2019
4)　内閣府『令和元年版　障害者白書』2019
5)　岡檀『生き心地の良い町　この自殺率の低さには理由がある』講談社、2013
6)　国土交通省『国土交通白書』2019
7)　日立東大ラボ編著『Society 5.0　人間中心の超スマート社会』日本経済新聞出版社、2018
8)　山村真司『スマートシティはどうつくる？（NSRI 選書）』工作舎、2014
9)　日本都市計画学会編著『都市計画の構造転換　整・開・保からマネジメントまで』鹿島出版会、2021
10)　林良嗣・鈴木康弘編著『レジリエンスと地域創生　伝統知とビッグデータから探る国土デザイン』明石書店、2015
11)　Akinori Morimoto, *City and Transportation Planning: An Integrated Approach*, Routledge, 2021.

索 引

著者略歴

■編著者

森田哲夫（もりた・てつお／担当：1章、2章-II、12章）
前橋工科大学工学部環境・デザイン領域教授、博士（工学）。1991年、早稲田大学大学院理工学研究科建設工学専攻（都市計画分野）博士前期課程修了。財団法人計量計画研究所、群馬工業高等専門学校、東北工業大学勤務を経て、2016年より現職。著書に『図説 わかる交通計画』『図説 わかる土木計画』（いずれも学芸出版社）など。

■著者

浅野聡（あさの・さとし／担当：2章-I）
三重大学大学院工学研究科建築学専攻教授、博士（工学）。1992年、早稲田大学大学院理工学研究科建設工学専攻博士後期課程単位取得退学。早稲田大学助手、三重大学助教授、准教授を経て2020年より現職。2022年より國學院大學観光まちづくり学部教授（兼務）。主な受賞に日本建築学会賞（業績）。著書に『生活景』（学芸出版社）、『景観計画の実践』（森北出版）など。

明石達生（あかし・たつお／担当：3章、4章）
東京都市大学都市生活学部教授、博士（工学）。専門は都市の公共政策。1984年、東京大学工学部都市工学科卒業。国土交通省にて、都市計画、市街地再開発、建築行政、住宅行政の分野で国の政策立案や法改正に携わる。東京大学まちづくり大学院の創設に関わった後、2014年より現職。

栁澤吉保（やなぎさわ・よしやす／担当：5章）
長野工業高等専門学校工学科都市デザイン系教授、博士（工学）（京都大学）。1986年、信州大学大学院工学研究科修了（土木工学専攻）。1986年長野工業高等専門学校土木工学科助手。2007年より現職。著書に『交通システム工学』（コロナ社）、『建設システム計画』（コロナ社）。

轟直希（とどろき・なおき／担当：6章）
長野工業高等専門学校工学科都市デザイン系准教授、博士（工学）。2016年、金沢大学大学院自然科学研究科環境科学専攻博士後期課程修了。民間コンサルティング会社においてアナリストの経験を経て、2014年より現職。

森本章倫（もりもと・あきのり／担当：13章、16章）
早稲田大学理工学術院社会環境工学科教授、博士（工学）、技術士（建設部門）。1989年、早稲田大学大学院理工学研究科修了。早稲田大学助手、マサチューセッツ工科大学（MIT）研究員、宇都宮大学助教授、教授を経て、2014年より現職。著書に『City and Transportation Planning; An Integrated Approach』（Routledge）など。

佐藤徹治（さとう・てつじ／担当：7章、8章）
千葉工業大学創造工学部都市環境工学科教授、博士（工学）、技術士（建設部門）。1996年、東北大学大学院情報科学研究科人間社会情報科学専攻博士前期課程修了。財団法人計量計画研究所、千葉大学工学部建築都市環境学科講師、同准教授、同教授を経て、2016年より現職。著書に『新訂 都市計画』（共立出版）など。

塚田伸也（つかだ・しんや／担当：9章、11章）
前橋市東部建設事務所長（前橋工科大学非常勤講師）、博士（工学）、技術士（建設部門）。1992年、日本大学卒業。2003年、前橋工科大学大学院工学研究科建設工学専攻（都市計画分野）修士課程修了。1992年、前橋市に入所し現職。著書に『群馬から発信する交通・まちづくり』（上毛新聞社）など。

伊勢昇（いせ・のぼる／担当：10章、14章）
和歌山工業高等専門学校環境都市工学科准教授、博士（工学）。2010年3月、大阪市立大学大学院工学研究科都市系専攻後期博士課程修了。大阪市立大学都市研究プラザ特任助教を経て、2010年10月より和歌山工業高等専門学校に着任、2013年4月より現職。著書に『図説 わかる土木計画』（学芸出版社）など。

米田誠司（よねだ・せいじ／担当：15章）
國學院大學観光まちづくり学部教授、博士（公共政策学）。1989年早稲田大学大学院理工学研究科博士前期課程修了。2011年熊本大学大学院社会文化科学研究科博士後期課程修了。東京都庁、由布院観光総合事務所、愛媛大学法文学部准教授等を経て、2020年國學院大學着任、2022年観光まちづくり学部発足。著書に『観光まちづくり』（学芸出版社）など。

図説 わかる都市計画

2021年12月20日　第1版第1刷発行
2023年 2 月20日　第1版第2刷発行

編著者　森田哲夫、森本章倫
著　者　明石達生、浅野聡、伊勢昇、佐藤徹治
　　　　塚田伸也、轟直希、栁澤吉保、米田誠司

発行者　井口夏実
発行所　株式会社 **学芸出版社**
　　　　京都市下京区木津屋橋通西洞院東入
　　　　〒600-8216　電話075-343-0811
　　　　http://www.gakugei-pub.jp/
　　　　E-mail info@gakugei-pub.jp

編集担当　神谷彬大

装　丁　KOTO DESIGN Inc.　山本剛史
編集協力　梁川智子（KST Production）
印　刷　創栄図書印刷
製　本　山崎紙工

Ⓒ森田哲夫、森本章倫 他　2021
ISBN978-4-7615-3277-2　Printed in Japan